Schwere Panzer

Schwere Panzer

Impressum

Mathias Lempertz GmbH
Hauptstr. 354
53639 Königswinter
Tel.: 02223 / 900036
Fax: 02223 / 900038
E-Mail: info@edition-lempertz.de
Internet: www.edition-lempertz.de

Genehmigte Lizenzausgabe 2010
© Verlagsgruppe Weltbild GmbH, Augsburg
Veröffentlicht im Verlagsbereich Weltbild Sammler-Edition, Augsburg

Gesamtherstellung: Print Consult GmbH, Grünwald
Umschlaggestaltung: Ralph Handmann
Umschlagfotos: Gary Blakeley

Satz und Layout: TIM Verlag, Daniel Jarczok

Printed and bound in Czech Republic

ISBN: 978-3-941557-09-3

– Inhaltsverzeichnis –

Panzerkampfwagen IV 8–9
Panzerkampfwagen III 10–11
Kampfpanzer T-34/76 12–15
Kampfpanzer T-34-85 16–19
Panzerkampfwagen 38 (t) Typ TNH 20–21
Kampfpanzer Kliment Voroshilov KW-1 22–25
Kampfpanzer M 4 Sherman 26–29
Kampfpanzer Kliment Woroschilow KW-2 30–33
Mittlerer Panzerkampfwagen V Panther (Sonder-Kfz 171) 34–37
Schwerer Panzerkampfwagen VI Tiger 1 Sonder-Kfz. 181 38–41
Aufklärungspanzer M 24 Chaffee 42–45
Kampfpanzer M 26 Pershing 46–49
Kampfpanzer Centurion 50–53
Aufklärungspanzer M 41 Walker Bulldog 54–57
Kampfpanzer T 54/T 55 58–59
Jagdpanzer AMX 13 60–61
Kampfpanzer M 48 A1/A2/A2C 62–65
Kampfpanzer M 48 A3 Patton 66–67
Kampfpanzer M 103 68–69
Kampfpanzer Charioteer 70–71
Kampfpanzer Conqueror 72–73
Kampfpanzer M 47 74–77
Kampfpanzer Leopard 1/A1/A2 78–81
Kampfpanzer AMX 30 82–85
Kampfpanzer AMX 30 1966 bis heute 86–87
Kampfpanzer M 60 Patton 88–91
Kampfpanzer FV 4201 Chieftain 92–95
Kampfpanzer T 62 96–99
Kampfpanzer M 60 A1 100–103
Kampfpanzer Challenger 1 104–107
Kampfpanzer Leopard 2 A4 Ö 108–109
Jagdpanzer SK 105 Kürassier 110–113
Kampfpanzer Leopard 1 NATO 114–117
Kampfpanzer Pz 68 118–121
Kampfpanzer Merkava 122–125
Kampfpanzer M 1 Abrams 126–129
Kampfpanzer Leopard 1 A3/A4 130–131
Kampfpanzer Leopard 2 A0 bis A3 132–135
Kampfpanzer T 72 136–139
Kampfpanzer T-55 AM 2/AM 2B 140–143
Kampfpanzer M60A2 144–145
Kampfpanzer M 60 A3/TTS Patton 146–149
Kampfpanzer M 60 A3-Ö 150–151
Kampfpanzer M1 A1 Abrams 152–155
Kampfpanzer Leclerc 156–159
Mitsubishi Heavy Industries Type-90-Kampfpanzer .160–163
Kampfpanzer M 48 A2 G A2 164–167
Kampfpanzer Leopard 2 A4 168–171
Kampfpanzer Leopard 1 A5 172–175
Kampfpanzer Challenger 2 176–177
Kampfpanzer „Leopard 2 A5" 178–181
Kampfpanzer Leopard 2 (S) Stridsvagn 122 182–183
Beobachtungspanzer Artillerie Leopard 184–185
Jagdpanzer Kürassier A 2 186–187
Kampfpanzer Leopard 2 A6 188–191

– Vorwort –

Schon sehr früh in der Kriegsgeschichte wurde von den kriegsführenden Parteien versucht, gepanzerte Fahrzeuge zum eigenen Vorteil einzusetzen. Bereits in der Antike waren sogenannte Streitwagen sowohl für den Fernkampf durch Bogenschützen wie auch im Nahkampf zum Überrennen der feindlichen Reihen im Einsatz. Doch konnten die damaligen Entwürfe, unter anderem auch von Leonardo da Vinci, nicht restlos überzeugen, denn alle Ideen scheiterten am Problem des Antriebes. Die Muskelkraft von Mensch und Tier war für die schweren Konstruktionen nicht geeignet. Lediglich fahrbare Rammböcke und Gefechtstürme bei der Belagerung von Festungen waren überzeugend konstruiert, den sie brachten die Angreifer an die Festungsmauern und schützten gleichzeitig vor den Pfeilen der Verteidiger.

Erst als im 19. Jahrhundert die Dampfmaschine und später der Verbrennungsmotor erfunden wurde, ermöglichten diese Motoren einen effizienten Antrieb von gepanzerten Fahrzeugen. Der Engländer James Cowan war der erste, der 1855 für die britische Armee ein militärisches Fahrzeug mit Dampfmaschinenantrieb in Schildkrötenform vorschlug. Um die Jahrhundertwende entwickelte der bei Skoda in Pilsen angestellte Ingenieur Franz Klotz eine „Panzerglocke". Das Gefährt hatte eine vertikal beweglich aufgebaute Panzerung, die sobald das Fahrzeug in ein Gefecht verwickelt werden sollte, auf Bodenniveau abgesenkt werden konnte und dann den Feind mit Maschinengewehren bekämpfen konnte.

Der weltweit erste Radpanzer wurde nach dreijähriger geheimer Entwicklung 1906 von der Firma Austro-Daimler in Wiener Neustadt der Öffentlichkeit vorgestellt. Der Panzerspähwagen hatte einen Vierradantrieb mit Vollgummireifen und eine zusätzliche Geländeübersetzung. Doch das Fahrzeug blieb ein Einzelstück, das später von Frankreich erworben wurde. Auch Entwürfe des Oberstleutnant Günther Burstyn über ein Motorgeschütz mit beweglichen Auslegern zum Überwinden breiter Gräben aus dem Jahr 1911 oder das gepanzerte Vollkettenfahrzeug des französischen Ingenieurs und Erfinders Lancelot de Mole aus dem Jahr 1912 wurden von den Kriegsministerien völlig ignoriert.

Erst im Herbst 1914, als sich im Ersten Weltkrieg die Fronten der Franzosen und Alliierten zu einem festgefahrenen Stellungskrieg entwickelt hatten, wurden Überlegungen angestellt, mit Hilfe von motorisierten Waffen die erstarrten Fronten wieder in Bewegung zu setzen. Ab September 1916 griffen dann die ersten britischen Panzer in das Kriegsgeschehen ein. Das Rüstungsprojekt trug bewusst den irreführenden Tarncode „Tank", mit dem der Bau von beweglichen Wasserbehältern vorgetäuscht werden sollte. Am 15. September 1916 führte die britische 4. Armee den ersten Panzerangriff mit mäßigem Erfolg durch, da die Fahrzeuge im Feld nur geringe Geschwindigkeiten erreichten. Das Auftauchen der ersten Panzer im Ersten Weltkrieg war eher der psychologische Vorteil, einen durchschlagenden Erfolg erzielte die neue Waffe nicht.

Zwischen den Kriegen wurde weiter experimentiert und die unterschiedlichsten Konzepte weiterentwickelt. Schließlich setzte sich die noch heute übliche Form des schweren Kampfpanzers mit einem drehbaren Waffenturm durch. Mit der Weiterentwicklung der Verbrennungsmotoren wurde zunehmend die Bedeutung der beweglichen Waffe erkannt. Die Folge war eine rasant einsetzende Fortentwicklung der Waffentechnik in diesem Bereich.

Hier setzt das vorliegende Buch an und zeigt dem interessierten Leser anhand von ausgesuchten „Schweren Panzern" die teils stürmische Entwicklung dieser Waffengattung. Beginnend mit den Panzerkampfwagen in der Zeit des Nationalsolzialismus bis zum sowjetischen Kampfpanzer T34 und den vielen Versionen der Alliierten des Zweiten Weltkriegs, bis hin zu den Newuentwicklungen der Nachkriegsjahre spannt sich der weite Bogen der im Buch vorgestellten internationalen Fahrzeuge. Auch die modernen Panzer kommen hier nicht zu kurz und führen den Interessierten in die „elektronische" Kriegsführung von technikstrotzender Kampfmaschinen ein.

Allen Lesern wünsche ich eine gute Unterhaltung beim Betrachten und Studieren der technischen High-Lights der Wehrtechnik.

Ihr
Gerhard Siem

Panzerkampfwagen IV

Deutschland
Entwicklung ab 1934
Serienfertigung ab 1936

Eingesetzt in Deutschland, Spanien, Bulgarien, Syrien

Ein Panzerkampfwagen IV, Ausführung H mit 7,5-cm-KwK (Kampfwagenkanone) L/48 und Zusatzpanzerung am Turm.

Entwicklung eines 20-Tonnen-Panzers

Anfang 1934 begann die Vorbereitung für die Entwicklung eines neuen Panzerkampfwagens der 20-t-Gewichtsklasse bei den Firmen Krupp, MAN und Rheinmetall-Borsig. In den Jahren 1935/36 waren die ersten Prototypen fertig und wurden vom Heereswaffenamt ausgiebig getestet.

Die Firma Krupp wurde anschließend zur endgültigen Entwicklungs- und Produktionsfirma für den neuen Panzerkampfwagen bestimmt. Das Projekt erhielt die Tarnbezeichnung „BW" (Bataillonsführer-Wagen). Bei diesem Projekt handelte es sich um den Panzerkampfwagen IV, der sich vom technischen Aufbau und seiner taktischen Aufgabe her nur wenig vom Panzerkampfwagen III unterschied. Zunächst war vorgesehen, den Panzerkampfwagen IV in nur geringen Stückzahlen zu bauen. Er sollte nur die Panzerkampfwagen III, die als Hauptwaffe der Panzertruppe geplant waren, im Einsatz unterstützen.

Serienfertigung

Bereits 1936 erschien das erste Produktionsmodell des Panzerkampfwagens IV mit der Typenbezeichnung „1/BW". Das Fahrzeug hatte eine 7,5-cm-Kanone und wurde später als Ausführung A bezeichnet. Die erste Serie des neuen Panzers umfasste zunächst nur 35 Stück. Eine zweite Serie, als Ausführung B bezeichnet, wurde in den Jahren 1937 bis 1938 gebaut. Bemerkens-

Detailansicht eines Panzerkampfwagens mit Besatzungsmitgliedern. Man beachte das schwarze Barett der Panzertruppe.

Autor: P. Blume; Fotos: Archiv W. Fleischer (4)

Panzerkampfwagen IV, Ausführung F2 auf dem Marsch in Italien. Diese Version des bewährten Panzers war mit einer langen KwK L/43 7,5 Zentimeter bewaffnet.

wert war, dass dieser Panzertyp von der ersten bis zur letzten gebauten Serie ein Kettenlaufwerk besaß, das nicht mehr grundsätzlich geändert wurde. Ab der zweiten Serie baute man einen 300 PS starken Maybach-Motor ein, der sich bewährte und auch bis zur letzten Serie beibehalten wurde. Die im Laufe der Weiterentwicklung des Panzerkampfwagens IV erfolgten Änderungen ergaben sich im Wesentlichen nur aus der Notwendigkeit, die Panzerung und die Bewaffnung den wachsenden Anforderungen des Krieges anzupassen.

Im Verlauf des Zweiten Weltkrieges bewährte sich der Panzerkampfwagen IV als robustes Fahrzeug an allen Fronten und bewies, dass es sich hier um eine hervorragende Konstruktion handelte. In Großserie bei verschiedenen Firmen wurde der Panzerkampfwagen IV erst im Jahre 1942 gebaut, als sich die militärische Lage für die Deutsche Wehrmacht langsam verschlechterte. Bis Kriegsende baute die deutsche Rüstungsindustrie insgesamt circa 9000 Panzerkampfwagen IV in verschiedenen Ausführungen.

Besondere Merkmale

Der Panzerkampfwagen IV besaß ein Kettenlaufwerk mit acht Doppellaufrollen, die paarweise an Blattfedern aufgehängt waren. Das Fahrzeug hatte drei Stützrollen und ein Leitrad mit schmalen Speichen. Der Turm des Panzerkampfwagens IV verfügte über eine aufgesetzte tonnenartige Kommandantenkuppel. Bis Ausführung E bzw. F1 waren die Fahrzeuge mit einer stummelartigen 7,5-cm-Kampfwagenkanone (KwK) bewaffnet.

Die Fahrzeugwanne hatte einen vorspringenden Fahrererker, ab Ausführung B war eine glatte Fahrerfront vorhanden. Ein Front-MG befand sich in einer Kugelblende und wurde vom Funker bedient.

Ab Ausführung F2 erhielt der Panzerkampfwagen IV eine lange Kanone mit dem Kaliber 7,5 Zentimeter. Durch Einführung dieser Waffe wurde das Fahrzeug zum Standardpanzer der Panzerregimenter der Deutschen Wehrmacht, der vornehmlich für den Kampf gegen Feindpanzer geeignet war.

Ab Ausführung H erhielt der Panzerkampfwagen IV nochmals eine verbesserte Waffenanlage. Diese Kanone (KwK L/48) hatte eine Doppelmündungsbremse.

Zum zusätzlichen Schutz verfügten die Ausführung H und die letzte gebaute Ausführung J über Panzerschürzen an Wanne und Turm.

Das Fahrgestell des Panzer IV wurde für viele Varianten verwendet.

Panzerkampfwagen IV, Ausführung D mit KwK L/24 7,5 Zentimeter der Heeresgruppe Guderian beim Einsatz an der Ostfront. Man beachte das weiße „G" auf der Kettenabdeckung. Mit dieser Markierung wurden alle Fahrzeuge der Heeresgruppe Guderian gekennzeichnet.

Technische Daten:

Besatzung:	5 Mann
Abmessungen	
Länge:	5,91 m
Breite:	2,86 m
Höhe:	2,68 m
Gewichte	
Gefechtsgewicht:	21 t
Leistungsdruck:	14,3 PS/t
Bodendruck:	0,79 kg/cm^2
Leistungsdaten	
Max. Geschwindigkeit	
Straße:	42 km/h
Gelände:	20 km/h
Kletterfähigkeit:	0,60 m
Überschreitfähigkeit:	2,20 m
Watfähigkeit:	1,00 m
Motordaten	
Maybach HL 120 TRM	
12-Zylinder-Ottomotor	

6 Vorwärtsgänge
1 Rückwärtsgang

Hubraum:	11.870 cm^3
Leistung:	220 kW/300 PS
	bei 3000 U/min
Kraftstoffvorrat:	470 l
Verbrauch:	235 l/100 km

Bewaffnung
KwK L/24 7,5 cm
Turm-MG 7,92 mm
Bug-MG 7,92 mm

Hersteller
Krupp AG, Essen, Deutschland

Panzerkampfwagen III

Deutschland
Entwicklung ab 1935
Serienfertigung ab 1936

Eingesetzt in Deutschland und in der Türkei

Ein während des Russlandfeldzuges abgeschossener Panzer III, Ausführung E, eines deutschen Panzerregiments.

Panzer der 15-t-Gewichtsklasse

Die deutsche Wehrmachtsführung plante, für die im Aufbau begriffene Panzertruppe einen mittelschweren Panzerkampfwagen einzuführen, der über fünf Mann Besatzung, eine panzerbrechende Kanone und zwei MGs verfügen sollte. Im Jahre 1935 vergab das Heereswaffenamt einen Entwicklungsauftrag an verschiedene deutsche Firmen, um einen 15-t-Panzer zu bauen.

Aufgrund der mit den Prototypen durchgeführten Versuche erhielt Daimler-Benz den Fertigungsauftrag. In den Jahren 1936 bis 1939 lieferte diese Firma die ersten vier Serien des als Panzer III bezeichneten Fahrzeuges (Versionen A bis D). Insgesamt

wurden 95 Panzer III der verschiedenen Ausführungen gebaut. Mit diesen Fahrzeugen wurden verschiedene Kettenlaufwerke erprobt.

Im Zuge der Erprobungen stellte sich die Notwendigkeit einer wesentlich stärkeren Panzerung heraus. Dies erforderte einen stärkeren Motor und erhöhte insgesamt das Gewicht. Zunächst war der Panzer III mit einer 3,7-cm-Kanone ausgestattet. 1939 wurde die Einführungsgenehmigung gegeben, erst wenige Wochen nach Kriegsbeginn. Es folgte der Großserienbau bei den Firmen Alkett, Daimler-Benz, Famo, Henschel und MAN sowie bei vier weiteren Firmen. Die Ausführung E des Panzers III war die Konzeption, die bis zum Produktionsende im Jahre 1943 im Wesentlichen beibehalten wurde.

Verstärkte Bewaffnung

Erst ab Ausführung F, die ab dem Jahr 1940 gebaut wurde, erhielt der

Die russische Bevölkerung bestaunt das stählerne „Ungetüm". Panzer-Befehlswagen III in einer russischen Ortschaft im Jahre 1942.

Autor: P. Blume; Fotos: Archiv W. Fleischer (5)

Panzer III eine stärkere Bewaffnung mit einer 5-cm-Kanone. Die konservativen Generäle des deutschen Generalstabes hielten zunächst die Bewaffnung mit einer 3,7-cm-Kanone für ausreichend. Lediglich General Guderian forderte eine stärkere Bewaffnung. Erst das Auftreten des russischen T 34 zwang den deutschen Generalstab zu der Erkenntnis, dass selbst die 5-cm-Kanone nicht ausreichend war.

Insgesamt gesehen war der Panzer III die Hauptausstattung der deutschen Panzertruppe in den Jahren von 1940 bis 1942. In den letzten Kriegsjahren war das Fahrzeug nur noch bedingt einsetzbar.

◉ Besondere Merkmale

Die Ausführungen B bis D des Panzers III hatten ein Laufwerk mit acht Laufrollen an Blattfedern. Ausführung A hatte fünf mittelgroße Laufräder. Ab Ausführung E verfügte der Panzer III über sechs mittelgroße Laufrollen an Torsionsstäben. Die Panzerung schwankte zwischen 15 und 50 Millimeter.

Das Fahrzeug besaß einen niedrigen kastenförmigen Aufbau mit senkrechten Wänden. Der Drehturm war kantig und hatte eine Kommandantenkuppel. Die Kanone verfügte über keine Mündungsbremse und

oben: Panzer III der Deutschen Wehrmacht benutzen eine Bahnlinie im bergigen Gelände als Marschstraße.
unten: Panzerkampfwagen III, Ausführung N mit 7,5-cm-Sturmkanone während eines Marschhaltes.

befand sich in einer Walzenblende. Vom Panzer III gab es Varianten als Flammpanzer, Beobachtungspanzer sowie als Befehlspanzer. Der Panzer III, von dem einige Exemplare (Aus-

führung J) an die Türkei geliefert wurden, war ein ausgereiftes Fahrzeug, das in den ersten Kriegsjahren den meisten gegnerischen Typen überlegen war.

Ein Panzer III, Ausführung E, überquert eine Pionierbrücke während des Russlandfeldzuges 1941.

Technische Daten:

Besatzung:	5 Mann

Abmessungen

Länge:	5,41 m
Breite:	2,91 m
Höhe:	2,44 m
Bodenfreiheit:	0,38 m

Gewichte

Gefechtsgewicht:	19,5 t
Leistungsgewicht:	15,4 PS/t
Bodendruck:	0,95 kg/cm²

Leistungsdaten

Max. Geschwindigkeit	
Straße:	40 km/h
Gelände:	18 km/h
Fahrbereich:	175 km
Steigfähigkeit:	35 %
Kletterfähigkeit:	0,60 m
Überschreitfähigkeit:	2,30 m
Watfähigkeit:	0,80 m

Motor

Maybach HL 120 TRM
12-Zylinder-Vergasermotor

Leistung:	220 kW/300 PS
Hubraum:	11.870 cm³
Kraftstoffvorrat:	320 l
Verbrauch:	183 l/100 km

Bewaffnung

Bordkanone:	5 cm
Turm-MG:	7,62 mm

Hersteller

Daimler-Benz, Alkett, Famo, Henschel, MAN, Deutschland

Kampfpanzer T-34/76

Sowjetunion
Entwicklung ab 1937
Serienfertigung ab 1940
Eingesetzt in der Sowjetunion sowie in den
Staaten des Warschauer Paktes

Diese Ausführung T-34 mit geschweißtem Turm ist von den deutschen Truppen abgeschossen worden und wird nun von Wehrmachtssoldaten inspiziert.

Kampfpanzer T 34/76

Während der 50er-Jahre gab es vielerlei Diskussionen, welcher wohl der beste Kampfpanzer des Zweiten Weltkrieges gewesen sei. In die engere Auswahl kamen der amerikanische Sherman, die deutschen Panther und Tiger sowie der sowjetische T-34.

Wenn man die Schussleistungen der Bewaffnung und die Stärke der Panzerung als Maßstab setzt, gehen hier definitiv die beiden deutschen Fahrzeuge mit ihrer überlegenen technischen Ausstattung in Ballistik und Zieloptik als Sieger hervor. In Bezug auf die Vielseitigkeit des Fahrgestells steht der Sherman mit weit über 500 Varianten zwischen 1941 und 1990 definitiv an erster Stelle. In den Gefechten des Zweiten Weltkrieges zeigte es sich jedoch ganz deutlich,

dass Mittelwerte bei Kampfkraft, Beweglichkeit und vor allem Herstellbarkeit in großen Stückzahlen die entscheidenden Kriterien sind, nicht nur das Gefecht, sondern auch den Krieg zu gewinnen. Unter diesen Kriterien gibt es nur eine Wahl, den T-34.

Der Vergleich

Lässt man alle Theorien beiseite, bleibt auch noch ein interessantes und aussagekräftiges praktisches Faktum zum Vergleich übrig. Die Rote Armee erhielt während des Zweiten Weltkrieges Sherman-Panzer im Rahmen des Lend-Lease-Vertrages und erbeutete ebenfalls eine Anzahl deutscher Panzer. Da die sowjetischen Ingenieure sehr daran interessiert waren, Vergleiche mit ihren eigenen Entwicklungen anzu-

stellen, wurden diese fremden Fahrzeuge dem gleichen Belastungstest unterzogen, den alle sowjetischen Modelle bestehen mussten, um zur

Der Dieselmotor W-2-34 des T-34. Vielleicht der erfolgreichste Entwurf eines Panzermotors im 20. Jahrhundert. Dieser Motor und das Panzerungskonzept machten den T-34 zum besten Panzer des Zweiten Weltkrieges.

Autor: J. Vollert; Fotos: Archiv J. Vollert (8)

Serienfertigung zu gelangen: eine Fahrt von den Kirow-Panzerwerken in Leningrad oder den Charkower-Panzerwerken in der Ukraine bis zur Vorstellung beim Chef in Moskau. Über 1000 Kilometer im Landmarsch, und das zum Teil im Winter! Während diese Vorgaben vom T-34 mit Bravour erfüllt wurden (es mussten nur Verschleißteile ersetzt und Treibstoff sowie Öl nachgefüllt werden), schafften Sherman, Panther und Tiger nur weniger als 200 Kilometer, bevor die Fahrzeuge aufgrund schwerwiegender technischer Mängel aufgegeben werden mussten.

Eine Ausführung T-34 von 1943 mit dem gegossenen hexagonalen Turm und hier schon in der modernisierten Variante mit Kommandantenkuppel im Bereitschaftsraum. Man beachte die spätere Ausführung der Fahrerluke.

Die Panzerentwicklung in den 30er-Jahren

Basierend auf den Erfahrungen des Ersten Weltkrieges und der technischen Weiterentwicklung standen die 30er-Jahre bei der Panzerentwicklung in allen Ländern unter dem Zeichen der Experimente und Versuche. Es wurden auch in der Sowjetunion die verschiedensten Fahrzeuge vom Landschiffkonzept des Weltkrieges (SMK, T-28, T-35, T-100) über konventionelle Denkweisen (T-26) bis hin zu neuesten technischen Entwicklungen in der Fahrwerkstechnik (BT-2/5/7) erprobt. Viele dieser Entwicklungen zeigten sich ab 1939 einem modernen Blitzkrieg, wie er von der Wehrmacht halb Europa aufgezwungen wurde, nicht gewachsen. Außerhalb der Sowjetunion standen zwar einige Panzertypen, wie beispielsweise der deutsche Panzer IV, während des ganzen Krieges im Einsatz, ihr Kampfwert war jedoch zum Ende hin nur noch gering. Das einzige Panzerkonzept, das noch in den 30er-Jahren entwickelt worden war und trotzdem noch bis Ende des Krieges durch Modernisierung im großen Maßstab und mit sehr großem Erfolg eingesetzt werden konnte, war wiederum der T-34, nunmehr in seiner Abschlussversion T-34-85.

Der große Wurf

Das entscheidende Argument für den Erfolg des T-34 besteht in seiner

Es gibt leider nur noch sehr wenige erhaltene T-34 mit 76-mm-Kanone. Dieses Exemplar einer Ausführung T-34 von 1943 mit hexagonalem Turm und Kommandantenkuppel ist in fast neuwertigem Zustand.

Technische Daten:

Besatzung:	4 Mann		
Abmessungen			
Länge:	5,92 m		
		Breite:	3,00 m
		Höhe:	2,41 m
		Bodenfreiheit:	0,40 m
		Gewichte	
		Gefechtsgewicht:	28,5 t

Spez. Bodendruck: 0,76 kg/cm²

Leistungsdaten
Max. Geschwindigkeit: 55 km/h
Wattiefe: 1,27 m
Steigfähigkeit: 60 %
Fahrbereich: 400 km

Motordaten
W-2-34, 4-Takt
12-Zylinder-Dieselmotor
4 Vorwärtsgänge
1 Rückwärtsgang
Hubraum: 38.900 cm³
bei 1800 U/min
Leistung: 368 kW/500 PS
Leistungsgewicht: 18 PS/t
Kraftstoffvorrat: 640 l
Verbrauch: 160 l/100 km

Bewaffnung
76,2-mm-Kanone F-34
2 x 7,62-mm-MG Degtariew DT

Hersteller
Versch. Hersteller der sowjetischen Staatswerke

Die Ausführung T-34 von 1941 mit geschweißtem Turm. Die frühe Ausführung der Fahrerluke ist gut erkennbar.

Einfachheit. Im Gegensatz zu den primären Panzertypen anderer Länder wies er eine extrem geschossabweisende Form der Wanne und des Turmes auf. Alle Seiten sowie Bug und Heck waren abgeschrägt und steigerten somit den passiven Schutz bei gleichem Fahrzeuggewicht (eine Abschrägung um 45 Grad verdoppelt den Panzerschutz bei gleicher Panzerungsstärke).

Der deutsche Kampfpanzer Panzer III aus derselben Epoche wies hingegen sehr viele 90-Grad-Flächen auf, die zwar einfacher zu bauen, aber der Entwicklung der Panzerabwehrwaffen im Kriege ohne Aufpanzerung und Gewichtssteigerung nichts mehr entgegenzusetzen hatten. Ein weiterer Vorteil des T-34 ist der W-2-Dieselmotor. Einfach in der Konstruktion und leistungsstark war er für eine Großserie bestimmt. Der Entwurf zeigte sich als so gelungen, dass modernisierte Varianten dieses Motors noch in den 70er-Jahren in Panzerfahrzeugen Verwendung fanden. Natürlich zeigte auch der T-34 seine Schwächen. So litt man anfangs im zu kleinen Zwei-Mann-Turm darunter, dass der Kommandant neben der Führung des Fahrzeuges und der Gefechtsfeldbeobachtung auch Richtschützenaufgaben mit übernehmen musste. Eine Besatzung von nur vier Mann, wie beim T-34, ist taktisch gesehen mit immensen Nachteilen gegenüber einer Fünf-Mann-Besatzung zu sehen, wie sie zum Beispiel in deutschen Kampfpanzern im Kriege Standard war. Des Weiteren waren nur wenige T-34 in der Anfangsphase des Zweiten Weltkrieges mit Funkgeräten ausgestattet, was die Führung im Gefecht sehr erschwerte. Diese Punkte, kombiniert mit den insgesamt schlechten und veralteten Taktiken innerhalb der Roten Armee, unterstützten den deutschen Vormarsch und führten zwischen 1941 und 1942 zu horrenden Verlusten auf sowjetischer Seite. Erst mit der Einführung besserer Taktiken ab etwa 1942 und mit dem Ersatz des Zwei-Mann-Turmes, 76 Millimeter, durch einen Drei-Mann-Turm, 85 Millimeter, Ende 1943 konnte der Erfolg auf dem Schlachtfeld sichergestellt werden. Interessant ist hier auch der Panther-Faktor. Dieser wohl beste deutsche Kampfpanzer des Zweiten Weltkrieges entstand aufgrund der Erfahrungen und Ergebnisse mit den ersten erbeuteten T-34 im Jahre 1941. Einen besseren Beweis als quasi einen Nachbau, basierend auf den Prinzipien des T-34 durch deutsche Ingenieure, gibt es wohl nicht.

Entwicklungsgeschichte des T-34 mit 76-mm-Kanone

Die technischen Parameter des T-34 basieren auf den sowjetischen Erfah-

Eine besondere Variante des T-34 in der Ausführung 1943 war diese geschmiedete Turmvariante ohne Kommandantenkuppel. Die Besatzung befindet sich mit ihrem Fahrzeug offenbar bei der Ausbildung. Man beachte die Antenne an der Wannenseite. Es handelt sich um ein Zugführerfahrzeug.

rungen aus dem spanischen Bürgerkrieg, wo die leichten Panzer T-26 und BT-5 schon von den deutschen 37-mm-Panzerabwehrgeschützen vernichtet werden konnten. Gegen Ende 1937 begann man mit der Arbeit an drei Projekten. Das erste war Isdelije 115, ein 32-t-Panzer mit einer 50-mm-Panzerung und drei Türmen (ein Turm mit 76-mm-Kanone, zwei MG-Türme). Das Projekt wurde schnell aufgegeben.

Das zweite Modell war Isdelije 111, auch als T-46/5 bezeichnet: ein 32-t-Panzer mit einem Einzelturm mit 45 mm-Kanone und bis zu 60 Millimeter Panzerung. Nach dem Bau eines Prototyps wurde auch hier die Entwicklung nicht fortgeführt.

Das dritte Fahrzeug unterschied sich sehr stark von den beiden anderen Projekten. Es handelte sich um Isdelije 135 des Charkower Lokomotivenwerks. Dieser Panzertyp, besser bekannt unter der Bezeichnung A-20 und entwickelt vom Ingenieurbüro A. Firsows, war ursprünglich als Ersatz für die leichten BT-Panzer gedacht. Im Rahmen der stalinistischen Säuberungsaktionen wurde A. Firsow verhaftet und ein junger Leningrader Ingenieur, Michail Koschkin, übernahm das A-20-Programm und überarbeitete es, was zum verbesserten A-32 führte.

Beide Prototypen wurden Joseph Stalin am 4. Mai 1938 vorgeführt, die Entscheidung zur Serienfertigung aber vertagt. Weitere Erprobungen der Fahrzeuge führten zur Aufgabe des A-20. Koschkin schlug daraufhin vor, den A-32 in T-34 umzubenennen, nach dem Jahr 1934, in dem die große Expansion der sowjetischen Panzertruppe beschlossen worden war.

Die ersten Prototypen des verbesserten T-34 wurden im Januar 1940 fertig gestellt, dem oben genannten Belastungstest unterzogen und dann zur Gefechtserprobung an die finnische Front gesandt, wo sie allerdings erst nach Beendigung der Kampfhandlungen eintrafen. Kurz danach fand auch eine Vergleichserprobung mit dem deutschen Panzer III statt (die man noch unter dem deutsch-russischen Freundschaftsabkommen erhalten hatte), aus der der T-34 als eindeutiger Sieger hervorging.

Die erste Serienfertigung wurde wegen der guten Ergebnisse für den Juni 1940 in Charkow angesetzt. Bis Ende des Jahres sollten 500 T-34 aus Charkow und 100 aus dem Stalin-

oben: Ein T-34, Ausführung 1941, mit gegossenem Turm und der frühen Ausführung des Wannenhecks (rechteckige Wartungsluke für das Getriebe und runde Kante am Heck). Im Hintergrund ein T-34, Ausführung 1941, mit geschweißtem Turm.
unten: Ein T-34, Ausführung 1942, mit geschweißtem Turm auf dem Vormarsch. Man beachte die frühe Ausführung des Turmes und die Wintertarnung.

grader Panzerwerk zulaufen. Politische Querelen verzögerten jedoch den Anlauf der Produktion und nur 115 Fahrzeuge wurden 1940 gebaut. Währenddessen wurden schon die ersten Verbesserungen am Konzept des T-34 geplant und umgesetzt, zum Beispiel die Herstellungsweise des Turmes und die Bewaffnung betreffend.

Mit Beginn der Operation Barbarossa, des deutschen Einmarsches in der Sowjetunion, waren insgesamt 1225 T-34 vom Band gelaufen und die Großserie wurde umgehend befohlen.

Kampfpanzervarianten des T-34 mit 76-mm-Kanone

Zwischen 1940 und dem Ende des Krieges wurde eine große Anzahl von Varianten des T-34 gefertigt. Diese bestanden oft nur aus kleinen Details, was durch die Aufsplitterung

in viele kleine und große Einzelbetriebe, bedingt durch den deutschen Vormarsch, zu erklären ist. Folgende Hauptvarianten können unterschieden werden (es sind nur die Hauptunterschiede aufgelistet):
– T-34, Ausführung 1940: kalt gewalzter geschweißter Turm, 76-mm-Kanone L-I l,
– T-34, Ausführung 1941: gegossener Turm, 76-mm-Kanone F-32 oder F-34,
– T-34, Ausführung: 1941 geschweißter Turm,
– T-34, Ausführung 1941/42: geschweißter Turm, neue Fahrerluke, neue Panzerung, modifizierte Blende,
– T-34, Ausführung 1942: gegossener Turm, neue Ketten, Modifikationen im Motorbereich,
– T-34, Ausführung 1943: hexagonaler gegossener Turm in verschiedenen Produktionsvarianten,
– T-34, Ausführung 1943: geschmiedeter Turm.

Kampfpanzer T-34-85

Sowjetunion
Entwicklung ab 1937, Serienfertigung ab 1944
Eingesetzt in der Sowjetunion und in den Staaten des
Warschauer Paktes sowie in zahlreichen Staaten Afrikas,
des Nahen Ostens und in Asien

Fahrzeuge des ersten Nachkriegsproduktionsloses des T-34-85 mit den beiden pilzförmigen gepanzerten Lüftern auf dem Turmdach, nunmehr getrennt vor und hinter der Kommandantenkuppel, bei einer der üblichen Paraden im Ostblock.

Neue 85-mm-Kanone

Der T-34-85 ist als logische Weiterentwicklung des T-34 mit der 76-mm-Kanone unter Eliminierung dessen größter Nachteile zu bezeichnen. Die stärksten Mängel in der Gestaltung des T-34 mit 76-mm-Kanone, ein Fahrzeugkonzept der späten 30er-Jahre, war der Zwei-Mann-Turm, der es nötig machte, dass der Kommandant und Ladeschütze Zusatzaufgaben übernahmen, die sie von der eigentlichen Gefechtsfeldbeobachtung und Führung des Fahrzeugs ablenkten.

Dieser Mangel konnte beim T-34-85 durch die Einführung eines größeren Drei-Mann-Turmes behoben werden. Ein weiterer Mangel des T-34 war die 76-mm-Kanone, die zwar an und für sich eine exzellente Waffe darstellte, aber mit der Einführung immer stärker gepanzerter Fahrzeuge aufseiten der Wehrmacht nicht länger effektiv war. Die neue 85-mm-Kanone erreichte eine größere Durchschlagsleistung, Reichweite und war den deutschen Fahrzeugen Panzer III, Panzer IV und Panzer V Panther mit den 5-cm- und 7,5-cm-Kampfwagenkanonen ebenbürtig oder sogar überlegen.

Die Wanne des T-34-85 ist prinzipiell identisch mit der des T-34, was zeigt, wie gelungen der ursprüngliche Entwurf war. Der Standardpanzer mit der Einführung des T-34-85 als mittlerer Standardkampfpanzer der Roten Armee im Jahre 1944 konnte somit ein effektives Werkzeug der Panzertruppe, mit hohem Gefechtswert und sehr einfach in großen Mengen herstellbar, der Truppe zugeführt werden. Mag der T-34-85

Der Motorraum befindet sich hinter dem Turm, das Getriebe sowie die Lüftung sind direkt dahinter. Blick auf den geöffneten Motorraum eines T-34-85.

Autor: J. Vollert; Fotos: Archiv J. Vollert (10)

auch seine Mängel zum Beispiel in der geringen Leistung der Zieloptik gehabt haben, zeigte er sich jedoch den meisten deutschen Panzern auf dem Gefechtsfeld überlegen. Selbst die deutschen großen Kampfpanzer wie Tiger und Königstiger konnten von ihm unter bestimmten Umständen vernichtet werden. In Bezug auf leichte Herstellbarkeit in großer Menge, seine Geländegängigkeit, Feuerkraft und exzellente Panzerung für ein Fahrzeug dieser Gewichtsklasse kann man den T-34-85 als den vielleicht besten Panzer des Zweiten Weltkrieges bezeichnen.

Entwicklung des Kampfpanzers T-34-85

Die rasante Entwicklung der deutschen Panzer im Zweiten Weltkrieg, vor allem der gewaltige Sprung im Bereich Feuerkraft und Panzerung vom PzKpfWagen III und IV zum Panther und Tiger, machte es auch auf russischer Seite notwendig, hier nachzuziehen.

Nachdem man aufseiten der Roten Armee mit dem deutschen Tiger I bei Leningrad und Panther bei Kursk unliebsame Erfahrungen gemacht hatte, beschloss man im sowjetischen

oben: Ein T-34-85, Ausführung 1944, beim Vormarsch in Ostpreußen 1945.
unten: Ein T-34-85 der Nationalen Volksarmee der DDR während einer Parade in den 50er-Jahren.

Technische Daten:

Besatzung:	5 Mann
Abmessungen	
Länge:	8,10 m
Breite:	3,00 m
Höhe:	2,72 m
Bodenfreiheit:	0,40 m
Gewichte	
Gefechtsgewicht:	32 t
Spez. Bodendruck:	0,85 kg/cm^2
Leistungsdaten	
Max. Geschwindigkeit:	55 km/h
Steigfähigkeit:	35 %
Wattiefe:	1,27 m
Fahrbereich:	360 km
Motordaten	
W-2-34	
12-Zylinder-Dieselmotor	
4 Vorwärtsgänge	
1 Rückwärtsgang	
Leistung:	368 kW/500 PS bei 1800 U/min
Kraftstoffvorrat:	540 l
Verbrauch:	150 l/100 km

Die geschossabweisenden Formen der Wanne und des Turmes des T-34-85 sind gut zu erkennen, zu beiden Seiten des Motordecks die bis zu vier externen Treibstofftanks.

Bewaffnung
ZiS S-53 85-mm-Kanone
2 x Degtariew DT 7,62-mm-MG

Hersteller
Verschiedene Hersteller der sowjetischen Staatswerke

Der T-34-85 war der Standardpanzer der Roten Armee und trug die Hauptlast der Kämpfe an der Ostfront vom Frühjahr 1944 bis zum Kriegsende.

Oberkommando im August 1943 einen Panzer mit 85-mm-Kanone entwickeln zu lassen. Nach ersten Versuchen mit der 85-mm-Kanone im alten T-34-Turm mit 76-mm-Kanone stellte sich schnell heraus, dass die Waffe einfach zu groß für einen derart kleinen Turm war. Das Problem wurde durch einen größeren Drei-Mann-Turm gelöst und schon im Dezember 1943 konnte man die ersten Fahrzeuge in die Erprobung geben.

Varianten des T–34–85 im Zweiten Weltkrieg

Aufgrund anfänglicher Probleme mit der neuen Kanone ZiS S-53 entschloss man sich, die erste Serie noch mit D-5T-Kanonen auszustatten. Diese lagen in der Leistung geringer, waren aber einsatzreif und verfügbar. Diese erste Serie erhielt die Bezeichnung T-34-85, Ausführung 1943, und lief ab Januar 1944 vom Band. Die Probleme mit der ZiS S-53 wurden schon kurz darauf behoben und die Kanone floss als Standardbewaffnung der T-34-85 ab März 1944 in die Serienfertigung ein. Die neuen Fahrzeuge erhielten die Bezeichnung T-34-85, Modell 1944. Neben der ersten und der Standardserie des T-34-85 ist noch zu bemerken, dass der Panzer in so vielen Werken mit unterschiedlicher Werkzeugausstattung und Erfahrung im Panzerbau gefertigt wurde, dass es sehr viele Unterschiede in der Gussstruktur der Türme gab. Auch der Durchmesser der Kommandantenluken, die Anordnung der Lüfter auf dem Dach und weitere Details der Wanne führten zu einer ganzen Reihe von Unterschieden am T-34-85. So kann man an Kleinigkeiten wie den Hebehaken am Turm oder der Schweißnähte zwischen den gegossenen Ober- und Unterteilen des Turmes den Hersteller bestimmen.

Die sowjetische Massenfertigung des T-34-85 lief bereits mit Kriegsende aus. Eine der letzten Varianten, die sich noch im Einsatz befanden, war der T-34-85 mit einer „Delle" an der linken Turmvorderseite, die den Einbau eines Turmschwenkantriebes anzeigt. In der Ausführung 1945, die noch in den ersten Wochen nach Beendigung der Kampfhandlungen in Deutschland zur Truppe kam, zeigten sich die Hauptlüfter am Turmdach als zwei getrennte Kuppeln.

Der T–34–85 nach dem Zweiten Weltkrieg

In der Sowjetunion spielte der T-34-85 nach dem Zweiten Weltkrieg eine sehr untergeordnete Rolle. Mit der Einführung des T-44 im Jahre 1946 und der anstehenden Massenfertigung des T-54 ab 1951 waren seine Tage bereits gezählt. Zwar wurde

Hier eine tschechische Nachkriegsproduktion des T-34-85, erkennbar an der besseren Gussqualität des Turmes, diente in fast allen Staaten des Warschauer Paktes und international als Standardpanzer auch nach dem Zweiten Weltkrieg.

der T-34-85 Ende der 50er-Jahre nochmals modernisiert, aber nur noch in Reservetruppen geführt. Außerhalb der Sowjetunion begann jedoch erst der wahre Einsatz dieses Fahrzeuges. In über 50 Ländern der Welt im Einsatz, zeigte er sich als zuverlässiges Fahrzeug, das leicht zu warten war, effektiv im Kampf gegen leichtere gepanzerte Fahrzeuge und als geeignetes Fahrgestell für zahllose Umbauten wie Bergepanzer, Kranfahrzeuge, Artillerieträger, Flugabwehrpanzer und so weiter. Als die wichtigsten Kriegsschauplätze sind hier wohl der Koreakrieg, die Kriege im Nahen Osten, der Krieg im ehemaligen Jugoslawien und diverse Scharmützel in Afrika zu nennen.

Während Fahrzeuge wie der amerikanische Sherman oder gar der deutsche Panther kaum bleibende Spuren in der Nachkriegsgeschichte hinterließen, befindet sich der T-34-85 noch heute in vielen Ländern erfolgreich im Einsatz. Er findet sogar in zivilen Bereichen wie im Braunkohletagebau immer noch Verwendung. Das Konzept und die Bauweise des T-34 nahmen sehr großen Einfluss auf die Kampfpanzerentwicklung der Welt in den zwei Jahrzehnten nach Kriegsende. Der T-34, als gesamte Fahrzeugfamilie gesehen, ist somit nicht nur der am längsten im Dienste stehende Kampfpanzer der Welt, sondern auch der am weitesten verbreitete und in größter Stückzahl produzierte, den es jemals gegeben hat.

oben: Die erste Serienfertigung des T-34-85 mit D-5T-Kanone, erkennbar an der frühen Blende, im Einsatz bei der Roten Armee 1944.

Mitte: Nach dem Zweiten Weltkrieg wurde die Produktion des T-34-85 in der Sowjetunion zugunsten des T-54/55 eingestellt. Eine letzte Modernisierung Ende der 50er-Jahre führte zur Einführung der verbesserten Laufrollen, wie sie hier zu sehen sind.

unten: Der Turm des T-34-85 im Detail. Man beachte die kleine Delle an der Turmseite, ein Anzeichen dafür, dass ein motorisierter Turmschwenkantrieb eingebaut wurde. Dieses Fahrzeug hat ebenfalls die Halterungen für eine Tiefwatausstattung.

Panzerkampfwagen 38 (t) Typ TNH

Tschechoslowakei

Entwicklung ab 1937
Serienfertigung ab 1939 bis 1942

Eingesetzt in Deutschland und Schweden

Frankreichfeldzug 1940: Eine Marschkolonne der 7. Panzerdivision – ihre Panzer 38 (t) legten hier bis zu 190 Kilometer am Tag ohne technische Ausfälle zurück!

Nützliches Beutestück

Bei der deutschen Besetzung der tschechischen Landesteile Böhmen und Mähren fielen der Wehrmacht am 15. März 1939 erhebliche Mengen von Rüstungsmaterial in die Hände, welches ursprünglich zur Ausstattung der tschechischen Armee diente. Von besonderer Bedeutung war dabei der neu entwickelte Kampfpanzer Typ TNH, dessen Produktion gerade angelaufen war und der nun für deutsche Zwecke weitergenutzt werden konnte.

Man beschloss, diesen Kampfwagen der 10-t-Klasse in die Panzertruppe der Deutschen Wehrmacht zu übernehmen und ließ den Serienbau auf deutsche Rechnung weiterlaufen. Der Entwurf entsprach in Auslegung und Bewaffnung dem deutschen Panzer III, sein Panzerschutz (maximal 25 Millimeter) war ähnlich schwach ausgeführt, seine Fahreigenschaften aber waren denen aller damaligen deutschen Typen deutlich überlegen. Die genietete Bauweise des Panzeraufbaus wurde auf deutscher Seite zwar abgelehnt, wegen des aktuellen Bedarfs an Kampfpanzern aber hingenommen. Insgesamt 475 Exemplare der Baureihen A bis D kamen zur Auslieferung, sie entsprachen weitestgehend dem ursprünglichen Entwurf. Mit verstärktem Panzerschutz (frontal 50 Millimeter), geänderter Frontplatte und leicht erhöhter Motorleistung sind dann bis Juni 1942 noch weitere 829 Fahrzeuge der Baureihen E bis G produziert worden. Hinzu kamen 90 Stück der Baureihe S, welche für den Export nach Schweden gebaut, dann aber von der Wehrmacht übernommen wurden. Sie entsprachen den Baureihen A bis D, wobei sich alle Ausführungen nur in kleinen Details unterschieden. Diese insgesamt 1414 Panzerkampfwagen 38 (t) stellten den Großteil der Ausstattung von drei Panzerdivisionen und haben sich in den ersten Kriegsjahren sehr gut bewährt. Während das Fahrzeug im Polenfeldzug 1939 kaum eingesetzt wurde, spielte es eine herausragende Rolle im Westfeldzug 1940 und auf dem Balkan 1941. Seine Zuverlässigkeit und Beweglichkeit waren allen anderen Typen deutlich überlegen und führten zu Tagesmärschen

Balkan, Frühjahr 1941: Gut ist die genietete Bauweise des Panzers 38 (t) erkennbar. Sie war typisch für die Panzerfahrzeuge tschechischer Konstruktion.

Autor: H. Hoppe; Fotos: Sammlung H. Hoppe

links: Russland, Sommer 1941: Diese dynamische Aufnahme aus der Hecksicht zeigt dem Betrachter anschaulich die verhältnismäßig geringe Größe des Panzers 38 (t).
rechts: Ein Panzer-Befehlwagen 38 (t), der Wagen 1 des Stabes der II. Abteilung eines Panzerregiments. Typisch für diese Variante war das fehlende Bug-MG.

bis zu 190 Kilometern ohne Ausfälle. Im Einsatz gegen die Sowjetunion 1941/42 aber zeigte sich durch das vermehrte Auftreten der überlegenen russischen Typen T-34 und KW-I schnell das Ende der Brauchbarkeit als Kampfpanzer, zumal sich, im Gegensatz zu den deutschen Typen III und IV, die Panzerung nicht weiter verstärken und auch keine größere Kanone in den Drehturm einrüsten ließ.

Da sich das Fahrwerk als außerordentlich vielseitig erwiesen hatte, nutzte man es bereits seit März 1942 als Basis für verschiedene Selbstfahrlafetten. Die genietete Bauweise erwies sich als vorteilhaft, da ursprüngliche Kampfpanzer recht einfach umgebaut werden konnten, indem man Drehturm und Kampfraumdach entfernte und großkalibrige Ge-

schütze aufmontierte. So kamen weitere 676 nur geringfügig veränderte Fahrgestelle des Typs TNH zur Auslieferung, davon 344 Panzerjäger 38 mit 7,62 cm-Pak (r), 242 Panzerjäger Marder III, Ausführung H, sowie 90 Infanterie-Geschützwagen Grille, Ausführung H. Rund 200 ausgemusterte Kampfpanzer 38 (t) wurden zudem in Pak-Selbstfahrlafetten umgebaut. Ab Mai 1943 erfolgte dann die Produktion eines durch die Verlegung des Heckmotors in die Fahrzeugmitte deutlich abweichenden Fahrgestells, Ausführung M genannt, welches ebenfalls als Basis verschiedener Selbstfahrlafetten diente, mit dem ursprünglichen Kampfpanzer-Entwurf TNH aber nicht mehr viel gemein hatte. Auffällig und von allen anderen damaligen deutschen Typen abweichend war das Fahrwerk des

Panzerkampfwagens 38 (t). Vier großformatige Scheibenräder, paarweise an blattgefederten Rollenwagen befestigt, sowie die genietete Bauweise gaben dem Fahrzeug sein charakteristisches Design. Heckmotor, Drehturm und Bewaffnung hingegen erschienen normal und entsprachen der Auslegung zahlreicher Panzertypen der späten 30er-Jahre. Das Fahrwerk erwies sich als derart ausgereift und gelungen, dass es für viele leichte Konstruktionen im In- und Ausland genutzt und zuletzt 1962 verbaut wurde. Die damals entstandenen schwedischen Schützenpanzer vom Typ Pbv 301 befanden sich, kampfwertgesteigert, noch um die Jahrtausendwende im Truppengebrauch. Damit dürfte der Entwurf TNH das wohl langlebigste Panzerfahrzeug aller Zeiten sein.

Technische Daten:		
Besatzung:	4 Mann	
Abmessungen		
Länge:	4,61 m	
Breite:	2,14 m	
Höhe:	2,25 m	
Bodenfreiheit:	0,40 m	
Gewichte		
Gefechtsgewicht:	9,86 t	
Bodendruck:	0,578 kg/cm²	
Leistungsgewicht:	12,98 PS/t	
Leistungsdaten		
Max. Geschwindigkeit:	42 km/h	
Steigfähigkeit:	37 %	
Kletterfähigkeit:	0,80 m	
Überschreitfähigkeit:	2,10 m	
Wattiefe:	0,80 m	

Fahrbereich: 270 km

Motordaten
Praga EPA I-III
6-Zylinder-Vergasermotor
5 Vorwärtsgänge
1 Rückwärtsgang
Hubraum: 7754 cm³
Leistung: 94 kW/128 PS
bei 2000 U/min
Kraftstoffvorrat: 220 l
Verbrauch: 80 l/100 km

Bewaffnung
37-mm-Bordkanone KwK Vz 38
7,92-mm-Bug-MG
7,92-mm-Blenden-MG

Hersteller
CKD (BMM), Prag,
Tschechoslowakei

Russland, Sommer 1941: gute Ansicht eines Panzerkampfwagens 38 (t) der Ausführung E bis G. Erkennungsmerkmal ist die gerade ausgeführte Frontpanzerplatte.

Kampfpanzer Kliment Voroshilov KW-1

UdSSR

Entwicklung 1938

Eingesetzt in UdSSR und Finnland

Die aufgepanzerte Variante, Modell 1941 der KW-1-Baureihe mit dem geschweißten Turm. Die neuen Panzerungselemente am Turm und an der Wanne sind klar zu erkennen. Das abgebildete Fahrzeug wurde von der finnischen Armee erbeutet und in den eigenen Streitkräften genutzt.

Erste Tests

Nach den einschlägigen Erfahrungen der Roten Armee mit leichten und überschweren Panzern in den frühen 30er-Jahren begann man im Jahre 1938 mit der Entwicklung eines schweren Durchbruchspanzers, der den Angriff gegen erwartete feindliche Stellungen auch unter schwerem Feuer von Panzerabwehrgeschützen führen sollte. Zu diesem Zweck musste das Fahrzeug sehr gut gepanzert sein und eine effektive Bordbewaffnung bei gleichzeitiger akzeptabler Mobilität besitzen.

Schon während des Russisch-Finnischen Winterkrieges konnten im Dezember 1939 die ersten Prototypen des KW, T-100 und SMK unter Gefechtsbedingungen getestet werden.

Aufgrund seines besseren Gesamtkonzeptes konnte der KW-1, benannt nach dem Verteidigungsminister Kliment Voroshilov, überzeugen und es wurde bereits für 1940 die Serienfertigung vorbereitet. Wie bei den meisten neuen Entwürfen zeigten sich jedoch auch hier bald die ersten Kinderkrankheiten, vor allem bei der Motorisierung und mit dem überlasteten Getriebe. Auch die Handhabung durch die Besatzung gestaltete sich noch kompliziert. So flossen viele Änderungen in die angelaufene Poduktion ein, was zu einer interessanten Vielfalt an verschiedenen Varianten führte.

Verschiedene Varianten

So existierten verschiedene Ausführungen der Wannenpanzerung,

Die letzte und am stärksten gepanzerte Variante von 1942 mit dem verstärkten Gussturm. Auch dieses Fahrzeug wurde von der finnischen Armee erbeutet und genutzt. Das finnische Sonnenrad auf dem Turm diente als Nationalitätskennzeichen. Die Ähnlichkeit mit dem Hakenkreuz ist lediglich auf die gleichen Ursprünge in der nordischen Mythologie zurückzuführen.

Autor: J Vollert; Fotos: Archiv J. Vollert (10)

unterschiedliche Typen von Laufrollen und weitere Modifikationen. Zu den wichtigsten äußerlichen Unterscheidungsmerkmalen zählt die Bewaffnung und die Art des Turmes.

Technische Ausrüstung

Der Prototyp von 1939 kann durch seinen geschweißten Turm mit Verschraubungen an den Seiten, an der 76,2-mm-Kanone L-11-Ausführung 1939 und an den Staukästen identifiziert werden.

Das erste Fahrzeug aus der Serienfertigung, der KW-1-Ausführung 1940, war zwar immer noch mit der gleichen Bewaffnung ausgestattet, hatte jedoch keine Verschraubungen an den Turmseiten. Diese erste Serie verzichtete auch auf die Einführung einer MG-Bewaffnung in der Wanne, die in allen späteren Varianten, beginnend mit dem KW-1-Ausführung 1940/41, früh (geschweißt), auftauchten.

Die schwierige Handhabung und geringe Feuerkraft der L-11-Kanone führte während der nächsten Monate zur Einführung anderer Typen (alle im Kaliber 76,2 mm): F-32, Ausführung 1940, ZIS-5, Ausführung 1941 und der F-34 wie sie auch im T-34 verwendet wurde. Die erste KW-Variante mit neuer Kanone F-32 wird als Ausführung 1940/41, spät (geschweißt), bezeichnet und kann an der Montage der Bordkanone nunmehr im oberen Teil des Blendengehäuses identifiziert werden. Die Modifikationen am KW führten

oben: Detailansicht des Turmes mit der geschraubten Zusatzpanzerung.
unten: Der Turm des Modells 1942, später gegossene Variante.

Die letzte Baureihe des KW-1, Modell 1942, mit aufgepanzertem Gussturm.

Motordaten
4-Zylinder-4-Takt-Dieselmotor
V-2K, V-12
4 Vorwärtsgänge
2 Rückwärtsgänge

Hubraum:	38.880 ccm
Leistung:	442 kW/600 PS
Kraftstoffvorrat:	600 l
Verbrauch:	
Straße	200 l/100 km
Gelände	320 l/100 km

Technische Daten:

Besatzung:	5 Mann

Abmessungen

Länge (inkl. Kanone):	6,68 m
Breite:	3,32 m
Höhe:	2,71 m
Bodenfreiheit:	0,44 m

Gewichte

Kampfgewicht:	43,5 t
Leistungsgewicht:	13,6 PS/t

Leistungsdaten

Max. Geschwindigkeit:	35 km/h
Überschreitfähigkeit:	2,6 m
Kletterfähigkeit:	1,20 m
Fahrbereich:	250 km

Bewaffnung
76,2-mm-Bordkanone
2 x 7,62-mm-MG
Munitionsvorrat
111 Schuss (76,2 mm)
3000 Schuss (7,62 mm)

Hersteller
Sowjetische Staatswerke

zuerst nicht zu einem einheitlichen Neuentwurf, sondern zu verschiedenen Arten von Zusatzpanzerungen für bereits im Einsatz befindliche Fahrzeuge und erst danach zu neuen Varianten:

Die KW-1, Ausführung 1940, früh (gegossen), produziert ab März 1941, hatte einen komplett neuen gegossenen Turm mit erheblich gesteigerter Panzerung. Die sich im Dienst befindlichen geschweißten Varianten wurden ab April 1941 teilweise mit Panzerplatten um den Turmdrehkranz und an der Wannenvorderseite versehen (Ausführung 1941, früh, geschweißt) oder wurden komplett mit einer sehr eindrucksvollen Zusatzpanzerung ausgestattet, die den kompletten Turm und die Wannenseiten umfasste (Ausführung 1941, früh geschweißt, mit Zusatzpanzerung).

Mit Beginn des deutschen Einmarsches, Operation „Barbarossa", erwiesen sich Geheimdienstberichte über feuerstarke deutsche PAK-

Ein KW-1-Modell 1940/41, frühe Ausführung, 2. Baulos, mit der 76,2-mm-Kanone L-11, Modell 1939 und dem Wannen-MG.

Geschütze als falsch. Keines der Geschütze war in der Lage, die Frontpanzerung des KW auf Gefechtsdistanz zu durchschlagen. Die Reaktion der Wehrmacht, die 8,8-cm-Flak in der Panzerabwehrrolle einzusetzen, zeigte jedoch die Überlegenheit

dieses Entwurfes und machte die weitere Aufpanzerung des KW nötig. Ende 1941 erschien der KW-1, Ausführung 1941, spät (geschweißt), der äußerlich zwar der Ausführung 1941, früh (geschweißt), ähnelte, jedoch über eine stärkere Basispanze-

Detailansicht des Turmes, geschweißte Ausführung, Modell 1941, früh, und der Heckbereich.

rung des Turmes verfügte, was an dem kürzeren Turmhecküberhang zu erkennen ist. Die Wannenzusatzpanzerung wurde beibehalten.

Die letzte Produktionsvariante war schließlich der KW-1, Ausführung 1942 (gegossen), der über einen neuen und stärker gepanzerten Gussturm verfügte, der sich von der frühen gegossenen Variante durch den Verstärkungsring um das Turmheck-MG unterschied.

oben: Detailansichten der späten Gussturmvariante und der Zusatzpanzerung an der Fahrerfront.

unten: Detailansicht des Turmes, geschweißte Ausführung, Modell 1941.

Trotz aller Maßnahmen zur Leistungssteigerung fehlte es dem KW-1 prinzipiell an zwei Stärken: einer hohen Geländegängigkeit und Geschwindigkeit, die durch die ständigen Nachpanzerungen noch vermindert wurden, und einer stärkeren Bewaffnung. Trotz seines hohen Gewichts und seiner Größe hatte der KW-1 die selbe Hauptbewaffnung wie der mittlere Panzer T-34!

So verlor der KW-1 schon in den ersten beiden Kriegsjahren das Rennen gegen die immer bessere Munition und die großkalibrigen deutschen Panzerabwehrkanonen wie z.B. der 7,5-cm-Pak und 8,8-cm-Flak im Erdkampfeinsatz. Man besserte zwar mit dem KW-1, einer „abgespeckten" schnelleren Variante nach, doch war die Zeit dieses Fahrzeuges nach nur drei Jahren im Einsatz bereits abgelaufen. Die nächste Generation schwerer Panzer, die Josef-Stalin-IS-Baureihe, wiederholte die beim KW-1 gemachten Fehler nicht und entwickelte sich zu einer der besten Panzerbaureihen der Welt.

1944/45 wurden viele KW-1 zu Zugfahrzeugen, ohne Turm, für die mit IS-Panzern ausgerüsteten Einheiten umgebaut.

links: Die Ausführung Modell 1941, früh, 5. Baulos des KW-1 mit geschweißtem Turm.

Kampfpanzer M 4 Sherman

USA
Entwicklung ab 1938, Serienfertigung ab 1941
Eingesetzt in den USA, Großbritannien, Kanada, Frankreich
Sowjetunion, Israel, in zahlreichen NATO- und
SEATO-Staaten und in vielen weiteren Ländern

Kampfpanzer der 8. Panzerdivision/18. Panzerbataillon während der Siegesparade nach Ende des Zweiten Weltkrieges in der Tschechoslowakei. Das vordere Fahrzeug ist ein M 4 A3 E8 mit horizontaler Spiralfederaufhängung (HVSS).

Wichtigster Kampfpanzer auf alliierter Seite

Der amerikanische Kampfpanzer M 4, in Großbritannien als Sherman bezeichnet, ist einer der bedeutendsten und bekanntesten Panzer der alliierten Armeen im Zweiten Weltkrieg.

Nach seiner Einführung im Jahre 1941 bewährte er sich auf allen Kriegsschauplätzen in Europa und Asien. Im Verlauf des Krieges wurde der M 4 ständig verbessert und in Großserie gefertigt. Nach dem Ende des Krieges wurden große Stückzahlen der Baureihe M 4 an die mit den USA verbündeten Armeen abgegeben. Die israelische Armee verbesserte den M 4 Anfang der 60er-Jahre nochmals zur Version M 51 Isherman. Auf Basis des M 4 sind zahlreiche gepanzerte Fahrzeuge zur Unterstüt-

zung der Kampftruppen, wie zum Beispiel Panzerhaubitzen, Jagdpanzer und Bergepanzer, entstanden. So auch der Bergepanzer M 74, der in den Anfangsjahren der Deutschen Bundeswehr Verwendung fand. Zum Teil sind heute noch einige M 4 in Reserveeinheiten kleinerer Staaten in Süd- und Mittelamerika vorhanden.

Entwicklung

Die Entwicklung des M 4 Sherman basiert direkt auf dem Kampfpanzer T 5, der ab dem Jahre 1938 gefertigt wurde. Aus dem T 5 entstanden die mittleren Kampfpanzer M 2 und M 2 A1 sowie der M 3 als Vorläufer des M 4. Bei den genannten Fahrzeugen war die Hauptwaffe in der Wanne eingebaut. Sie hatte daher nur einen begrenzten Schwenkbe-

reich. Im Jahre 1940 wurde die Entwicklung eines voll drehbaren Turmes fortgeführt und im April 1941

Der M 4 A1 (76 mm net) mit 76-mm-Bordkanone und Laufwerk mit Horizontalfedern war noch viele Jahre nach dem Ende des Zweiten Weltkrieges in kleineren Staaten im Einsatz.

Autor: P. Blume; Fotos: US Army (2), Vollert (2), P. Blume (1), B. Kudlicka (1); J. K. Thomalla (1); Zeichnung: M. Meyer

wurden fünf vorläufige Modelle der US Army vorgestellt. Bereits im September 1941 testete die Armee einen Panzer mit einem voll drehbaren Turm für die Bordkanone mit der Typenbezeichnung T 6. Nachdem die Erprobungen erfolgreich abgeschlossen waren, wurde der Panzer im Oktober des Jahres 1941 durch Standardisierung als mittlerer Kampfpanzer M 4 zur Serienreife gebracht.

Späte Ausführung des M 4 A1 mit 76-mm-Bordkanone. Diese Fahrzeuge wurden unter anderem noch im Jahre 1956 von der israelischen Armee verwendet.

Serienfahrzeuge

Das Vorserienmodell des M 4 hatte eine gegossene abgerundete Wanne sowie einen runden gegossenen Turm mit einer Bordkanone M 2 L/31. Da das Fahrzeug in Großserie mit bis zu 2000 Panzern pro Monat gebaut werden sollte, wurden verschiedene Herstellerfirmen mit der Serienfertigung beauftragt. Nicht alle Hersteller hatten die Möglichkeit, gegossene Wannen herzustellen. Aus diesem Grund erhielten die Panzer zum Teil geschweißte kastenförmige Wannen. Diese Ausführungen wurden als M 4 bezeichnet. Kampfpanzer mit der runden gegossenen Wanne erhielten die Typenbezeichnung M 4 A1. Die M 4 und M 4 A1 waren für die Verwen-

dung des Continental-Flugzeug-Sternmotors konstruiert. Aus Gründen der Verfügbarkeit dieser Motoren wurde eine spätere Serie, der M 4 A2, mit zwei Dieselmotoren von GMC ausgerüstet.

M 4 A3

Diese Ausführung des M 4 war serienreif im Januar des Jahres 1942 und wurde zu einer der wichtigsten amerikanischen Versionen des M 4 Sherman. Der Panzer war mit einem Ford GAA-V-8-Vergasermotor ausgestattet. Der M 4 A3 war die zahlenmäßig größte Ausführung der Bau-

reihe, die in der US Army zum Einsatz kam, und es war das Modell, das auch nach Kriegsende für den weiteren Verbleib in den Streitkräften ausgewählt wurde. Fahrzeuge dieses Typs kamen noch im Koreakrieg zum Einsatz. Zwei Herstellerfirmen stellten insgesamt 4761 Stück des M 4 A3 her, der eine geschweißte Wanne und eine 75-mm-Bordkanone besaß.

Verbesserungen

Während des Kriegseinsatzes der M-4-Baureihe stellte man zum Teil größere Mängel fest, die durch zahlreiche Verbesserungen an den Fahr-

Im Museum der 1. Infanteriedivision in Würzburg steht ein hervorragend restaurierter Kampfpanzer M 4 A1 HVSS mit 76-mm-Bordkanone. Diese Kampfpanzer wurden nach dem Zweiten Weltkrieg auch in den französischen Streitkräften verwendet.

Technische Daten:

Besatzung:	5 Mann

Abmessungen

Länge:	6,22 m
Breite:	2,62 m
Höhe:	2,74 m
Bodenfreiheit:	0,43 m

Gewichte

Gefechtsgewicht:	33 t
Leistungsgewicht:	15 PS/t
Spez. Bodendruck:	0,96 kg/cm²

Leistungsdaten

Max. Geschwindigkeit:	42 km/h
Steigfähigkeit:	60 %
Kletterfähigkeit:	0,61 m

Überschreitfähigkeit:	2,29 m
Wattiefe:	0,91 m

Fahrbereich

Straße:	210 km
Gelände:	130 km

Motordaten
Ford GAA
Viertakt-V-8-Vergasermotor
5 Vorwärtsgänge
1 Rückwärtsgang

Hubraum:	18.020 cm³
Leistung:	368 kW/500 PS bei 2600 U/min
Kraftstoffvorrat:	635 l
Verbrauch:	127 l/100 km

Bewaffnung
75-mm-Bordkanone L/40
7,62-mm-MG, Turm
7,62-mm-Bug-MG
12,7-mm-Fla-MG

Hersteller
Pressed Steel Car Co.,
Baldwin Locomotive Works,
ALCO, Detroit Tank Arsenal,
USA

Ausführungen des M 4 Sherman in Kanada in Serie gebaut. Offiziell als M 4 A5 bezeichnet, wurde in Kanada auf eine modifizierte Wanne des M 3 ein Turm mit einer Zweipfundkanone des britischen Panzers Valentine gesetzt. Diese Fahrzeuge wurden nur zu Ausbildungszwecken verwendet und kamen im Zweiten Weltkrieg nicht zum Einsatz. Lediglich einige Fahrgestelle ohne Turm wurden als Mannschaftstransportwagen beziehungsweise als Führungsfahrzeuge auf dem europäischen Kriegsschauplatz eingesetzt. In Kanada wurden einige M 4 A1 aus vorgefertigten Teilen zusammengebaut und als Kampfpanzer Grizzly bezeichnet. Die Streitkräfte Großbritanniens waren während des Zweiten Weltkrieges einer der größten Nutzerstaaten des M 4 Sherman. Zum Teil hatten die britischen Fahrzeuge eine besonders leistungsfähige 17-Pfund-Kanone (7,62 Zentimeter) aus britischer Produktion. Diese Kampfpanzer führten die Typenbezeichnung „Sherman Firefly" (M 4 A4).

oben: Ein Kampfpanzer der 4. Panzerdivision am 20. März 1945 in Alzey. Das Fahrzeug links ist ein Sturmpanzer M 4 A3 E2. Rechts zu sehen ist ein Kampfpanzer M 4 A3 E8 mit HVSS und T-66-Kette.
unten: Ein Kampfpanzer Sherman DD (Duplex Drive) auf dem Weg zum Rhein im Frühjahr 1945. Dieses schwimmfähige Fahrzeug war eine Variante der M-4-Baureihe und kam besonders bei der Landung in der Normandie sowie auch bei der Überquerung des Rheins zum Einsatz.

M 4 A3 E8 HVSS

Die Panzer der Baureihe M 4 besaßen ursprünglich ein Laufwerk mit Spiralfederaufhängung, das einige schwerwiegende Nachteile

zeugen nach und nach abgestellt wurden. Ein besonderes Problem war die sichere Verstauung der Munition im Innenraum. Um die Stauräume besser zu schützen, wurde bei späteren Baumustern eine zusammengesetzte Wanne mit Zusatzpanzerung verwendet. Ein Teil der Fahrzeuge bekam neue Munitionshalterungen, die durch Hohlräume, die mit einer Mischung aus Äthylalkohol-Gefrierschutzmittel und Wasser bestanden, umgeben waren. Dadurch sollte verhindert werden, dass bei einem Treffer sofort die komplette Munition explodierte!
Weitere Verbesserungen betrafen die Formgebung der Wanne, die Laufrollen, die Ketten und die Luken der Besatzungsmitglieder. Teilweise erhielten die Kampfpanzer eine 76-mm-Bordkanone eingebaut.

Kanadische und britische Versionen

Unter der Typenbezeichnung Ram I und Ram II wurden

Ein Kampfpanzer M 4 A1 HVSS mit 76-mm-Bordkanone eines Panzerbataillons der niederländischen Armee während eines NATO-Manövers im Stadtgebiet von Wildeshausen in Norddeutschland im Jahre 1953.

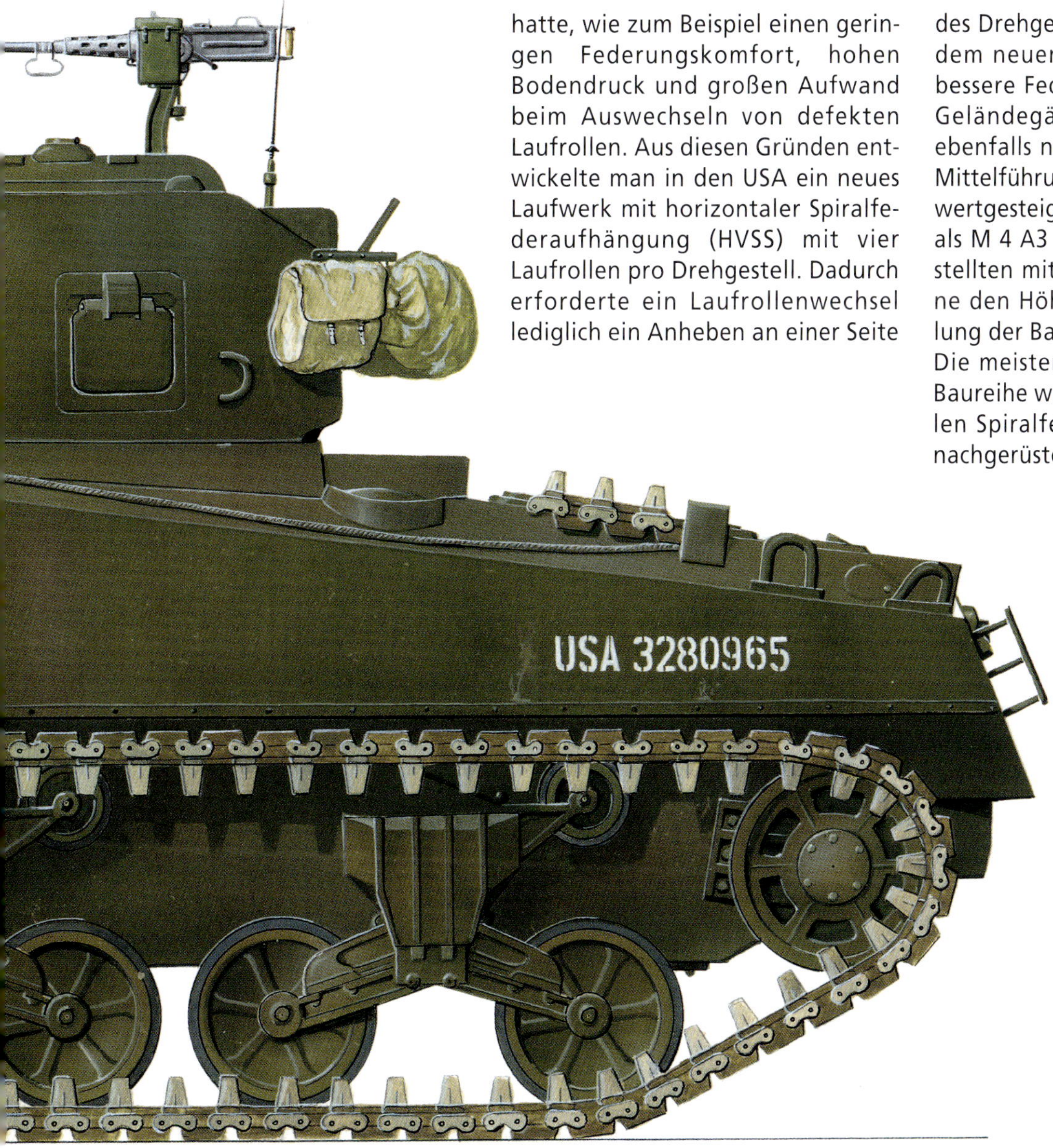

hatte, wie zum Beispiel einen geringen Federungskomfort, hohen Bodendruck und großen Aufwand beim Auswechseln von defekten Laufrollen. Aus diesen Gründen entwickelte man in den USA ein neues Laufwerk mit horizontaler Spiralfederaufhängung (HVSS) mit vier Laufrollen pro Drehgestell. Dadurch erforderte ein Laufrollenwechsel lediglich ein Anheben an einer Seite des Drehgestells. Die Fahrzeuge mit dem neuen Laufwerk hatten eine bessere Federung und eine höhere Geländegängigkeit. Sie erhielten ebenfalls neue, breitere Ketten mit Mittelführungszähnen. Diese kampfwertgesteigerten Fahrzeuge wurden als M 4 A3 E8 HVSS bezeichnet und stellten mit ihrer 76-mm-Bordkanone den Höhepunkt in der Entwicklung der Baureihe M 4 Sherman dar. Die meisten Nachkriegspanzer der Baureihe wurden mit der horizontalen Spiralfederaufhängung (HVSS) nachgerüstet.

USA 3280965

Kampfpanzer Kliment Woroschilow KW-2

UdSSR
Entwicklung ab 1940
Serienfertigung ab 1940

Eingesetzt in der UdSSR

Soldaten der Deutschen Wehrmacht vor einem erbeuteten Kampfpanzer KW-2.

Panzer mit starker Bewaffnung

Der russisch-finnische Winterkrieg zeigte bei vielen Panzer- und Kampffahrzeugen, die in diesem Konflikt von der sowjetischen Armee eingesetzt wurden, Mängel im Allgemeinen oder in speziellen Aufgabenbereichen.

Der getestete KW-1 mit seiner 76,2-mm-Hauptbewaffnung stellte hier keine Ausnahme dar. Besonders bei der Bekämpfung der schweren finnischen Befestigungen und Bunkeranlagen erwies sich die Kanone als zu schwach, sowohl in Bezug auf das Geschossgewicht als auch der Durchschlagsleistung. Seine Einsatzparameter wurden daher auf Panzerbekämpfung und Infanterieunterstützung festgelegt und man begann mit der Projektierung eines Fahrzeuges auf KW-Fahrgestell, das mit einer stärkeren Kanone ausgestattet, in zukünftigen Konflikten effektivere Unterstützung bei Durchbruchsversuchen gegen ausgedehnte Feldbefestigungen ermöglichen sollte.

Entwicklung

Man kontaktierte die Leningrader Kirow-Werke, um dieses Fahrzeug mit einer Bunker brechenden Kanone mit einem Kaliber von mehr als 150 Millimeter auszurüsten. Die Unterstützung dieses Wunsches der Roten Armee konnte durch den 1. Sekretär des Leningrader Parteikomitees, A.A. Schadanov, sofort umgesetzt werden. Als Hauptbewaffnung entschied man sich für eine Variante der 152-mm-Haubitze M-10S Ausführung 1940, die man in einen neuen Turm durch Kürzung des Roh-

oben: Der Turmheckbereich mit der Nahverteidigungs-MG-Blende und dem Heckausstieg.
unten: Blick über die rechte Fahrzeugseite zum Turm.

Autor: J. Vollert; Fotos: Archiv J. Vollert (9)

res und des Rohrrücklaufmecha-
nismus einbauen konnte. Die be-
reitgestellte Munition umfasste
eine Betongranate von 40 kg/V°,
530 m/sek, und ein Panzer brechen-
des Geschoss von 51 kg/V°, 436
m/sek. Die Maximalschussweite wurde mit 4800 Meter erreicht.

Der erste Prototyp, noch als „KW mit
großem Turm" bezeichnet, stand
bereits im Januar 1940 für Truppenversuche zur Verfügung. Bei diesen
Tests zeigte sich, dass das Fahrzeug,
trotz seiner imposanten Größe und
des relativ hohen Gewichts, seinen
primären Gefechtsauftrag ausführen
konnte. Nach weiterer Erprobung
fiel am 28. Mai 1940 die Entscheidung für die Serienfertigung von 102
Fahrzeugen KW-2, Modell 1940, die
noch im selben Jahr vollendet wurden.

Nach der Übergabe an die Truppe
zeigten sich beim täglichen Betrieb
und bei intensiverem Gebrauch
jedoch weitere Mängel, die die
Gefechtsfähigkeit stark einschränk-
ten. Hier stachen besonders Probleme mit dem Fahrwerk, dem Motor
und dem Getriebe hervor, die auf
das extrem hohe Gesamtgewicht auf
einem doch recht leichten Fahrgestell zurückzuführen waren. Trotz

Dieser KW-2 ist vermutlich durch die Explosion einer Fliegerbombe auf die Seite geworfen worden. Obwohl er auf dem Turm liegt, ist er relativ unbeschädigt.

dieser Nachteile wurde ein zweites
Produktionslos in Auftrag gegeben,
bei dem man die Fahrzeuge nunmehr mit einem neuen Turm mit
gebogenen Seitenteilen, einer neuen
Kanonenblende, einem Maschinengewehr am Turmheck zur Nahvertei-
digung und einem MG in der Fahrerfront versah.

Dieser neue Typ erhielt die Bezeichnung KW-2 Modell, 1941, und erreichte die Rote Armee gegen Ende
des Jahres 1940. Der staatlich angeordnete Produktionsplan sah die
Herstellung von 1000 KW-Panzern
aller Varianten, einschließlich 100
Stück des KW-2, Modell 1941, noch
für das Jahr 1941 vor. Diese Ziele
wurden jedoch nicht erreicht, und
mit Beginn des deutschen Einmarsches im Juni 1941 waren nur 200 bis
230 KWs fertig gestellt worden.

*Der einzige überlebende KW-2 im Zentralen Armeemuseum in Moskau. Es han-
delt sich um eine Ausführung 1941.*

Technische Daten:

Besatzung:	6 Mann

Abmessungen

Länge:	6,80 m
Breite:	3,35 m
Höhe:	3,28 m
Bodenfreiheit:	0,43 m

Gewichte

Gefechtsgewicht:	52,0 t
Leistungsgewicht:	11,5 PS/t
Spez. Bodendruck:	0,84 kg/cm²

Leistungsdaten

Max. Geschwindigkeit:	34 km/h
Überschreitfähigkeit:	2,50 m
Steigfähigkeit:	40 %
Fahrbereich (Straße):	250 km
Wattiefe:	1,60 m

Motordaten

4-Takt, 12-Zylinder W-2K
Dieselmotor
5 Vorwärtsgänge
1 Rückwärtsgang

Hubraum:	38.880 cm³
Leistung:	441 kW/600 PS
	bei 2000 U/min
Leistungsgewicht:	11,5 PS/t
Kraftstoffvorrat:	600 l
Verbrauch:	100 l/100 km

Bewaffnung

152-mm-Haubitze, 2 MGs

Munition

36 Schuss 152 mm
3087 Schuss 7,62-mm-MG

Hersteller

Kirow-Werke, Leningrad,
Sowjetunion

KW-2, Modell 1941: Auch hier wurde das Fahrzeug nicht abgeschossen, sondern ist aufgrund technischer Mängel liegen geblieben. Man beachte die Abschleppseile.

Kampfstarkes Fahrzeug

Der KW-2 ist wohl einer der Panzer, der bei den Soldaten der Wehrmacht den größten Eindruck hinterlassen haben dürfte. Mit Beginn der Operation „Barbarossa" hatte man lediglich mit leichten oder schlecht gepanzerten Kampffahrzeugen aller Typen auf sowjetischer Seite gerechnet (z.B. T-26, BT-5 und BT-7, T-28 und T-35). Der KW-2, wie übrigens auch der KW-1 und der T-34, waren für die deutschen Einheiten ernst zu nehmende Gegner. Der „KW-Schock" ging durch die Reihen der Infanterie-, Panzer- und Panzerabwehrverbände der Wehrmacht, da diesen Kolossen oft kaum mit den damals üblichen Kanonen im Bereich 37 bis 50 Millimeter beizukommen

Ein aufgegebener KW-2, Modell 1941, dient deutschen Soldaten als Schutz während des Vormarsches.

war. So hielt ein einzelner KW-2 den Vormarsch eines ganzen Regiments auf, da er, trotz mehrerer Dutzend Treffer, immer noch einsatzbereit war und eine taktisch wichtige Straßenkreuzung blockierte. Als einziges wirksames Mittel zur Bekämpfung erwiesen sich die deutsche 88-mm-Flak im Erdkampfeinsatz und die Baugruppen des KW-2 selbst, da sie mit erschreckender Regelmäßigkeit wegen Überlastung im Gefechtseinsatz ausfielen. Tatsächlich fielen dem Getriebe, Fahrwerk und Motor des KW-2 mehr Panzer zum Opfer als den deutschen Geschützen, da sie aufgrund mechanischer Schäden aufgegeben werden mussten. Die Anmerkung sei erlaubt, dass die deutsche Panzerindustrie aus diesen Erfahrungen – im Gegensatz zur russischen Seite – nichts gelernt hat, da gegen Ende des Krieges viele schwere deutsche Panzer mit denselben Krankheiten, aufgrund überlasteter Fahrwerke, zu kämpfen hatten. Die russische Seite hingegen lernte schnell aus den Erfahrungen und stellte bereits Ende 1943 die Josef-Stalin-Panzerreihe in Dienst, die sich als wohl beste und einsatzfähigste schwere Panzerentwicklung des Zweiten Weltkrieges herausstellen sollte. Im Gegensatz zum etwa 10

oben: Die gigantischen Ausmaße des KW-2 werden auf diesem Bild deutlich. Der massive Turm konnte nur auf ebenem Gelände gedreht werden.
unten: Die frühe Ausführung des KW-2 (Modell 1940) mit dem eckigen Turm und der massiven Turmheckluke. Man beachte auch die andere Kanonenblende.

Tonnen schwereren deutschen Panther mit seiner 75-mm-Kanone, war der IS-2 mit einer 122-mm-Bordkanone und sehr viel effizienterer Panzerung ausgestattet, wobei ihn auch die Laufleistung und hohe Einsatzfähigkeit, mit relativ geringen Ausfällen der mechanischen Teile, zu einem sehr viel brauchbareren Kampffahrzeug machten.

Geringe Beweglichkeit

Primär ausgelegt für eine eher statische Kriegsführung und zur Bekämpfung von Bunkeranlagen erwies sich der KW-2 als wenig geeignetes Mittel, den deutschen Blitzkrieg aufhalten zu können. Bereits gegen Ende des Jahres 1941 waren KW-2 auf dem Gefechtsfeld ein seltener Anblick und das Fahrzeug wurde 1942 endgültig aus dem Dienst genommen. Verglichen mit dem

wirklichen, eher geringen Gefechtswert angesichts einer zu dieser Zeit hochmodernen Kriegsführung waren die wirklichen Stärken des KW-2 wohl eher der Einfluss auf die deutsche Vormarschgeschwindigkeit und Moral sowie die Erkenntnis, dass Russland – in Bezug auf die Kampfkraft des Gegners – eben nicht mit Frankreich zu vergleichen war. Eine Tatsache, die nicht nur den deutschen Panzerbau, sondern auch die Entwicklung von geeigneten Panzerabwehrwaffen auf deutscher Seite forcierte. Der KW-2 wurde im Zweiten Weltkrieg ausschließlich von sowjetischer Seite eingesetzt und befand sich gerade einmal etwas mehr als zwei Jahre im aktiven Dienst. Nur ein KW-2, Ausführung 1941, hat den Krieg überstanden und kann heute noch im Zentralen Armeemuseum in Moskau auf dem Freigelände besichtigt werden.

Mittlerer Panzerkampfwagen V Panther (Sonder-Kfz 171)

Deutschland
Entwicklung ab 1941
Serienfertigung ab 1943 bis 1945

Eingesetzt in Deutschland und Frankreich

Westfront, Februar 1945: Amerikanische Truppen untersuchen einen aufgegebenen Panther der späten Ausführung G. Sein Merkmal war die unten verstärkte Turmblende.

Legendärer Kampfpanzer

Einen legendären Namen unter den deutschen Panzerfahrzeugen hat der Kampfpanzer V, allgemein nur Panther genannt. Erstmals im Sommer 1943 in Russland während der Schlacht bei Kursk eingesetzt, war seine Karriere anfangs von vielen technischen Mängeln überschattet und erzeugte damit nur wenig Vertrauen bei den Besatzungen. Trotzdem sollte sich der Panzer nach übereinstimmender Meinung vieler Experten zum wohl besten mittleren Kampfwagen des Zweiten Weltkrieges entwickeln.

Im Falle des Panther kann eindeutig festgestellt werden, dass seine Konstruktion tatsächlich eine direkte deutsche Reaktion auf das überraschende Auftauchen der russischen KW-Typen und insbesondere des beeindruckenden T-34 war. Es liefen zwar bereits seit 1940 auf deutscher Seite Überlegungen, in der Klasse der damaligen Standard-Kampfpanzer die bislang bewährten, aber inzwischen in vielen Bereichen (Motorleistung, Beweglichkeit, Bewaffnung, Panzerung) kaum mehr ausbaufähigen Typen III und IV durch einen neuen Entwurf zu ersetzen. Aber erst die negativen Erfahrungen des Sommers 1941 erzeugten den nötigen Druck, die bislang ohne besondere Dringlichkeit laufenden Arbeiten voranzutreiben. Bedingt durch die an der Ostfront gewonnenen Erkenntnisse kam es schließlich im November 1941 zu einer völligen Neuausschreibung. Es sollte nun schnellstens ein dem Gegner in Bewaffnung, Beweglichkeit und Pan-

zerschutz überlegener und trotzdem massenproduktionstauglicher Panzertyp entwickelt werden, der zudem alle bislang in den regulären Panzerregimentern vorhandenen

Winter 1943/44: Dieser fabrikneue Panther der frühen Ausführung A zeigt einen makellosen Tarnanstrich und ist auch sonst noch ohne Beschädigungen.

Autor: H. Hoppe; Fotos: Sammlung H. Hoppe (7), P. Blume (1); Zeichnung: M. Meyer

Ungarn 1944: Zum Aufklärungszug der I. Abteilung des Panzerregiments 1 gehörte der in Bereitstellung liegende Panther, Ausführung A, Kennzeichen I 06.

Typen ersetzen sollte. Ursprünglich in der 30-t-Klasse angesiedelt, wurde ein solches Fahrzeug von zwei Herstellern entwickelt und führte schließlich zum Daimler-Benz-Entwurf VK 30.01 und zum VK 30.02 der MAN. Während der VK 30.01 äußerlich eine vergrößerte Kopie des russischen T-34 darstellte und letztlich vom Heeres-Waffenamt abgelehnt wurde, handelte es sich beim MAN-Entwurf um eine Neukonstruktion. Die allseits abgeschrägte Panzerung, kombiniert mit der neu entwickelten langrohrigen 7,5-cm-Kampfwagenkanone im weit zurückgesetzten Drehturm, verlieh dem nun als Sonderkraftfahrzeug 171 klassifizierten Panzerkampfwagen V Panther ein völlig neues Erscheinungsbild. Bei ihm kam ein neuartiges Schachtelrä-

Dieser Kampfpanzer Panther, Ausführung G, befindet sich heute in der Wehrtechnischen Studiensammlung in Koblenz. Das Fahrzeug ist fahrbereit und verfügt über ein Panzernachtzielgerät mit Infrarotscheinwerfer.

Überschreitfähigkeit:	2,45 m
Wattiefe:	1,90 m
Kletterfähigkeit:	0,90 m
Fahrbereich	
Straße:	200 km
Gelände:	100 km

Motordaten
Maybach HL 210 P 30
12-Zylinder-Vergasermotor
7 Vorwärtsgänge
1 Rückwärtsgang

Hubraum:	23.095 cm³
Leistung:	515 kW/700 PS
	3000 U/min
Kraftstoffvorrat:	720 l
Verbrauch	
Straße:	350 l/100 km

Bewaffnung
75-mm-Bordkanone KwK 42
Bug-MG, 7,62 mm
Blenden-MG, 7,62 mm

Hersteller
MAN, Daimler-Benz, MNH,
Nürnberg, Hannover,
Deutschland

Technische Daten:

Besatzung:	5 Mann

Abmessungen

Länge:	9,09 m
Breite:	3,42 m
Höhe:	3,00 m
Bodenfreiheit:	0,56 m

Gewichte

Gefechtsgewicht:	44,8 t
Leistungsgewicht:	15,6 PS/t
Bodendruck:	0,88 kg/cm²

Leistungsdaten

Max. Geschwindigkeit:	55 km/h
Steigfähigkeit:	30 %

oben: Dieser gut getarnte Panther verfügte am Bug über eine truppenseitige Nachrüstung zur besseren Verstauung von zusätzlichen Ausrüstungsgegenständen.
unten: Juli 1943 im Großraum Kursk: Kettenreparatur an einem der ersten Panther, Ausführung D, welcher zum Bestand der Panzerabteilung 51 oder 52 zählte.

ständig verbessert. In insgesamt drei Baureihen produziert, sind bis April 1945 rund 6050 Exemplare gebaut worden. Allerdings waren zu keinem Zeitpunkt mehr als 740 bei der Truppe, davon auch nur maximal zwei Drittel einsatzfähig. Die geplante Komplettausstattung aller Panzerregimenter mit Panzerkampfwagen Panther ließ sich aufgrund der hohen Ausfälle nur in wenigen Fällen durchführen, meist bekam nur eine Abteilung den Panther, während die zweite beim alten Panzer IV bleiben musste. Bemerkenswert sind die schon kurz nach Produktionsstart erfolgten Umbauten einzelner Kampfpanzerfahrgestelle zu speziellen Bergepanzern, die sich dann als sehr nützlich und erfolgreich bei der Bergung liegen gebliebener Panther und auch Tiger erwiesen.

Einsatzbewertung

Gedacht als Massenpanzer in den Regimentern der Panzerdivisionen, ist der Einsatz des Panther prinzipiell mit dem der vorhergehenden leichten und mittleren Kampfpanzertypen vergleichbar. Lediglich für den als taktische Überraschung anzusehenden ersten Kampfeinsatz im Juli 1943 bei Kursk bildete man speziell für den Panther die neuen Panzerabteilungen 51 und 52, deren Personal sich aus den Abgaben diverser Panzereinheiten des Heeres, ergänzt durch neu eingezogene Soldaten, zusammensetzte. Der übereilt befohlene erste Fronteinsatz des Panther mit insgesamt 200

der-Fahrwerk mit Drehstabfederung zum Einbau, dazu der bereits vom Tiger bekannte 700-

tigen Kriegsverlaufes eine Großoffensive für den Sommer 1943 plante, waren die ersten 200 Exemplare

PS-Maybach-Motor, kombiniert mit einem in dieser Leistungsklasse bislang nicht gekannten Handschaltgetriebe. Seine Frontpanzerung war am Bug bis zu 80, am Turm bis zu 120 Millimeter stark. Aufgrund des gegenüber dem Entwurf stark angewachsenen Gesamtgewichts konnten die Seiten allerdings nur 40 bis 45 Millimeter stark ausgeführt werden. Bereits im Dezember 1942 wurden die ersten Vorserienfahrzeuge fertig gestellt, entwickelt und gebaut – innerhalb nur eines Jahres! Zeitweise waren vier verschiedene Hersteller in den ab März 1943 hochfahrenden Serienbau eingebunden, im Monat Mai kamen erstmals über 100 Exemplare zur Ablieferung. Da Hitler in Russland aufgrund des ungüns-

des Panther bereits zum 1. Juli 1943 frontverwendungsfähig bereitzustellen. Diese kurze Erprobungs- und Ausbildungszeit konnte natürlich nicht ausreichen, auftretende Mängel wirksam abzustellen und die Besatzungen voll mit dem neuen Waffensystem vertraut zu machen. So wurde der Panther letztendlich unter Inkaufnahme entsprechender Nachteile und Verluste erst im praktischen Truppengebrauch wirklich erprobt und auch

Fahrzeugen deckte dann auch sehr rasch die Stärken und Schwächen des neuen Kampfpanzers auf. Während die Besatzungen die gute Frontpanzerung wie auch die hohe Leistung der Kanone lobten, war die allgemeine technische Zuverlässigkeit mangelhaft, zeitweise waren nur zehn Fahrzeuge einsatzbereit. Auch stellte sich die Seitenpanzerung als zu dünn heraus. Trotzdem gingen insgesamt nur 58 Fahrzeuge in den schweren und von allerlei Schwierigkeiten begleiteten Gefechten als Totalverluste verloren, der Rest allerdings bedurfte einer gründlichen Instandsetzung. Bald danach kamen weitere Panzerabteilungen in den Besitz des Panther, jedoch erfolgte seine Verwendung oftmals unter den Zwängen schwieriger Frontlagen und deshalb unter Missachtung bestehender Einsatzgrundregeln. Nachdem sich die technische Zuverlässigkeit des Fahrzeuges schließlich deutlich gebessert hatte, wurde der Panther zu einem überzeugenden Kampfwagen, der an allen Fronten seine deutliche Überlegenheit über die alliierten Panzertypen unter Beweis stellen konnte, sowohl bewaffnungs- als auch panzerungs- und bewegungstechnisch. Erst der russische JS-2 mit seiner 122-mm-Kanone oder der amerikanische M-26 Pershing war dem Panther als

oben: Zu einem Panzerregiment der Waffen-SS gehörend, hat dieses Fahrzeug einen schweren Laufwerkschaden erlitten und erwartet nun die Bergestaffel, 1944.
unten: Eine späte Ausführung A, erkennbar am Bug-MG in Kugellafette in Einheit mit der hier geöffneten Fahrersehklappe, Holland 1944, 12. SS-Panzerdivision.

Gegner klar überlegen. Eine amerikanische Faustregel besagte, es koste fünf M-4 Sherman, um einen Panther auszuschalten, für den russischen T-34 galt ein ähnlicher Wert. Letztendlich aber konnte auch der Panther die quantitative Überlegenheit seiner Gegner nicht wettmachen, zumal sein taktischer Einsatzwert durch den hohen Treibstoffverbrauch erheblich beeinträchtigt war, gepaart mit den immer wieder auftretenden mechanischen Problemen. Etwa 50 Panther, welche nach dem deutschen Rückzug fahruntüchtig in Frankreich vorgefunden wurden, dienten, nachdem sie sich wieder instand setzen ließen, noch bis in die 50er-Jahre in der französischen Armee zu Ausbildungszwecken.

Schwerer Panzerkampfwagen VI Tiger 1 Sonder-Kfz. 181

Deutschland
Entwicklung ab 1941
Serienfertigung ab 1942

Eingesetzt in Deutschland

Nur ohne Gegenverkehr möglich – die Bahnverladung eines Tiger mit überbreiter Gefechtskette auf einem Eisenbahn-Flachwagen vom Typ SSyms.

Legendärer Ruf

Der berühmteste Panzer aller Zeiten ist wohl der Tiger. Bis heute ist über kein anderes Panzerfahrzeug weltweit so viel berichtet und publiziert worden wie über diesen schweren Kampfwagen. Als der Tiger Ende 1942 in Nordafrika erstmals auf überlegene alliierte Panzertruppen traf, bildete sich bald sowohl auf deutscher als auch auf alliierter Seite sein legendärer Ruf. Der Tiger erlangte praktisch Kultstatus, auch wenn dieser Begriff zu seiner Zeit noch nicht gebräuchlich war! Dabei begann seine Karriere nicht sehr vielversprechend.

Die nahe liegende Annahme, der Tiger sei eine direkte deutsche Reaktion auf das überraschende Auftauchen der russischen T-34- und KW-Typen im Sommer 1941, trifft nur bedingt zu, denn es wurde schon seit 1937 an einem schwerer gepanzerten Nachfolgemuster für die gerade eingeführten und recht „dünnhäutigen" Panzer III und IV gearbeitet. Dies geschah ohne besondere Dringlichkeit und brachte einige interessante Prototypen hervor. Die Erfolge der eingeführten Panzertypen während des Polen- und des Westfeldzuges weckten jedoch den Eindruck, dass ein schwerer Panzerwagen gar nicht nötig sei. Als dann aber in Russland die eingangs erwähnten Typen auf dem Gefechtsfeld erschienen und große Unruhe auf deutscher Seite

Winter 1943/44: Aufmunitionieren nach schwerem Gefecht – die Panzerung des Tiger zeigte sich enorm widerstandsfähig.

Autor: H. Hoppe; Fotos: Archiv H. Hoppe (8)

verursachten, besann man sich auf die Prototypen und forderte deren beschleunigte Einsatzreife. Es wurde dabei eine Frontpanzerung von 100 Millimetern und eine Durchschlagsleistung der Kanone von ebenfalls 100 Millimetern auf 1500 Meter Entfernung verlangt. Vier Hersteller arbeiteten an solchen Panzern. Nach allerlei konstruktiven Irrwegen und Änderungswünschen, in die auch Hitler sich immer wieder einschaltete, wählte das Heereswaffenamt schließlich das Modell VK.4501 (H) der Firma Henschel für den Serienbau. Die ersten Serienfahrzeuge des nun als Sonderkraftfahrzeug 181, Panzerkampfwagen VI Tiger bezeichneten Panzers wurden im August 1942 fertig gestellt. Die eingetretene Verdoppelung des Gefechtsgewichts von ursprünglich projektierten 30 Tonnen warf erhebliche Probleme auf. Für die Bahnverladung der Panzer Tiger mussten extra Eisen-

Gut getarntes Warten auf den gegnerischen Ansturm – als Defensivwaffe war der Tiger kaum zu schlagen.

bahn-Flachwagen des Typs SSyms entwickelt werden. Da die Breite des Panzers das zulässige Eisenbahn-Lichtraumprofil überschritt, waren vor dem Transport spezielle, schmalere Verladeketten aufzuziehen und

Ein Tiger auf dem nordafrikanischen Kriegsschauplatz – in idealem Panzergelände kam die Überlegenheit der neuen Waffe hier erstmals zum Tragen.

Technische Daten:

Besatzung: 5 Mann

Abmessungen
Länge:	8,46 m
Breite:	3,57 m
Höhe:	2,90 m
Bodenfreiheit:	0,47 m

Gewichte
Gefechtsgewicht:	56,9 t
Spez. Bodendruck:	1,04 kg/cm²
Leistungsgewicht:	11,42 PS/t

Leistungsdaten
Max. Geschwindigkeit:	45 km/h
Steigfähigkeit:	35 %
Überschreitfähigkeit:	2,30 m
Kletterfähigkeit:	0,80 m
Wendekreis:	7,00 m
Wattiefe:	1,20 m
Fahrbereich:	110 km

Motordaten
Maybach HL 230 P 45
12-Zylinder-Vergasermotor
8 Vor- und 4 Rückwärtsgänge
Hubraum: 21.353 cm³

Leistung: 478 kW/650 PS bei 3000 U/min
Kraftstoffvorrat: 540 l
Verbrauch: 535 l/100 km

Bewaffnung
Bordkanone: 88-mm-KwK 36 L/56
Bug-MG: 7,92-mm-MG 34
Blenden-MG: 7,92-mm-MG 34
Fla-MG: 7,92-mm-MG 34

Hersteller
Henschel, Kassel, Deutschland

Häufige Eisenbahntransporte schonten das Fahrwerk des Tiger – lange Straßenmärsche waren nicht seine Stärke.

ein PKW fahren. Revolutionär war auch die eingebaute Hauptbewaffnung. Die langrohrige Kampfwagenkanone vom Kaliber 8,8 Zentimeter war eine Umkonstruktion der auch im Erdkampf bewährten 8,8-cm-Flak und durchschlug jede bekannte Panzerung. Eher konservativ hingegen erschien die Gestaltung des Panzerschutzes, dessen senkrechte Flächen stark an die Vorkriegsmodelle Panzer III und IV erinnerten. Die konstruktive Umsetzung schräger Panzerplatten wie beim russischen T-34 war in der Eile der Entwicklung nicht möglich gewesen. Sie konnte erst beim Nachfolgemodell Tiger II verwirklicht werden. Im Einsatz zeigte sich aber bald die erstaunliche und nicht gekannte Widerstandsfähigkeit dieser Panzerung, die zwar konventionell erschien, aber in hoher Verarbeitungsqualität aus höchstwertigem Stahl gefertigt war. All diese Dinge behinderten allerdings die Massenfertigung des Tiger – er blieb eher ein Kleinserienmodell. Nur etwa 1350 Exemplare des Tiger I kamen

die äußeren Laufräder des Fahrwerks abzumontieren. Die gewichtsbedingten Probleme bezüglich Bergung und Instandsetzung versuchte man durch die Beigabe spezieller Kräne und die erhöhte Zuweisung schwerer 18-t-Halbkettenzugmaschinen auszugleichen. Es flossen diverse technische Neuerungen in diesen Panzerwagen ein, so löste man

erwartete Schwierigkeiten bei Brückenüberschreitungen dadurch, dass der Panzer ohne große Vorbereitung bis fünf Meter tauchfähig war. Auch die erforderliche Motorleistung von über 600 PS war eine konstruktive Herausforderung und technisches Neuland im Panzerbau, trotzdem ließ sich der Tiger mit dem neu entwickelten Getriebe fast wie

Norddeutschland, Frühjahr 1945: Die Briten haben diesen Tiger erbeutet und nutzen einen Culemeyer-Straßenroller der Deutschen Reichsbahn für den Abtransport.

zur Auslieferung. Anfangs aufgetretene Kinderkrankheiten konnten relativ schnell und gründlich beseitigt werden. Für die Ausgewogenheit der Henschel-Konstruktion spricht auch der Umstand, dass das Sonder-Kfz. 181 während seiner zweijährigen Produktionszeit nur wenig verändert wurde. So gab man zum Beispiel ab dem 500. Fahrzeug die Tauchfähigkeit auf und verwendete ab dem 800. Exemplar ein vereinfachtes Fahrwerk ohne Gummibandagen. Außerdem übernahm man die Kommandantenkuppel des Kampfpanzers Panther.

Einsatzbewertung

Aufgrund der geringen Produktionszahlen und der gegenüber den bisherigen Kampfpanzern deutlich abweichenden technisch-taktischen Parameter bildete man für den Einsatz der Tiger eine völlig neue Organisationsform, die selbstständigen schweren Panzerabteilungen. Die Ausbildung der Besatzungen dieser Abteilungen wurde zentral durchgeführt, die Einsatzvorschriften auf die neue Waffe zugeschnitten. Der überhastet angesetzte erste Fronteinsatz des Tiger endete am 22. September 1942 vor Leningrad mit dem Verlust eines Panzers und der Beschädigung von drei weiteren, ohne dass der Gegner überwunden wurde. Schlechte Vorbereitung, Verstöße gegen die Vorschriften der ausgearbeiteten Richtlinien, technische Mängel und ein für Panzerfahrzeuge wenig geeignetes Gelände verursachten den Misserfolg.

Als Schwerpunktwaffe im geschlossenen Verbandseinsatz gedacht, führte sich der Tiger später viel besser ein. Bereits in Afrika, wo Ende 1942 die ersten Panzerduelle mit Tiger stattfanden, begründete sich der Ruhm dieses Panzers, als sich seine deutliche Überlegenheit selbst gegen eine vielfache Überzahl feindlicher Panzer erwies. So wurden M 4 Sherman oder T-34 auf über 2700 Meter Entfernung abgeschossen, während die alliierten Panzer nur auf extrem nahe Distanzen eine Chance hatten, dem Tiger beizukommen. Die enormen alliierten Verluste dieser ungleichen Gefechte führten zu einem nachhaltigen psychologischen Effekt, der insbesondere kampfungewohnte Truppen schon erschütterte, wenn das Wort „Tiger" nur ertönte. In

oben: Russische Steppe, Sommer 1943 – auch hier konnten die Vorteile des Tiger voll zur Geltung gebracht werden.
unten: Dies konnte schnell zum Ausfall zweier Tiger führen – das Abschleppen aus schwerem Gelände durch einen Kameraden-Panzer war eigentlich verboten.

den Kriegstagebüchern amerikanischer, britischer wie russischer Panzerverbände finden sich entsprechende Schilderungen in großer Zahl – der Mythos war geboren! Obwohl die deutsche Propaganda ihn schnell zu einer Wunderwaffe hochstilisiert hatte, war der Tiger nicht unverwundbar. Die Mehrzahl der Tiger-Verluste geht auf Aufgabe oder Selbstzerstörung zurück, weil es oftmals nicht möglich war, beschädigte oder festgefahrene Panzer zu bergen.

Die Alliierten brachten auch bald neue Panzertypen und Waffen zum Einsatz, die dem Tiger besser begegnen konnten. Im Westen hat zudem die alliierte Luftüberlegenheit den höheren Kampfwert oftmals zunichte gemacht. Die quantitative feindliche Übermacht besiegte letztendlich auch die hervorragenden Tiger!

Abschließend betrachtet, war der Tiger I bei den damaligen Bedingungen und technischen Möglichkeiten eine brauchbare Waffe, die ihre Überlegenheit besonders in der Defensive, bei weitem Schussfeld und in bekanntem Gelände entfalten konnte. Für den Angriff war der Panzer jedoch weniger geeignet, da das hohe Gewicht wie auch der geringe Fahrbereich in unbekanntem Gelände oftmals von Nachteil waren. Feindliche Panzer mieden, wann immer möglich, den direkten Kampf und wichen aus. Folglich liefen viele Angriffe ins Leere, die Panzer fuhren sich fest oder gerieten in Hinterhalte, die dann auch einem Tiger zum Verhängnis werden konnten. Die geringe Zahl der jeweils verfügbaren Tiger verhinderte zudem, dass erzielte taktische Gewinne auch von dauerhaftem operativem Erfolg sein konnten.

Aufklärungspanzer M 24 Chaffee

USA
Entwicklung ab 1943, Serienfertigung ab 1944
Eingesetzt in den USA, Belgien, Frankreich, GB, Österreich, Norwegen,
Italien, Dänemark, Griechenl., Türkei, Spanien, Südkorea, Südvietnam,
Portugal, Pakistan, Japan, Thailand, Kambodscha, Laos, Nationalchina

Der Aufklärungspanzer M 24 Chaffee war mit einer 75-mm-Bordkanone, zwei MG 7,62 Millimeter und einem Fla-MG 12,7 Millimeter bewaffnet. Mit dem Fahrzeug waren hauptsächlich Panzeraufklärungseinheiten ausgestattet.

Erste Gefechtserfahrung

Bei Ausbruch des Zweiten Weltkrieges waren die amerikanischen Streitkräfte mit leichten Panzern vom Typ M 3 und M 5 ausgerüstet. Diese Fahrzeuge wurden hauptsächlich in den Aufklärungszügen der Panzer- und Panzeraufklärungsregimenter eingesetzt.

Im November 1942 trafen zum ersten Mal in der nordafrikanischen Wüste amerikanische und deutsche Panzertruppen im Gefecht aufeinander. Es zeigte sich sehr schnell, dass die 37-mm-Kanonen der Panzer M 3 und M 5 den Waffen der deutschen Panzer weit unterlegen waren. In der US Army forderte man daher eine Bewaffnung mit 75-mm-Kanonen.

Entwicklungsgang

Anfang 1943 begannen bei der Firma Cadillac GMC die Arbeiten für den Bau eines Prototyps. Der Prototyp des neuen Aufklärungspanzers erhielt die Bezeichnung T 24 und stellte eine völlig neue Konstruktion dar. Die Konstrukteure der Firma Cadillac GMC griffen bei dem Bau des T 24 auf bewährte Baugruppen der Entwicklung T 7 und des neuen Jagdpanzers M 18 „Hellcat" zurück. Besonders das moderne und leistungsfähige Laufwerk des M 18 mit fünf Laufrollen und vier Stützrollen wurde bei der Entwicklung des T 24 zugrunde gelegt. Aus diesem Laufwerk entstand später das amerikanische Einheitslaufwerk für die ver-

schiedensten Panzerfahrzeuge, insbesondere in der Nachkriegszeit. Der T 24 war, wie die meisten amerikani-

Schräge Heckansicht eines M 24 Chaffee des österreichischen Bundesheeres. Gut zu erkennen sind die Laufrollen, das hintere Leitrad sowie das vordere Antriebsrad und die Stützrollen.

Autor: P. Blume; Fotos: HBF, Wien (5), B. Kudlicka (2), P. Bume (1); Zeichnung: M. Meyer

schen Panzer vorher, mit einem Motor im Heck und dem Kampfraum in der Mitte des Fahrzeuges versehen. Der Fahrer und ein weiteres Besatzungsmitglied saßen vorn in der Fahrzeugwanne.

Die in einem Drehturm angeordnete Bordkanone M 6 mit dem Kaliber 75 Millimeter des T 24 war ursprünglich eine Waffe der US-Luftwaffe und für den Einbau in den Bomber B 25 vorgesehen. Neben der Bordkanone wurden ein koaxiales MG 7,62 Millimeter sowie ein Bug-MG mit gleichem Kaliber eingebaut. Zur Fliegerabwehr war ein 12,7-mm-Maschinengewehr auf einer Lafette auf dem Turmdach vorgesehen. Der Prototyp T 24 war im Oktober 1943 fertig gestellt und es begannen anschließend umfangreiche Tests und Truppenversuche, die alle sehr erfolgreich verliefen. Zunächst erteilte die US Army einen Fertigungsauftrag für 1000 Fahrzeuge des nun als M 24 bezeichneten Aufklärungspanzers. Ein späterer Auftrag sah den Bau von 5000 Panzern des Typs M 24 vor. Die Serienfertigung des M 24 teilten sich die beiden Firmen Cadillac und Massey-Harris. Entsprechend einer alten Tradition in der US Army erhielt der M 24 den Namen eines berühmten Generals. Man wählte den Namen des Gründers der amerikanischen Panzertruppe, General Adna

oben: Ein hervorragend restaurierter und fahrbereiter Aufklärungspanzer M 24 Chaffee eines belgischen Militärfahrzeug-Clubs im Jahre 2000 auf dem Truppenübungsplatz Vogelsang.

unten: Aufklärungspanzer M 24 des österreichischen Bundesheeres während einer Gefechtsübung. Das Fahrzeug besitzt die Stahlkette T 72.

Aufklärungspanzer M 24 mit gummigepolsterter Kette T 85 E1. Der M 24 war der erste Kampfpanzer des österreichischen Bundesheeres.

Leistungsdaten

Max. Geschwindigkeit:	55 km/h
Fahrbereich:	270 km
Überschreitfähigkeit:	2,45 m
Kletterfähigkeit:	0,90 m
Steigfähigkeit:	60 %
Watfähigkeit:	1,00 m

Motordaten

2 Cadillac 44 T 24
8-Zylinder-Ottomotor
2 x 4 Vorwärtsgänge
2 x 1 Rückwärtsgang

Leistung:	162 kW/220 PS
Kraftstoffvorrat:	415 l
Verbrauch:	155 l/100 km

Bewaffnung

75-mm-Bordkanone
Fla-MG 12,7 mm
Bug-MG 7,62 mm
Koaxiales MG 7,62 mm

Technische Daten:

Besatzung:	5 Mann

Abmessungen

Länge:	5,03 m
Breite:	2,95 m
Höhe:	2,77 m
Bodenfreiheit:	0,32 m

Gewichte

Gefechtsgewicht:	18,4 t
Leistungsgewicht:	12,2 PS/t
Bodendruck:	0,8 kg/cm²

Hersteller

Cadillac und Massey-Harris, USA

vom Typ Panther und Tiger abzuschießen.

Die Hauptaufgabe des M 24 in der US Army war jedoch Aufklärung und Unterstützung der Infanterie. Mit der 75-mm-Bordkanone konnten überwiegend leicht gepanzerte Ziele, Truppen und Bunker erfolgreich bekämpft werden.

Kurz vor Kriegsende wurden 300 Panzer vom Typ M 24 an britische Einheiten ausgeliefert und noch bei Gefechten mit deutschen Einheiten eingesetzt.

Eine begrenzte Anzahl von M 24 sollte im Rahmen der Militärhilfe an die Sowjetunion geliefert werden. Wegen des Kriegsendes kam es dazu jedoch nicht mehr.

Einsatz in Korea und Indochina

Im Jahre 1950 brach der Koreakrieg aus. Während der Kämpfe setzten die amerikanischen Streitkräfte, neben anderen Panzerfahrzeugen, auch M 24 ein. Der M 24 bewährte sich bei diesen Einsätzen in Korea als schnelles und wendiges Aufklärungsfahrzeug.

Frankreich war nach dem Zweiten Weltkrieg der Staat, der neben den USA die größte Anzahl von M 24 einsetzte. Über 1200 Fahrzeuge dieses Typs erhielt die französische Armee. Sie setzte einen Teil der M 24 im Kolonialkrieg in Indochina ein. Auch dort bewährte sich der M 24, besonders bei

oben: Mithilfe einer Schlauchbootfähre überquert ein österreichischer M 24 während der Herbstübungen im Jahre 1958 die Donau.
unten: Eine seltene Ausführung des M 24 Chaffee als Führungspanzer. Das Fahrzeug hatte eine zusätzliche Funkausstattung, erkennbar an dem fehlenden Bug-MG, stattdessen befindet sich hier eine Antenne.

Chaffee. Die Auslieferung des neuen Aufklärungspanzers M 24 Chaffee an die Truppe begann im April 1944. Zunächst wurden sehr schnell Einheiten, die für den Kriegseinsatz in Europa vorgesehen waren, mit dem neuen Fahrzeug ausgerüstet.

Das Serienfahrzeug

Der in Serie gefertigte M 24 unterschied sich nur leicht vom Prototyp T 24. Im Gegensatz zum T 24 verfügte der M 24 über eine Kommandantenkuppel sowie über eine andere Lafette für das 12,7-mm-Fla-MG. Das Fahrzeug hatte fünf mittelgroße Laufrollen an Drehstäben sowie drei Stützrollen je Seite. Die Antriebsräder befanden sich vorne, die Leiträder hinten. Da das neue Laufwerk mit Drehstäben stark dem deutscher Panzer ähnlich war, mussten die US-Truppen auf dem europäischen Kriegsschauplatz besonders auf die Unterscheidungsmerkmale zwischen

dem M 24 und den Panzern des Kriegsgegners hingewiesen werden.

Kriegseinsatz

Bereits im Sommer 1944 tauchten die ersten in Serie gebauten Aufklärungspanzer vom Typ M 24 mit 75-mm-Bordkanone in Europa auf. Sie ersetzten hauptsächlich in Aufklärungseinheiten die Panzer M 3 und M 5 A1. Der erste größere Gefechtseinsatz des M 24 fand während der schweren Kämpfe in den Ardennen 1944/45 statt. Das neue Fahrzeug bewährte sich und mit viel Glück gelang es einigen Besatzungen sogar, während der Kämpfe, mit dem M 24 deutsche Kampfpanzer

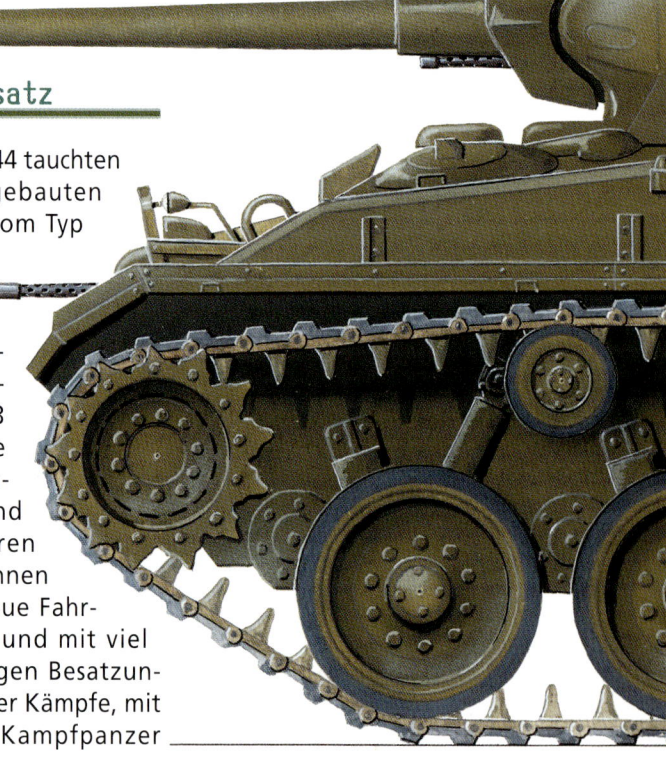

44

Typische Manöverszene in den 50er-Jahren in Österreich: M 24 mit aufgesessener Infanterie, im Hintergrund ein Spähwagen M 8.

Aufklärungs- und Sicherungseinsätzen sowie bei der Unterstützung der Infanterieeinheiten.

Varianten

Das Fahrgestell des Aufklärungspanzers M 24 war nach dem Ende des Zweiten Weltkrieges Basis für diverse Kampf- und Unterstützungsfahrzeuge. Besonders zu erwähnen sind die Feldhaubitze 155 Millimeter auf Selbstfahrlafette M 41, die Panzerhaubitze M 37 sowie der Flakpanzer M 19. Weitere geplante Fahrzeuge kamen jedoch über das Versuchsstadium nicht hinaus. Im Laufe seines Truppendienstes wurde der M 24 mehrmals modifiziert und verbessert. So erhielten die Fahrzeuge, unter anderem, Ende der 40er-Jahre eine neue gummigepolsterte Kette, die die vorher verwendete Stahlkette ablöste.

Besonders lange verwendete Norwegen seine M 24. Mitte der 70er-Jahre baute die Firma Thune-Eureka die im norwegischen Heer vorhandenen M 24 zu Jagdpanzern um. Das Heer entschloss sich zu diesem Umbau, weil dieser nur etwa halb so viel kostete wie die Beschaffung eines neuen Jagdpanzers.

Im Rahmen des Umbaus erhielt der M 24 unter anderem eine 90-mm-Niederdruckkanone, einen neuen Motor und ein neues Getriebe, neue Funkgeräte und eine neue Feuerleitanlage mit Laser-Entfernungsmesser. Die umgebauten Fahrzeuge erhielten die Bezeichnung NM-116 und wurden bis Anfang der 90er-Jahre in Norwegen eingesetzt.

Kampfpanzer M 26 Pershing

USA
Entwicklung ab 1943
Serienfertigung ab 1944

Eingesetzt in den USA, Belgien, Frankreich und Italien

Panzerkompanie des 6. Infanterieregimentes der US Army Berlin während einer Parade im Jahre 1950. Die Kompanie war damals mit 22 M 26 ausgestattet.

Mehr Kampfkraft für die US-Panzertruppe

Die amerikanische Panzerwaffe während des Zweiten Weltkrieges war hauptsächlich mit Kampfpanzern der Baureihe M 4 Sherman ausgestattet. Bei Kämpfen mit deutschen Truppen zeigte sich sehr schnell, dass die M 4 den deutschen Kampfpanzern Tiger I und Panther unterlegen waren. So war zum Beispiel der M 4 mit seiner 75- beziehungsweise 76-mm-Bordkanone nicht in der Lage, die starke Frontpanzerung der genannten deutschen Panzer zu durchschlagen. Amerikanische Militärs forderten daher, insbesondere für den europäischen Kriegsschauplatz, einen schweren Kampfpanzer.

Entwicklung

Bereits im Jahre 1942 entwickelte die amerikanische Rüstungsindustrie einen schweren Kampfpanzer unter der Typenbezeichnung M 6. Dieses Fahrzeug kam jedoch nicht zur Serienreife und die Entwicklungen für einen schweren Kampfpanzer gingen weiter. Die Entwicklungen mit den Bezeichnungen T 20, T 22 und T 23 können als Vorläufer des Kampfpanzers M 26 bezeichnet werden. Zum Teil besaßen die neuen Entwicklungen bereits ein neues Rollenlaufwerk. Die spätere Entwicklung T 25 war das Ergebnis der ersten Kampferfahrungen der US-Panzertruppe mit dem deutschen Kampfpanzer Tiger I in Afrika und Sizilien. Der T 25 war wesentlich stärker gepanzert als die vorangegangenen Entwicklungen. Das Fahrzeug verfügte bereits über eine 90-mm-Bordkanone und ein Rollenlaufwerk mit Drehstabfederung. Aus der Entwicklung T 25 entstand der T 26 mit einer Frontpanzerung von 10,2 Zentimetern. Das Entwicklungsprojekt T 26 endete mit dem Serienbau des

Kampfpanzers T 26 E 3 im Fisher Tank Arsenal im November 1944. Zehn Fahrzeuge des Typs waren bis zum Monatsende gefertigt und weitere 232 Kampfpanzer T 26 E 3 wurden bis Ende Februar 1945 gebaut. Eine zusätzliche Serienfertigung des Fahrzeuges begann im März des Jah-

Die fünfköpfige Besatzung eines M 26 ist vor ihrem Fahrzeug im Rahmen einer Inspektion angetreten. Die Besatzung besteht aus Kommandant, Fahrer, Funker, Richtschütze und Ladeschütze.

Autor: P. Blume; Fotos: US Army (4), Archiv H. Hoppe (1), P. Blume (1); Zeichnung: M. Meyer

Kampfpanzer M 26 Pershing der Panzerkompanie des 16. Infanterieregiments der 1. US-Infanteriedivision während einer Parade in Deutschland im Jahre 1952.

res 1945 im Detroit Tank Arsenal. Der Kampfpanzer T 26 E 3 wurde ab März 1945 offiziell als „M 26 Heavy Tank" bezeichnet. Darüber hinaus erhielt der Kampfpanzer den Namen des Generals John J. „Black Jack" Pershing, des Kommandeurs des amerikanischen Expeditionskorps im Ersten Weltkrieg. Später wurde der schwere Kampfpanzer M 26 „Per-

shing" zu einem mittleren Kampfpanzer (Medium Tank) zurückgestuft.

Erster Kriegseinsatz

Die ersten 20 Serienfahrzeuge des T 26 E 3 wurden Ende 1944 nach Europa verschifft und erreichten den Hafen Antwerpen im Januar 1945.

Alle 20 T 26 E 3 wurden der 12. Armeegruppe des Generals Bradley unterstellt und kamen in Panzerkompanien der 3. und 9. Panzerdivision zum Einsatz. Am 25. Februar 1945 kam es zu ersten Gefechten mit deutschen Kampffahrzeugen. Der erste T 26 E 3 ging am 26. Februar 1945 nach einem Treffer durch einen Tiger I der deutschen Panzerabtei-

Kampfpanzer M 26 A1 Pershing im Museum der 1. US-Panzerdivision in Baumholder. Das Fahrzeug ist hervorragend restauriert worden.

Wattiefe:	1,22 m
Kletterfähigkeit:	1,17 m
Fahrbereich:	160 km

Motordaten
Ford GAF
V-8-Ottomotor
6 Vorwärtsgänge
1 Rückwärtsgang

Hubraum:	18.000 cm³
Leistung:	368 kW/500 PS
	2600 U/min
Kraftstoffvorrat:	690 l
Verbrauch:	431 l/100 km

Bewaffnung
90-mm-Bordkanone M 3
Fla-MG, 12,7 mm, M 2 HB
MG, 7,62 mm, M 1919 A 4
Bug-MG, 7,62 mm, M 1919 A 4

Hersteller
Fisher Tank Arsenal, Detroit
Tank Arsenal, Detroit, USA

Technische Daten:		Gewichte		Bewaffnung

		Gefechtsgewicht:	41 t
Besatzung:	5 Mann	Leistungsgewicht:	12,2 PS/t
		Bodendruck:	0,89 kg/cm²

Abmessungen

Leistungsdaten

Länge:	6,40 m	Max. Geschwindigkeit:	40 km/h
Breite:	3,50 m	Steigfähigkeit:	60 %
Höhe:	2,79 m	Überschreitfähigkeit:	2,38 m
Bodenfreiheit:	0,44 m		

Amerikanische Panzereinheiten mit Kampfpanzern vom Typ M 26 Pershing bei einer Gefechtsausbildung im Jahre 1952 in Deutschland. Man beachte die seitlichen Kettenabdeckungen des M 26.

lung 301 verloren. Das Fahrzeug konnte jedoch einige Tage später nach Instandsetzung wieder eingesetzt werden. Bereits am 27. Februar 1945 gelang einem Kampfpanzer T 26 E 3 des 33. US-Panzerregimentes der Abschuss eines deutschen Tiger I sowie von zwei Panzerkampfwagen IV. Anfang März 1945, bei der Einnahme der Ludendorff-Brücke über den Rhein bei Remagen, spielten T 26 E 3 der 9. Panzerdivision eine wesentliche Rolle.

werk mit einem fortschrittlichen Rollenlaufwerk mit Drehstabfederung. Dieses Rollenlaufwerk war nicht so effektiv wie das Schachtellaufwerk der deutschen Kampfpanzer Panther bzw. Tiger I. Es war jedoch wesentlich einfacher in der Konstruktion und in der Wartung.
Das Rollenlaufwerk des M 26 war das Einheitslaufwerk der mittleren amerikanischen Panzerfamilie mit sechs mittelgroßen Laufrollen an Drehstäben. Die Antriebsräder waren hinten

wurde im Laufe des Truppendienstes zum M 26 A1 durch den Einbau einer verbesserten Bordkanone vom Typ M 3 A1 kampfwertgesteigert.
Varianten des M 26 waren ein Sturmpanzer M 45 (T 26 E 2) mit einer 105-mm-Bordkanone M 4 L/22,5 und der T 26 E 1 (M 26 E 1) mit einer 90-mm-Bordkanone vom Typ T 54 L/70.
Vom Kampfpanzer M 26 wurden circa 2200 Exemplare gebaut. Im Jahre 1948 wurden etwa

Gegen Kriegsende waren circa 300 Kampfpanzer vom Typ T 26 E 3 beziehungsweise M 26 in Europa im Einsatz.

Fahrzeugbeschreibung

Der mittlere Kampfpanzer M 26 war ein Fahrzeug mit gleichem Schutz wie der M 4 Sherman. Er hatte jedoch eine wesentlich bessere Bewaffnung durch eine 90-mm-Bordkanone erhalten. Das Kaliber 90 Millimeter war durchaus mit der 8,8-cm-Bordkanone des deutschen Kampfpanzers Tiger I vergleichbar, wenn sie auch nicht überlegen war. Der M 26 bekam ein völlig neues Fahr-

und die Leitrollen vorne. Die Wanne des Kampfpanzers M 26 hatte eine schräge Gussfront mit einem Erker. Das Fahrzeug verfügte über einen großen Gussturm mit senkrechten Seitenwänden und einer Heckauslage. Die 90-mm-Bordkanone vom Typ M 3 befand sich in einer großen Walzenblende. Der 500 PS leistende V-8 Motor von Ford sowie das automatische Getriebe waren im Heck der Wanne untergebracht. Die Besatzung des M 26 bestand aus Kommandant, Richtschütze, Ladeschütze, Fahrer und Funker. Der Platz des Panzerfahrers und des Funkers befand sich vorne in der Wanne des Fahrzeuges. Der M 26

Kampfpanzer M 26 Pershing der US Army. Gut zu erkennen ist die Bewaffnung des Fahrzeuges mit einer 90-mm-Bordkanone, einem Fla-MG 12,7 Millimeter auf dem Turmdach, einem Bug-MG 7,62 Millimeter und einem koaxialen MG 7,62 Millimeter.

2000 Fahrzeuge der vorhandenen M 26 durch den Einbau eines 720 PS leistenden luftgekühlten Continental-AV-1790-5-A-Ottomotors und

eines Überlagerungsschalt- und -lenkgetriebes umgerüstet. Die umgerüsteten Kampfpanzer erhielten die Typenbezeichnung M 46.

Der M 26 beziehungsweise der M 26 A 1 kam in den Nachkriegsjahren in den Panzerbataillonen der US Army und des Marinecorps zum Einsatz. Während des Koreakrieges waren der M 26 sowie der M 46 die Hauptausstattung der amerikanischen Panzereinheiten.

Die amerikanischen Panzereinheiten in Deutschland verwendeten Kampfpanzer M 26 bis in die 50er-Jahre hinein. Die Infanteriedivisionen verfügten über ein Panzerbataillon mit 69 Kampfpanzern M 26. In der 2. Panzerdivision, die ab 1951 in Deutschland stationiert wurde, waren vier Panzerbataillone mit je 72 Kampfpanzern M 26 vorhanden. Darüber hinaus waren in den Panzerkompanien der Infanterieregimenter zur damaligen Zeit M 26 eingesetzt. Von den europäischen NATO-Staaten verwendeten nur Frankreich und Belgien sowie Italien vorübergehend M 26.

Kampfpanzer Centurion

Großbritannien
Entwicklung ab 1943, Serienfertigung ab 1945
Eingesetzt in Großbritannien, Australien, Kanada, Dänemark,
Indien, Irak, Israel, Jordanien, Kuwait, Libanon, Niederlande,
Neuseeland, Südafrika, Schweden, Schweiz

Ein Kampfpanzer Centurion Mk 10 mit Schießscheinwerfer der kanadischen 4. mechanisierten Kampfgruppe während einer Übung im Sommer 1975 in Süddeutschland.

Entwicklung im Zweiten Weltkrieg

Während des Zweiten Weltkrieges waren die britischen Streitkräfte mit zwei Arten von Kampfpanzern ausgerüstet. Ein Teil wurde speziell nur zur Unterstützung der Infanterie im Gefecht eingesetzt. Diese Art von Fahrzeugen war schwer gepanzert und schwerfällig. Besonders bekannt geworden ist in dieser Kategorie der Panzerkampfwagen Churchill.

Die Kampfpanzer der Panzerdivisionen waren dagegen eher leichte und schnelle Fahrzeuge, wie beispielsweise der Crusader oder der Cromwell. Beide Arten waren jedoch für die deutschen Kampfpanzer vom Typ Panther und Tiger keine gleichwertigen Gegner. Aus diesem Grund forderte die britische Panzertruppe einen Kampfpanzer, der den deutschen Typen überlegen bzw. mindestens ebenbürtig sein sollte. So begannen im Juli 1943, aufgrund militärischer Forderungen, die Entwicklungsarbeiten für einen neuen Kampfpanzer. Das Entwicklungsprojekt erhielt die Bezeichnung A 41. Als Antrieb war der vom bewährten

Wartungsarbeiten an einem dänischen Centurion der Panzertruppenschule. Die Motorraumabdeckung ist aufgeklappt. Das Wechseln des Antriebsblocks war schwierig und zeitaufwändig.

Autor: P. Blume; Fotos und Zeichnung: P. Blume (2), E. Uhde (2), CF Photo Unit (2), iWM London R 37760 (1), M. Meyer (1)

Flugzeugtriebwerk Rolls-Royce Merlin abgeleitete Motor Meteor vorgesehen, der dem neuen Kampfpanzer eine ausreichende Beweglichkeit verschaffen sollte. Im Rahmen der Entwicklungsarbeiten wurden eine hohe Zuverlässigkeit, starke Panzerung und Bewaffnung sowie in ausreichendem Maße eine Geschwindigkeit und ein Fahrbereich gefordert. Das Gewicht sollte circa 40 Tonnen nicht übersteigen. Im Mai 1944 erteilte das zuständige Ministerium einen Auftrag für den Bau von 20 Prototypen mit einer Panzerkanone vom Kaliber 76,2 Millimeter. Später wurde noch eine Panzerkanone vom Kaliber 77 Millimeter in den Prototypen 16 bis 20 erprobt. Darüber hinaus waren eine 20-mm-Polsten-Kanone sowie ein MG 7,92 Millimeter eingebaut.

Bereits im April 1945 erschienen sechs Prototypen des Kampfpanzers A 41 auf dem Kriegsschauplatz in Deutschland. Es war jedoch zu spät, um aktiv an den Kämpfen gegen deutsche Panzer teilnehmen zu können. Noch im gleichen Jahr begann

Die in Deutschland stationierten kanadischen Truppen waren bis 1977 mit Centurion ausgestattet. Hier ein Centurion Mk 10 während einer Übung auf dem Truppenübungsplatz Hohenfels im August 1975.

die Serienfertigung der ersten 100 Fahrzeuge des A 41, der später die Typenbezeichnung Centurion Mk 1 erhielt. Dieser Kampfpanzer hatte eine Besatzung von vier Mann (Kommandant, Fahrer, Richtschütze, Lade-

Ein Pionierpanzer Centurion 105 AVRE mit Minenräumpflug während einer Herbstübung der Britischen Rheinarmee.

Technische Daten:				
		Spez. Bodendruck:	0,93 kg/cm²	Hubraum: 27.000 cm³ bei 2550 U/min
Besatzung:	4 Mann	**Leistungsdaten**		Leistung: 467 kW/635 PS
		Max. Geschwindigkeit:	34,6 km/h	Kraftstoffvorrat: 1036 l
Abmessungen		Überschreitfähigkeit:	3,00 m	Verbrauch: 700 l/100 km
Länge:	7,82 m	Kletterfähigkeit:	0,91 m	
Breite:	3,39 m	Steigfähigkeit:	58 %	**Bewaffnung**
Höhe:	2,97 m	Wattiefe:	1,45 m	105-mm-Panzerkanone L7 A1
Bodenfreiheit:	0,51 m	Fahrbereich:	185 km	MG 7,62 mm
Panzerung Front:	152 mm			Fla-MG 7,62 mm
		Motordaten		
Gewichte		Meteor B 4		**Hersteller**
Gesamtgewicht:	51,8 t	12-Zylinder-Benzinmotor		Vickers, Royal Ordnance Factory,
Leistungsgewicht:	12,2 PS/t	5 Vor- und 2 Rückwärtsgänge		Leeds, Großbritannien

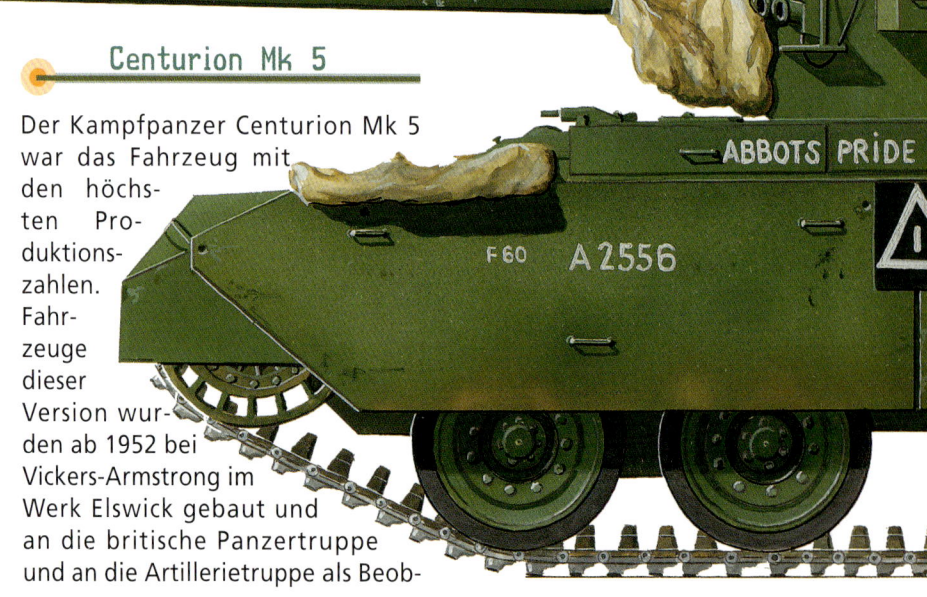

Der Centurion Mk 3 mit 83,4-mm-Panzerkanone der Britischen Rheinarmee während einer Übung in Norddeutschland.

schütze) und war mit einer 76,2-mm-Panzerkanone als Hauptwaffe ausgestattet.

Das Fahrzeug hatte ein Gefechtsgewicht von 48,7 Tonnen und erreichte auf der Straße eine Höchstgeschwindigkeit von 34,5 km/h.

Angetrieben wurde der Kampfpanzer Centurion Mk 1 von einem 600 PS leistenden Motor des Typs Meteor Mk IV.

Weiterentwicklungen

Bereits im Januar 1945 begann der Bau einer Weiterentwicklung unter der Bezeichnung A 41A bzw. Centurion Mk 2 bei der Firma Vickers-Armstrong in Newscastle. Dieses Fahrzeug war stärker gepanzert und erhielt bereits den für den Kampfpanzer Centurion charakteristischen Turm mit den seitlichen Staukästen. Die Kampfpanzer Centurion, die in den Jahren 1948 und 1949 produ-

ziert wurden, erhielten eine stärkere Hauptbewaffnung vom Kaliber 83,4 Millimeter und die Typenbezeichnung Centurion Mk 3.

Im Jahre 1951 wurden alle vorhandenen Fahrzeuge Mk 2 zu Mk 3 umgebaut.

Centurion Mk 5

Der Kampfpanzer Centurion Mk 5 war das Fahrzeug mit den höchsten Produktionszahlen. Fahrzeuge dieser Version wurden ab 1952 bei Vickers-Armstrong im Werk Elswick gebaut und an die britische Panzertruppe und an die Artillerietruppe als Beob-

achtungspanzer ausgeliefert. Ein Teil der Produktion ging in den Export an verschiedene Länder. Der Mk 5 hatte ein Gefechtsgewicht von 50 Tonnen und wurde von einem 12-Zylinder-Benzinmotor vom Typ Meteor Mk IV b mit 650 PS angetrieben. Ein Teil der Fahrzeuge erhielt einen außen liegenden Zusatztank bzw. einen kleinen Tankanhänger mit einem Fassungsvermögen von 910 Litern. Auf diese Art und Weise sollte der geringe Fahrbereich erhöht werden.

Kampfwertsteigerungen

Unter den Bezeichnungen Mk 7, Mk 8 und Mk 9 erfolgten Mitte der 50er-Jahre weitere Kampfwertsteigerungen. Besonders zu erwähnen ist der Mk 9, in den erstmals 1959 die neue 105-mm-Panzerkanone L7 A1 von Vickers eingebaut wurde. Diese Waffe erhöhte die Kampfkraft des Centurion erheblich. Eine weitere Kampfwertsteigerung war der Centurion Mk 10 aus dem Jahre 1963 mit Turmstaukorb, 105-mm-Panzerkanone mit Wärmeschutzhülle und einem 12,7-mm-Einschieß-MG für die Hauptwaffe. Das Fahrzeug erhielt eine Waffenstabilisierungsanlage und hatte, wie schon einige Vorgänger, eine Infrarot-Nachtkampfausstattung. Ab Version Mk 11 erhielt der Centurion einen Infrarot/Weißlicht-Schießscheinwerfer. Die letzte Serienversion des Centurion war der Mk 13, der hauptsächlich bei den Panzerregimentern der Britischen Rheinarmee bis zur Einführung des Kampfpanzers Chieftain im Jahre 1967 eingesetzt wurde. Der Kampfpanzer Centurion hatte sechs mittelgroße Laufräder. Der Antriebsblock

oben: Dänemark hatte zeitweise bis zu 217 Centurion bei der Panzertruppe im Einsatz. Ein Teil der Fahrzeuge mit 105-mm-Kanone erhielt einen Laser-Entfernungsmesser und eine Ausstattung mit Nachtsichtgeräten.
unten: Bis weit in die 80er-Jahre verwendete die britische Pioniertruppe Centurion als Minenräumpanzer.

befand sich im Heck. Das Fahrzeug verfügte zum zusätzlichen Schutz des Laufwerkes über seitliche Panzerschürzen. Der Centurion hatte eine schräge Fahrerfront und senkrechte Seitenwände. Die Motorabdeckung war leicht erhöht. Der zylinderförmige Turm des Centurion besaß senkrechte Wände mit einer angesetzten, kastenförmigen Heckauslage. Typisches Merkmal waren die an beiden Seiten des Turmes angebrachten Staukästen. Neben der amerikanischen Patton-Baureihe war der Centurion im Westen der am weitesten verbreitete Kampfpanzer während der 50er- und 60er-Jahre. Das Leistungsgewicht und der Fahrbereich waren gering. Der Meteor-Motor war störanfällig. In kleineren Ländern wurde der Kampfpanzer Centurion zum Teil weiter kampfwertgesteigert und bis Ende der 80er-Jahre eingesetzt.

Aufklärungspanzer M 41
Walker Bulldog

USA
Entwicklung ab 1944, Serienfertigung ab 1951
Eingesetzt in den USA, Deutschland, Österreich, Belgien,
Dänemark, Griechenland, Türkei, Spanien sowie in weiteren
Staaten in Asien und Südamerika

Ein hervorragend restaurierter und fahrbereiter M 41 der Bundeswehr. Das Fahrzeug gehört zum Bestand des Panzermuseums in Munster.

Entwicklung

Bereits im Juli 1946 begannen Entwicklungsarbeiten für einen neuen Aufklärungspanzer, um den seit 1944 in der US Army verwendeten M 24 zu ersetzen. Dieses neu entwickelte Fahrzeug erhielt zunächst die Bezeichnung T 37 und war neben der Version als Aufklärungspanzer als Basis für weitere Fahrzeuge wie z.B. leichte Panzerhaubitzen, Flugabwehrpanzer und Schützenpanzer vorgesehen.

Der neue Aufklärungspanzer sollte nur geringe Abmessungen und ein niedriges Gefechtsgewicht haben, um eine Lufttransportfähigkeit sicherzustellen. Die gebauten Prototypen verfügten über drei verschiedene Turmkonstruktionen. Jede war komplizierter als die andere. Als Waffenanlage waren eine 76-mm-Bordkanone mit Entfernungsmesser, ein koaxiales 12,7-mm-MG sowie ein

Fliegerabwehr-MG 12,7 Millimeter vorgesehen. Ein Prototyp hatte einen Turm mit zwei Maschinengewehren rechts und links an der Turmseite zur Fliegerabwehr. Im Zuge der weiteren Entwicklung wurde 1949 ein weiterer Prototyp mit einem neuen Turm, der einen besseren ballistischen Schutz aufwies, vorgestellt. Dieses Fahrzeug wurde als T 41 bezeichnet. Nachdem weitere Verbesserungen vorgenommen waren, unter anderem wurde die Kommandantenluke von der linken auf die rechte Seite versetzt und eine neue hydraulische Richtanlage eingebaut, erhielt der Prototyp die Bezeichnung T 41 E1 bzw. E2. Die amerikanische Panzertruppe testete den T 41 ausgiebig. Nach Beseitigung der festgestellten Beanstandungen erhielt der neue Aufklärungspanzer die Einführungsgenehmigung. Das Serienfahrzeug – die ersten Panzer verließen bereits im Jahre 1951 die

oben: Der Aufklärungspanzer M 41 hatte eine Watfähigkeit bis 1,22 Meter. Hier ein Fahrzeug der Deutschen Bundeswehr.
unten: Wegen seiner Schnelligkeit und seiner Kampfkraft war der M 41 ein beliebtes Fahrzeug von Aufklärungseinheiten.

Autor: P. Blume; Fotos: P. Blume (3), PzTrS (3), HBF (2), Zeichnung: M. Meyer

Ein Aufklärungspanzer M 41 des österreichischen Bundesheeres sichert an einem Ortsrand während einer Herbstübung 1959.

Technische Daten:

Besatzung:	4 Mann

Abmessungen

Länge:	5,81 m
Breite:	3,20 m
Höhe (mit Fla-MG):	3,07 m
Bodenfreiheit:	0,44 m

Gewichte

Gesamtgewicht:	25,4 t
Leistungsgewicht:	19,4 PS/t

Bodendruck:	0,66 kg/cm²

Leistungsdaten

Max. Geschwindigkeit:	70 km/h
Fahrbereich:	190 km
Steigfähigkeit:	60 %
Kletterfähigkeit:	0,71 m
Überschreitfähigkeit:	1,83 m
Watfähigkeit:	1,22 m

Motordaten

Continental 6-Zylinder-Vergaser-motor, luftgekühlt

3 Vorwärtsgänge
1 Rückwärtsgang

Hubraum:	14.680 cm³
Leistung:	312 kW/500 PS

Bewaffnung

Bordkanone 76 mm L/60
Koaxiales MG 7,62 mm
Fla-MG 12,7 mm

Hersteller

Cadillac Car Division, Cleveland, Ohio, USA

Der M 41 Walker Bulldog wurde in vielen westlichen Armeen als Aufklärungspanzer verwendet. In der US Army wurde das Fahrzeug allerdings nur relativ kurz eingesetzt.

links: Zu den ersten Panzerfahrzeugen, die die Bundeswehr im Jahre 1956 aus den USA erhielt, kam unter anderem eine größere Anzahl M 41. Mit diesem Fahrzeug wurden die ersten Panzeraufklärungsbataillone sowie Panzerjägerbataillone ausgerüstet.
rechts: Aufklärungspanzer M 41 des Spähzuges der Divisionsstabskompanie/2. Panzerdivision während einer Übung in Rheinland-Pfalz im Jahre 1953.

Montagebänder – wurde als M 41 „Walker Bulldog" bezeichnet. Namensgeber war General Walton H. Walker, der 1950 bei einem Unfall in Korea ums Leben gekommen war. Die US Army gab zunächst 1000 Panzer vom Typ M 41 in Auftrag. Die Fertigung erfolgte in dem neuen Werk der Cadillac Motor Car Division in Cleveland, Ohio, einem Zweig der General Motors Corporation (GMC). Die Produktionsstätte wurde später unter dem Namen Cleveland Tank Arsenal bekannt. Insgesamt wurden bis 1956 vom M 41 circa 5500 Fahrzeuge gebaut.

sehr starker Heckauslage und einer Kommandantenkuppel.

Die Bewaffnung des M 41 bestand aus einer langen Bordkanone mit dem Kaliber 76 Millimeter, einem koaxialen MG 7,62 Millimeter und einem 12,7-mm-Fliegerabwehr-MG auf dem Turm. Mit der Bordkanone konnten verschiedene Munitionsarten, unter anderem HE (high explosive), AP (armour piercing) und HEAT (high explosive anti-tank) verschossen werden. Der M 41 war leicht gepanzert, lufttransportfähig und ein ideales Fahrzeug für die Panzeraufklärung.

- M 41 A2: Benzineinspritzmotor AOS 859-5.
- M 41 A3: mit Benzineinspritzmotor nachgerüstete Fahrzeuge, Infrarot-Nachtkampfausstattung.

Dänemark verwendete in seinen Panzeraufklärungseinheiten M 41, die ab 1987 umgerüstet wurden. Die Umrüstung umfasste den Einbau eines neuen V8-Dieselmotors vom Typ Cummins VTA-903 T mit 337 Kilowatt Leistung.

Beschreibung

Der Aufklärungspanzer M 41 war ein konventionelles Fahrzeug, das sich aufgrund seiner Schnelligkeit, seiner Bewaffnung und seiner guten Feuerkontrolleinrichtungen im Truppendienst bewährte. Das Fahrzeug bestand aus drei verschiedenen Sektionen: dem Fahrerraum vorne, dem Kampfraum in der Mitte und dem Motorraum hinten. Der M 41 hatte das Einheitslaufwerk der „leichten Panzerfamilie" mit fünf Laufrollen an Drehstäben sowie eine niedrige Fahrzeugwanne, bei der der untere Teil nach innen abgeschrägt war. Er besaß einen abgerundeten Turm mit

Verbesserungen

Im Laufe seines Truppendienstes wurde der M 41 mehrmals leistungsgesteigert. Bekannt sind folgende Versionen:
- M 41: Motor AOS 895-3, Bordkanone 76 mm M 32, elektrische Richtanlage, Munitionsvorrat 57 Schuss,
- M 41 A1: Motor AOS 895-3, Bordkanone 76 mm M 32 A1, hydraulische Richtanlage, verbesserte Feuerkontrolleinrichtungen, Munitionsvorrat 65 Schuss,

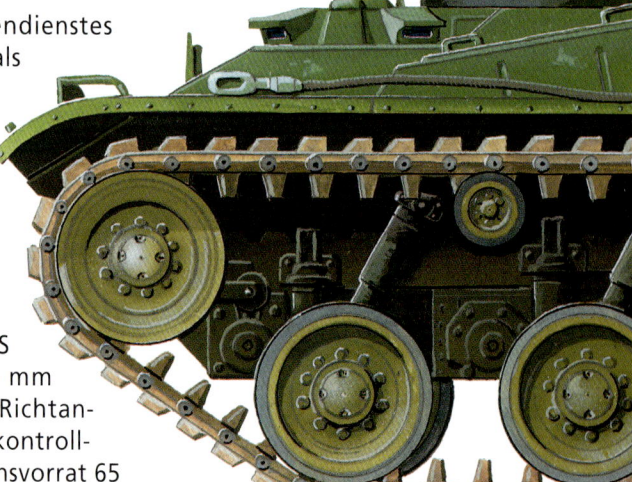

Dänemark verwendete leistungsgesteigerte M 41 bis weit in die 90er-Jahre. Die Fahrzeuge hatten einen V8-Dieselmotor bekommen sowie einen Laserentfernungsmesser und eine neue Feuerleitanlage.

Dadurch konnte der Fahrbereich auf 600 Kilometer gesteigert werden. Weiterhin erhielten die Fahrzeuge Kettenschürzen, eine ABC-Schutz- und Belüftungsanlage mit Brandunterdrückungsanlage, ein neues Feuerleitsystem, Laserentfernungsmesser, ein Wärmebildgerät für den Fahrer sowie eine Nebelkörperwurfanlage mit acht Wurfbechern in zwei Gruppen.

Truppendienst

Der Aufklärungspanzer M 41 wurde ab 1951 bei Panzeraufklärungseinheiten der US Army sowie in Spähzügen der Divisionsstabskompanien eingeführt. Die Deutsche Bundeswehr verwendete den M 41 in Panzeraufklärungsbataillonen sowie, wegen seiner hervorragenden Bordkanone, in den Panzerjägerzügen der Panzergrenadierbataillone. So waren zum Beispiel im Jahre 1961 die Panzeraufklärungsbataillone der deutschen Bundeswehr neben der Stabs- und Versorgungskompanie in zwei Panzeraufklärungskompanien mit je zwei leichten Spähzügen zu zwei SPz-kurz und einem schweren Spähzug mit vier Spähtrupps zu zwei M 41 und einem SPz-kurz gegliedert. In der schweren Panzeraufklärungskompanie des Bataillons befanden sich u.a. zwei Züge zu je fünf M 41. In Österreich war vorübergehend das Heeresaufklärungsbataillon mit M 41 ausgestattet. Während des Vietnamkrieges setzte die südvietnamesische Panzertruppe eine größere Anzahl von M 41 ein.

Der NATO-Partner Dänemark verwendete M 41 beim Aufklärungsregiment der Jütland-Division sowie bei den Aufklärungskompanien der zwei Zeeland-Brigaden bis weit in die 90er-Jahre. Heute befinden sich nur noch wenige M 41 im Truppendienst bei kleineren Staaten in Südamerika.

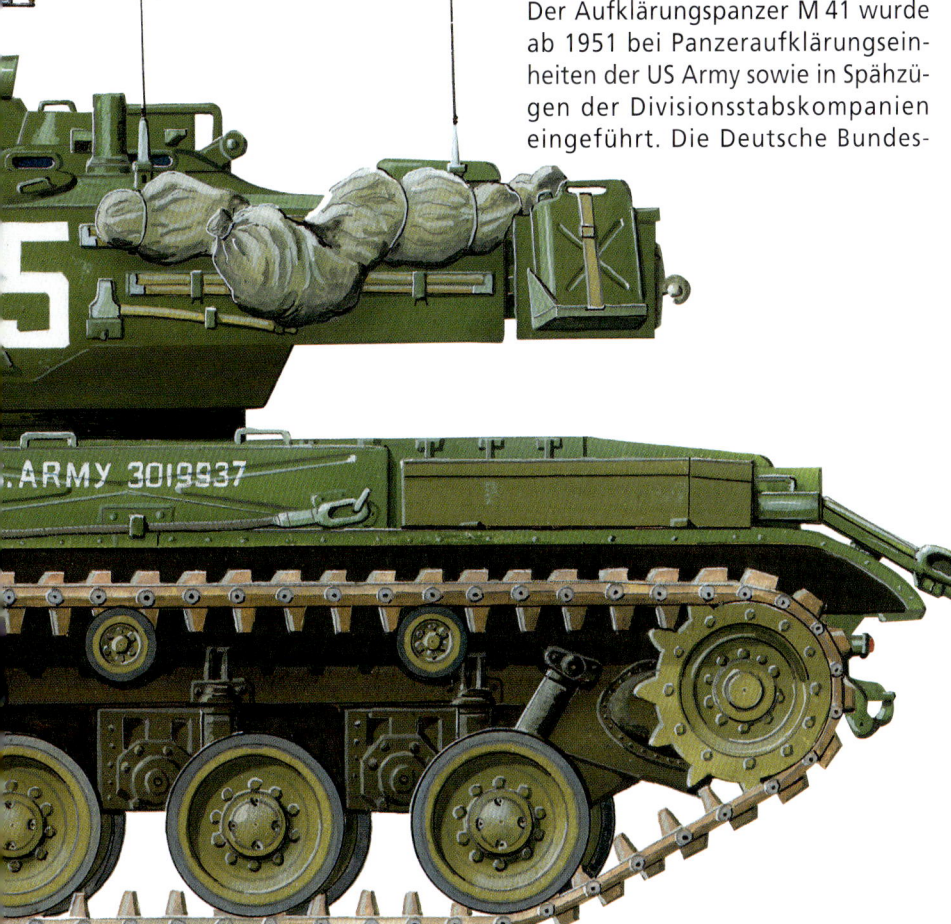

Kampfpanzer T 54/T 55

Sowjetunion
Entwicklung ab 1944, Serienfertigung ab 1954
Eingesetzt in den Staaten der ehemaligen Sowjetunion
und des ehemaligen Warschauer Paktes, des
Nahen Ostens, Afrikas und Asiens

Panzer und Infanterie der tschechoslowakischen Armee während einer gemeinsamen Übung.

Nachfolger des legendären T 34

Der Kampfpanzer T 54 beziehungsweise die kampfwertgesteigerte Version T 55 ist wohl der bekannteste Kampfpanzer der Sowjetunion nach dem Zweiten Weltkrieg. Noch heute sind viele Fahrzeuge der Typenreihe, die im Laufe der Zeit ständig verbessert und kampfwertgesteigert wurden, im Einsatz.

Der T 54 ist das Ergebnis einer jahrelangen Entwicklung, die schon 1944 auf Basis der bewährten und erprobten Bauelemente der Baureihe T 34 begann. Bereits 1945 entstand das Versuchsmuster T 44 als Zwischenlösung. Der T 44 wurde in einer kleinen Serie gebaut und hatte noch eine Bordkanone 85 Millimeter. Unter der Typenbezeichnung T 54 A begann im Jahre 1954 die Serienfertigung des neuen Kampfpanzers, der nach und nach in den damaligen Armeen der Sowjetunion und des Ostblocks den T 34 ablöste. Im Jahre 1955 entstand der T 54 B mit einer stabilisierten Bordkanone und einem Rauchabsauger. Der T 54 A wurde ab 1957 mit einer IR-Ausstattung ausgerüstet und erhielt eine behelfsmäßige Tiefwat- und Taucheinrichtung. Umgerüstete ältere Serienmuster bekamen die Typenbezeichnung T 54 C. Ab 1961 wurden die T 54 serienmäßig tauchfähig und waren mit einer IR-Ausstattung nachtkampffähig (IR = Infrarot).

Erste Prototypen einer kampfwertgesteigerten Version mit der Typenbezeichnung T 55 entstanden im Jahre 1954. Anlässlich einer Parade in Moskau im November 1961 stellten die sowjetischen Streitkräfte den T 55 der Öffentlichkeit vor. Die ersten Serienfahrzeuge des T 55 waren bereits mit einem achsparalle-len 35-cm-IR-Scheinwerfer für eine Reichweite von 1000 Metern auf der 100-mm-Bordkanone und einem 15-cm-Scheinwerfer für 500 Meter auf der Kommandantenkuppel ausgerüstet. Dazu kamen IR-Fahrscheinwerfer für 60 Meter. Durch diese Ausrüstung war der T 55 voll nachtkampf-

Von der US Army während des Golfkrieges 1991 erbeuteter chinesischer Kampfpanzer vom Typ 69. Dieser Kampfpanzer ist eine Weiterentwicklung des sowjetischen T 55. Man beachte die Seitenschürzen sowie die Nebelwurfanlage am Turm.

Autor: P. Blume; Fotos: Archiv Truppendienst (3), P. Blume (2)

fähig. Auf der Ladeschützenluke kann ein Luftschacht aufgesetzt werden, um den T 55 tauchfähig zu machen. Die Baureihe T 54 bzw. T 55 war seit 1955 Standardausstattung der mittleren Panzerregimenter und der Panzerbataillone der motorisierten Schützendivisionen in den Armeen des Ostblocks.

Charakteristisch für den T 54/T 55 ist das Laufwerk mit fünf großen Laufrollen und ohne Stützrollen. Die Baugruppen des Antriebs sowie die Antriebsräder befinden sich im Heck des Fahrzeuges.

Bei der Wanne sind nur Bug und Fahrerfront auf 30 Grad abgeschrägt. Seiten und Rückwand sind senkrecht. Der runde Gussturm mit der 100-mm-Bordkanone weist keine Fangstellen auf. Er ist rundum abgeschrägt und abgerundet. Auf dem Turm befinden sich zwei flache Kuppeln. Die Kommandantenkuppel ist links angeordnet und verfügt über fünf Winkelspiegel.

Angetrieben wird der T 54/T 55 von einem Zwölf-Zylinder-Dieselmotor. Der Motor liegt quer im Heckbereich der Wanne und der Auspuff befindet sich auf der linken Kettenabdeckung. Die Baureihe kann als ausgereifte und bewährte einfache Konstruktion im Panzerbau bezeichnet werden. Die Fahrzeuge besaßen für die damalige Zeit eine hohe Kampfkraft und Beweglichkeit.

oben: Kampfpanzer T 54 B der tschechoslowakischen Armee in teilgedeckter Stellung. Gut zu erkennen sind die Bordkanone 100 Millimeter und der IR-Scheinwerfer. unten: Ausbildung von tschechoslowakischen Panzersoldaten am Kampfpanzer T 55 mit Feuerleitanlage Kladivo.

Der T 54 war ab dem Jahre 1954 für viele Jahre der typische Kampfpanzer der Armeen des Warschauer Paktes. Häufig wurden zur Erhöhung des Fahrbereiches am Heck Treibstofffässer mitgeführt.

Technische Daten:

Besatzung: 4 Mann

Abmessungen
Länge:	9,00 m
Breite:	3,27 m
Höhe:	2,40 m
Bodenfreiheit:	0,43 m

Gewichte
Gefechtsgewicht:	36 t
Leistungsgewicht:	14,6 PS/t
Bodendruck:	0,84 kg/cm²

Leistungsdaten
Max. Geschwindigkeit:	50 km/h
Steigfähigkeit:	60 %
Kletterfähigkeit:	0,80 m

Überschreitfähigkeit:	2,70 m
Wattiefe:	1,40 m
Fahrbereich	
Straße:	400 km
Gelände:	260 km

Motordaten
Typ W 2
12-Zylinder-4-Takt-Dieselmotor
5 Vorwärtsgänge
1 Rückwärtsgang
Hubraum:	38.880 cm³
Leistung:	382 kW/520 PS bei 2000 U/min
Kraftstoffvorrat:	720 l
Verbrauch:	190 l/100 km

Bewaffnung
100-mm-Bordkanone D 10-T
2 MGs 7,62 mm
Fla-MG 12,7 mm oder 7,62 mm

Hersteller
Sowjetische, polnische und tschechische Staatsbetriebe

Jagdpanzer AMX 13
Frankreich
Entwicklung ab 1946, Serienfertigung ab 1952
Eingesetzt in Frankreich, Niederlande, Argentinien,
Indonesien, Österreich, Schweiz sowie weiteren Staaten
Afrikas, Asiens und Südamerikas

Jagdpanzer AMX 13 des Österreichischen Bundesheeres während einer Übung im Jahre 1960. Das Fahrzeug wurde ab 1967 vom Jagdpanzer Kürassier aus österreichischer Produktion abgelöst.

Nachkriegsentwicklung

Bereits kurz nach Ende des Zweiten Weltkrieges gab die französische Armee die Entwicklung eines leichten Kampf- und Jagdpanzers in Auftrag. Die Entwicklung begann im Jahre 1946 durch das Atelier de Construction d`Issy-les-Moulineaux in Satory der Direction des Etudes et Fabrication d`Armement (DEFA).
Der erste Prototyp des als AMX 13 bezeichneten Fahrzeuges entstand im Jahre 1948. Nach zahlreichen Erprobungen und Truppenversuchen begann bereits im Jahre 1952 die Serienfertigung des Jagdpanzers AMX 13 durch die Firma Atelier de Construction Roanne (ARE). Die Serienfertigung begann mit einer Stückzahl von 45 Fahrzeugen pro Monat. Anfang der 60er-Jahre entstand aus dem AMX 13 eine komplette Fahrzeugfamilie, bestehend aus

Schützenpanzern, Mannschaftstransportwagen für zahlreiche Zwecke, Panzerhaubitzen, Flugabwehrpanzern und Bergepanzern, die für die französische Armee sowie für den Export in zahlreiche Länder gebaut wurden.

Fahrzeugbeschreibung

Der Jagdpanzer AMX 13 ist ein ziemlich niedriges Vollkettenfahrzeug mit großem Turm und einer Langrohrkanone vom Kaliber 75 Millimeter. Der obere Teil des Turms ist mit der Bordkanone fest verbunden und vertikal schwenkbar. Im stark ausladenden Turmheck befindet sich eine automatische Ladevorrichtung mit zwölf Schuss in zwei Magazinen sowie 24 Schuss einzeln. Die automatische Ladevorrichtung erspart den Ladeschützen. Der Turm des AMX 13 verfügt auf der linken Seite über eine

große Rundblickkuppel für den Kommandanten. In der Fahrzeugwanne vorne rechts ist der 250 PS leistende Motor untergebracht. Links neben

Detailansicht eines Turmes des Jagdpanzers AMX 13, Typ A, mit 75-mm-Kanone. Rechts und links neben der Bordkanone ist ein Abschussgestell für SS 11 als Zusatzbewaffnung erkennbar. Eingesetzt wurden diese Fahrzeuge in der Raketenjagdpanzerkompanie des Regiment des Chasseurs de Char der Brigade d´Infanterie Mecanisée.

Autor: P. Blume; Fotos: HBF, Wien (2), P. Blume (2)

Ein Jagdpanzer AMX 13, Typ A, mit 75-mm-Bordkanone und Abschussvorrichtung für vier Panzerabwehrlenkraketen SS 11. Gut zu erkennen ist, dass der obere Teil des Turms mit der Bordkanone fest verbunden ist.

dem Motor befindet sich der Platz des Panzerfahrers. Das Fahrgestell des AMX 13 besteht aus fünf Laufrollen und vier Stützrollen pro Seite. Die Antriebsräder sind vorne und die Leiträder hinten.

Bewaffnet war die ursprüngliche Ausführung des AMX 13 mit einer 75-mm-Bordkanone L/61,5 (Ausführung A und B). Im Jahre 1962 wurde eine Variante mit einer 105-mm-Bordkanone für die Armee der Niederlande gefertigt (Ausführung C). Eine Umrüstung auf eine 90-mm-Bordkanone begann in der französischen Armee im Jahre 1967 (Ausführung D). Die neue 90-mm-Kanone ist eine aufgebohrte 75-mm-Bordkanone. Sie verschießt flügelstabilisierte Hohlladungsgranaten. Im Laufe des Truppendienstes wurden einige AMX 13 mit Panzerabwehrlenkflugkörpern als Zusatzbewaffnung versehen. Der Jagdpanzer AMX 13 besitzt eine verhältnismäßig hohe Feuerkraft. Das Fahrgestell ist einfach gehalten und bietet viele Verwendungsmöglichkeiten.

Der Jagdpanzer AMX 13 wurde in der französischen Armee in den Jagdpanzerkompanien der mechanisierten Infanterieregimenter sowie in leichten Panzerbataillonen verwendet. In den Niederlanden kam das Fahrzeug in Panzerabwehreinheiten sowie bei den Panzeraufklärern zum Einsatz. Das Österreichische Bundesheer setzte den AMX 13 hauptsächlich als Jagd- und Aufklärungspanzer ein. Heute wird der AMX 13 nur noch in kleineren Staaten verwendet.

Technische Daten:

Besatzung:	3 Mann

Abmessungen

Länge:	4,88 m
Breite:	2,51 m
Höhe:	2,23 m
Bodenfreiheit:	0,37 m

Gewichte

Gefechtsgewicht:	15 t
Leergewicht:	13 t
Leistungsgewicht:	16,66 PS/t

Zur Verstärkung der Panzerabwehr erhielt das Bundesheer der Republik Österreich in den Jahren 1957 und 1958 Jagdpanzer AMX 13 aus Frankreich. Beschafft wurden die Ausführungen 2 C (zwei Stützrollen) und 2 D (vier Stützrollen).

Leistungsdaten

Max. Geschwindigkeit:	60 km/h
Steigfähigkeit:	60 %
Kletterfähigkeit:	0,60 m
Überschreitfähigkeit:	1,60 m
Wattiefe:	0,60 m
Fahrbereich:	350–400 km

Motordaten

SOFA M Modell 8 Gxb, wassergekühlt 8-Zylinder-Benzinmotor

5 Vorwärtsgänge
1 Rückwärtsgang

Hubraum:	8260 cm³
Leistung:	184 kW/250 PS bei 3200 U/min
Kraftstoffvorrat:	480 l
Verbrauch:	140 l/100 km

Bewaffnung

90-mm-Bordkanone
1 MG 7,5 oder 7,62 mm, koaxial

Hersteller

Creusot-Loire Industrie, Paris, Frankreich

Kampfpanzer M 48 A1/A2/A2C

USA
Entwicklung ab 1950, Serienfertigung ab 1952
Eingesetzt in den USA, Deutschland, Südkorea, Israel, Griechenland, Jordanien, Marokko, Norwegen, Taiwan, Pakistan, Spanien, Thailand, Türkei, Vietnam

Kampfpanzer M 48 A1 der US-Berlin-Brigade im Einsatz an der Sektorengrenze im Oktober 1961.

Ersatz für den M 47

Der Kampfpanzer M 47 hatte kaum seinen Dienst in den amerikanischen Panzerbataillonen angetreten, da begann bereits die Entwicklung für ein Nachfolgemodell. Das neue Fahrzeug, dessen Entwicklung im Oktober 1950 im Arsenal von Detroit anlief, sollte wie der M 47 eine 90-mm-Bordkanone als Hauptwaffe erhalten.

Bereits nach zwei Monaten waren die Entwurfsstudien abgeschlossen. Die Firma Chrysler erhielt im Dezember 1950 den Auftrag, die Entwicklung zu vervollständigen und sechs Prototypen mit der Bezeichnung T 48 zu bauen. Bedingt durch die Probleme mit dem M 47 und dem Korea-krieg erfolgte die Entwicklung und Erprobung der T 48 genannten Prototypen unter großem Zeitdruck. Die ersten Prototypen sollten daher bereits im Dezember 1951 fertig gestellt sein. Noch bevor diese fertig sein konnten, erhielten die Firmen Ford Company und Fisher Body Division der General Motors Corporation im März 1951 die ersten Fertigungsaufträge für die Serienfahrzeuge.

Diese neue Panzergeneration erhielt die Bezeichnung M 48 Patton. Der Serienbau begann bereits 1952. Bedingt durch die schnelle Entwicklung und die mangelhafte Erprobung hatten die ersten Serienfahrzeuge des M 48 erhebliche technische Mängel, sodass die US Army die Fahrzeuge den Firmen nicht abnahm. Erst nach Beseitigung der Mängel erhielten die Einheiten im Jahre 1953 die ersten M 48.

Diese Fahrzeuge besaßen noch nicht die typische Fla-MG-Kommandanten-kuppel der späteren Ausführungen des M 48.

Weiterentwicklungen

Bereits im Jahre 1954 wurde eine Weiterentwicklung des M 48, der M 48 A1, vorgestellt und kurz darauf

Kampfpanzer M 48 A1 und Schützenpanzer HS 30 im gemeinsamen Einsatz. M 48 A1 waren in der 5. Panzerdivision nur bis 1965 eingesetzt.

Autor: P. Blume; Fotos und Zeichnung: BMVgliP-Stab (2), PzTrS (6), M. Meyer (1)

in großen Stückzahlen an die amerikanischen Panzerbataillone ausgeliefert. Der M 48 A1 hatte eine spezielle Kommandantenkuppel mit einem integrierten Fla-MG vom Kaliber 12,7 Millimeter. Das Fla-MG konnte vom Kommandanten bei geschlossener Luke und somit unter Panzerschutz bedient werden. Der M 48 A1 verfügte, im Gegensatz zum M 48, über einen verbesserten Motor und hatte ein höheres Gefechtsgewicht. Der Treibstoffverbrauch war jedoch enorm hoch und somit hatte auch der M 48 A1 nur einen sehr geringen Fahrbereich (115 Kilometer). Die Kampfpanzer vom Typ M 48 A1 und später die Modelle M 48 A2 bzw. A2C waren für die damalige Zeit hoch entwickelte und komplizierte Fahrzeuge mit guter Formgebung. Sie verfügten über eine hoch komplizierte Feuerleiteinrichtung und waren verhältnismäßig schwer. Da der hohe Benzinverbrauch und der damit verbundene geringe Fahrbereich auf Dauer nicht befriedigen konnte, wurde in spätere Serienfahrzeuge ein Einspritzmotor eingebaut. Auf diese Art und Weise konnte der Aktionsradius auf 257 Kilometer erhöht werden. Diese neuen Fahrzeuge wurden als M 48 A2 bzw. M 48 A2C bezeichnet. Der M 48 A2C unterschied sich vom M 48 A2 durch den Einbau eines Mischbild-Entfernungsmessers anstelle des Raumbild-E-Messers. Äußerliches Merkmal des

oben: NATO-Wintermanöver „Wintershield" im Februar 1960. Ein amerikanischer M 48 A1 rollt im Schneegestöber durch eine Ortschaft in der Oberpfalz.
unten: Die Bundeswehr erhielt aus den USA auch einige M 48 A2, erkennbar an der Kettenspannrolle.

Bereits 1961 rüstete ein Großteil der Panzerbataillone der Bundeswehr auf Kampfpanzer M 48 A2C um.

Kletterfähigkeit:	0,91 m
Steigfähigkeit:	60 %
Watfähigkeit:	1,22 m

Motordaten
Continental AVI-1790-8
12-Zylinder-Otto-Einspritzmotor, luftgekühlt
2 Vorwärtsgänge
1 Rückwärtsgang

Hubraum:	29.390 cm³
Leistung:	607 kW/825 PS
Kraftstoffvorrat:	1269 l
Verbrauch (Straße):	495 l/100 km

Technische Daten:

| Besatzung: | 4 Mann |

Abmessungen
Länge:	8,68 m
Breite:	3,63 m
Höhe:	3,09 m
Bodenfreiheit:	0,41 m

Gewichte
Gefechtsgewicht:	47,6 t
Bodendruck:	0,84 kg/cm²
Leistungsgewicht:	18,2 PS/t

Leistungsdaten
Max. Geschwindigkeit:	48 km/h
Fahrbereich:	257 km
Überschreitfähigkeit:	2,59 m

Bewaffnung
90-mm-Bordkanone L 48
koaxiales MG 7,62 Millimeter
Fla-MG 12,7 Millimeter

Hersteller
Ford Company, General Motors, Chrysler,
USA

Erste Herbstmanöver der Bundeswehr 1958. Über dem Kampfpanzer M 48 A1 befindet sich ein Transporthubschrauber vom Typ Vertol H-21 „Fliegende Banane".

M 48 A2C war die fehlende Ketten-spannrolle.

Einsatz in der US Army

Die Kampfpanzer der Reihe M 48 A1 bzw. M 48 A2C waren in der zweiten Hälfte der 50er-Jahre die Standard-panzer der amerikanischen Panzer-bataillone. Besonders die Panzerein-heiten der in Europa stationierten 7. Armee waren mit diesen Fahrzeu-gen ausgestattet. In den meisten US-Panzerbataillonen wurden die ersten M 48 A2 bzw. M 48 A2C schon zu Beginn der 60er-Jahre durch Fahr-zeuge der M60-Baureihe ersetzt. Allerdings waren die in Vietnam ein-gesetzten Heeres- und Marinekorps-Einheiten bis zum Ende des US-Enga-gements mit M48-Kampfpanzern der verschiedenen Rüststände ausgestat-tet. Bis weit in die 80er-Jahre ver-wendeten Panzerbataillone der Nationalgarde und der Reserve in den USA Kampfpanzer vom Typ M 48. Hauptsächlich handelte es sich um die mit einem Dieselmotor ver-sehenen Baureihen M 48 A3 bzw. M 48 A5. Der M 48 A5 verfügte über eine 105-mm-Bordkanone.

Technische Merkmale

Wanne und Turm des M 48 sind aus Panzerstahl gegossen. Der Fahrer sitzt vorne in der Wanne, die drei anderen Besatzungsmitglieder (Kom-mandant, Richtschütze, Ladeschütze) im Turm. Der Motor und das Getrie-be liegen hinten und sind vom Kampfraum durch ein Brandschott getrennt. Das Laufwerk ist dreh-stabgefedert und besteht auf jeder Seite aus sechs Laufrollen, dem Trieb-rad hinten und dem Leitrad vorne. Je nach Modell läuft die Kette über drei oder fünf Stütz-rollen. Der M 48 A1 und der M 48 A2 hatten zwischen der sechsten Lauf-rolle und dem Triebrad eine kleine Kettenspannrolle. Die 90-mm-Bordkanone hat einen Höhenrichtbereich von –9 Grad bis +20 Grad und kann um 360 Grad geschwenkt werden. Koaxial dazu ist ein MG 7,62 Milli-meter montiert. Das 12,7-mm-Fla-MG ist bei den meisten Versionen in der Kommandantenkuppel einge-baut. Die Kuppel selbst kann eben-

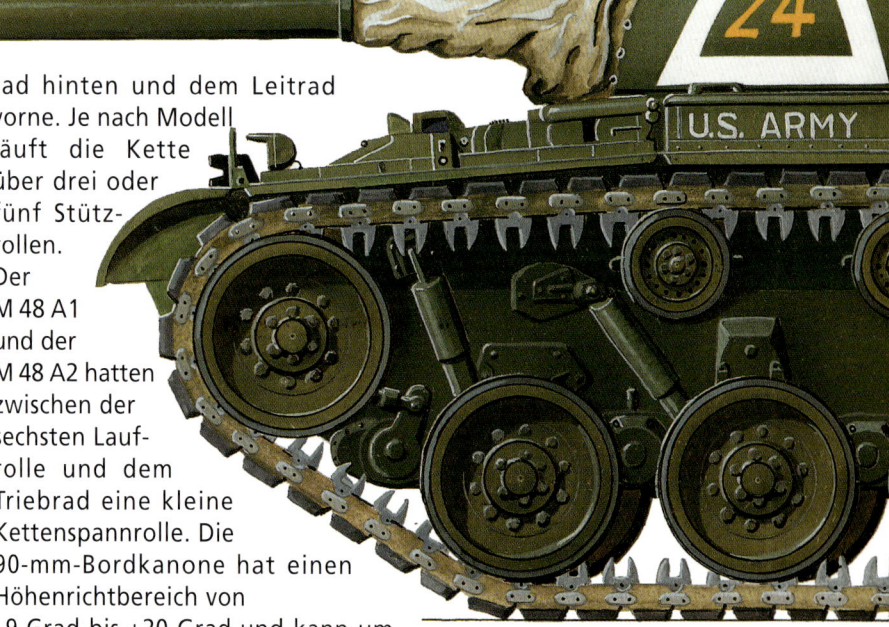

falls um 360 Grad geschwenkt werden. Der Turm des M 48 ist ein flacher, schildkrötenartiger Gussturm mit herabgezogener Heckauslage, einem eingebauten E-Messer und einer Schildblende. Ab der Version A2 verfügte der M 48 über eine erhöhte Motorabdeckung mit Luftgitter an der Rückfront für eine verbesserte Kühlung des Einspritzmotors.

Weitere Nutzerstaaten

Der M 48 erwies sich als echter Exportschlager für die amerikanische Rüstungsindustrie, der bei den Armeen zahlreicher Länder das Rückgrat der Panzertruppen bildete. Staaten mit den größten Stückzahlen an M 48 sind bzw. waren Deutschland, die Türkei und Israel sowie Südkorea. Israel rüstete seine M 48 zum Teil auf eine 105-mm-Bordkanone um.

In der Deutschen Bundeswehr wurden ab 1958 in der 5. Panzerdivision M 48 A1 eingesetzt. Ab 1960 erhielt die Bundeswehr aus den USA eine größere Anzahl M 48 A2C, die zum Teil bis zur Einführung des Leopard 1 Mitte der 60er-Jahre in Dienst blieb. Bei Reserveeinheiten wurden M 48 A2C bis 1990 verwendet.

oben: Ein Kampfpanzer vom Typ M 48 A1 in schwerem Gelände auf einem Standortübungsplatz.

unten: Ein Kampfpanzer M 48 A C der 4. US-Panzerdivision ist während der Übung „Wintershield" im Februar 1960 „Opfer" des aufgeweichten Geländes geworden.

Mit einer Stückzahl von 11.703 produzierten Fahrzeugen und einer über 40-jährigen Nutzungsdauer war das M48-Panzerprogramm eines der umfangreichsten Panzerprojekte der Nachkriegszeit auf westlicher Seite.

Kampfpanzer M 48 A3 Patton Vietnam 1968

Der Kampfpanzer M 48 wurde in aller Eile entwickelt, als der Koreakrieg weiter eskalierte. Er war der US-Kampfpanzer, dessen Ursprung noch auf Entwicklungen aus dem Zweiten Weltkrieg zurückging. Aufgrund mehrerer Modernisierungen und Kampf-wertsteigerungen konnte der M 48 lange Zeit im Truppendienst bleiben. Während des Vietnamkrieges wurde in den 60er-Jahren die Version A3 verwendet, die äußerlich an der erhöhten Kommandantenkuppel erkennbar war.

Anfang der 60er-Jahre bauten die amerikanischen Streitkräfte zirka 1000 noch vorhandene Kampfpanzer vom Typ M 48 A1 zur Version A3 um. Im Rahmen dieser Kampfwertsteigerung erhielten die Fahrzeuge serienmäßig einen Dieselmotor sowie neue eckige Luftfilter am Heck. Die fünf Stützrollen des Typs M 48 A1 wurden beibehalten. Durch den Einbau des Dieselmotors wurde der Fahrbereich auf fast das Doppelte, nämlich 465 Kilometer, erhöht. Da damals noch genügend 90-mm-Munition vorhanden war, konnte die 90-mm-Waffenanlage auch weiterhin im M 48 A3 verwendet werden.

Die Umbauten erfolgten im Anniston and Red River Army Depots. Im Februar 1963 wurden die ersten M 48 A3 an die Truppe ausgeliefert. 600 Fahrzeuge erhielt die US Army und 419 das Marine Corps für seine Panzereinheiten. Später wurde eine Anzahl von Fahrzeugen des Typs M 48 A3 an die südvietnamesische Armee abgegeben. Aufgrund der im Vietnamkrieg gemachten Kampferfahrungen bekamen die Kampfpanzer M 48 A3 eine Kommandantenkuppel auf einem erhöhten Drehkranz mit Rundumsichtblöcken (G 305). Die Silhouette des Fahrzeuges wurde dadurch erheblich höher, andererseits konnte die Sicht des Kommandanten in Dschungelgebieten verbessert werden.

Durch die vorgenommenen Umbauten konnte der Kampfpanzer M 48 A3 auf den Leistungsstand des Kampfpanzers M 60 gebracht werden, der hauptsächlich bei amerikanischen Panzereinheiten in Europa verwendet wurde. Der M 48 A3 wurde nur bei amerikanischen Panzer- und Panzeraufklärungseinheiten in den USA, in Vietnam und in Korea eingesetzt.

Im Jahre 1976 entschloss sich die US Army, einen Teil der M 48 A3 erneut im Kampfwert zu steigern. Es wurden nun eine 105-mm-Bordkanone und eine neue Kommandantenkuppel eingebaut. Diese kampfwertgesteigerten Fahrzeuge erhielten die Typenbezeichnung M 48 A5 und wurden viele Jahre in Panzereinheiten der US-Nationalgarde und der Reserve verwendet. Kampfpanzer vom Typ M 48 A5 wurden in geringer Stückzahl im Rahmen der jährlichen Reforger-Übungen in den 80er-Jahren auch in Deutschland eingesetzt.

Während der Tet-Offensive des Vietcong im Jahre 1968 wurde die amerikanische Luftwaffenbasis Tan Son Nhut nördlich von Saigon angegriffen. Die US Army setzte bei den Kämpfen M 48 A3 zur Feuerunterstützung ein.

Mittlere Kampfpanzer vom Typ M 48 wurden, wie das indirekte Vorgängermodell M 4 Sherman, häufig mit Räumschaufeln versehen, um unter feindlichem Beschuss Hindernisse beseitigen zu können.

M 48 A3 des US Marine Corps bei einer Patrouillenfahrt am Strand in Vietnam. Durch diese Einsätze sollten Angriffe des Vietcong auf amerikanische Einrichtungen von See her verhindert werden.

Technische Daten
Kampfpanzer M 48 A3 Patton

Besatzung :	4 Mann
Länge der Wanne (ohne Rohr):	6,82 m
Länge (Kanone Fahrtrichtung):	7,44 m
Breite:	3,63 m
Gesamthöhe:	3,10 m
Gefechtsgewicht:	47,2 t
Spez. Bodendruck:	0,83 kg/cm²
Watfähigkeit:	1,20 m/2,45 m mit Zusatzausrüstung
Max. Querneigung:	30°
Max. Überschreitfähigkeit:	2,60 m
Max. Kletterfähigkeit:	0,90 m (bei vertikalen Hindernissen)
Fahrwerksaufhängung:	Drehstäbe
Motor:	Continental AVDS-1790-2A
	V-12-Dieselmotor
Hubraum:	29.340 cm³
Leistung:	750 PS/552 kW
Leistungsgewicht:	15,8 PS/t
Treibstoffvorrat:	1420 l
Fahrbereich – Straße:	465 km
Fahrbereich – Gelände:	ca. 300 km
Höchstgeschwindigkeit:	48 km/h
Hauptbewaffnung:	Bordkanone, 90 mm
Sekundärbewaffnung:	Bord-MG, koaxial, 7,62 mm
Zusatzbewaffnung:	Fla-MG, 12,7 mm
Panzerungstyp:	homogener, geschweißter Guss-Nickel-Stahl
Wannenfront:	100–120 mm
Wannenseite:	50–75 mm
Wannenrückseite:	45 mm
Wannenoberseite:	13–63 mm
Turmfront:	110 mm
Turmseite:	75 mm
Turmrück-/ Turmoberseite:	50 mm/25 mm

Kampfpanzer M 103

USA
Entwicklung ab 1950
Serienfertigung ab 1954

Eingesetzt in den USA

Ein Kampfpanzer M 103 A1 überquert mithilfe einer Schlauchbootfähre am 29. September 1961 den Main bei Aschaffenburg.

Entwicklung eines schweren US-Panzers

Nachdem die sowjetische Panzertruppe bereits im Jahre 1945 den schweren Kampfpanzer JS III in Dienst gestellt hatte, forderte auch die US Army die Entwicklung eines schweren Kampfpanzers.

Im Rahmen dieser Entwicklung entstanden Prototypen mit den Bezeichnungen T 29, T 30 und T 32, die jedoch die amerikanischen Militärs nicht überzeugen konnten. Erst mit der Entwicklung der 120-mm-Flugabwehrkanone T 53 stand endlich ein Geschütz mit hervorragender ballistischer Leistung zur Verfügung, das zur Bewaffnung eines schweren Panzers dienen konnte. Zwei Prototypen des Geschützes wurden zur Panzerkanone umkonstruiert und nach eingehender Erprobung als Bewaffnung

für den neuen Panzer T 43 ausgewählt. Die ballistischen Leistungen der neuen 120-mm-Panzerkanone entsprachen in etwa der hervorragenden 12,8-cm-Kanone der Deutschen Wehrmacht, die im Jagdtiger eingebaut war. Für den schweren Panzer T 43 wurde die Wanne des T 48 (M 48) um eine Laufrolle verlängert und es wurde eine breitere Kette eingeführt. Auf diese Wanne kam ein sehr großer Gussturm mit einer starken Heckauslage, um das hohe Gewicht des Geschützes zu kompensieren. Im Februar 1950 war das erste Holzmodell des T 43 fertig. Bereits im Dezember 1950 wurden unter dem Eindruck des Koreakrieges die ersten 80 Fahrzeuge des neuen Kampfpanzers bestellt. Die Erprobungen der Prototypen T 43 bzw. T 43 E1 zeigten jedoch gravierende Mängel. Die bereits angelau-

fene Serienfertigung wurde in Depots abgestellt. Das Heer der amerikanischen Streitkräfte verlor das Interesse an dem inzwischen als M 103 bezeichneten Fahrzeug. Da

Insgesamt 72 schwere Kampfpanzer M 103 A1 waren bis Ende 1962 in Deutschland stationiert. Sie waren mit einer 120-mm-Bordkanone ausgestattet und gehörten zum 2nd Heavy Tank Bataillon, 33rd Armor.

Autor: P. Blume; Fotos: BMVgliP-Stab (4), US Army (1)

neue Bezeichnung M 103 A1. Zwischen 1956 und 1958 wurden 218 Panzer auf den Rüststand M 103 A1 gebracht und in den Panzerbataillonen des Marinecorps eingesetzt.

Der M 103 war 1956 schon längst aus den Planungen der US Army verschwunden. Erst nach einem eindrucksvollen Gefechtsschießen des Marinecorps mit dem M 103 A1, unter anderem auch vor Heeresoffizieren, entstand eine erneute Forderung seitens des Heeres nach diesem schweren Kampfpanzer.

Einsatz in der US Army

Besonders im Hinblick auf den Einsatz in Europa lieh sich die US Army 72 Panzer M 103 A1 vom Marinecops. Mit diesen Fahrzeugen wurde das 899. Panzerbataillon in Deutschland ausgerüstet. Dieses Bataillon war als Verfügungstruppe direkt der 7. Armee unterstellt. Am 1. Mai 1958 entstand aus dieser Einheit das 2nd Heavy Tank Battalion, 33rd Armor in Deutschland. Das Panzerbataillon gliederte sich in vier schwere Panzerkompanien mit je 18 M 103 A1. Bereits im Dezember 1962 gab diese Einheit ihre M 103 A1 wieder ab und rüstete auf M 60 um. Das Marinecorps verwendete seine M 103 A1 weiter und rüstete sie zum Teil mit einem Dieselmotor aus. Diese Fahrzeuge erhielten die Bezeichnung M 103 A2. Im Jahre 1967 waren noch 160 Fahrzeuge vorhanden. Erst 1972 wurden sie ausgemustert.

oben: Der amerikanische schwere Panzer vom Typ M 103 A1 war aufgrund seiner Größe ein beeindruckendes Kampffahrzeug.
unten: Schwere Kampfpanzer M 103 A1 beim Manöver „Wintershield" im Februar 1961 in der Oberpfalz.

das Marinecorps weiterhin Interesse zeigte, wurden an dem Fahrzeug umfangreiche Verbesserungen vorgenommen und die Mängel beseitigt. Der auf diese Weise verbesserte schwere Kampfpanzer erhielt die

Technische Daten:

Besatzung:	5 Mann
Abmessungen	
Länge:	7,00 m
Breite:	3,63 m
Höhe:	2,93 m
Bodenfreiheit:	0,42 m
Gewichte	
Gefechtsgewicht:	56,7 t
Leistungsgewicht:	14,2 PS/t
Bodendruck:	0,79 kg/cm²
Leistungsdaten	
Max. Geschwindigkeit:	34 km/h
Fahrbereich (Straße):	150 km
Überschreitfähigkeit:	2,64 m
Kletterfähigkeit:	0,93 m
Steigfähigkeit:	60 %
Watfähigkeit:	1,26 m

Kampfpanzer M 103 A1 beim Scharfschießen auf dem Truppenübungsplatz Grafenwöhr im Jahre 1961.

Motordaten
Continental AV-1790-5 B
12-Zylinder-Ottomotor
6 Vor- und 3 Rückwärtsgänge
Hubraum: 29.200 cm³
Leistung: 596 kW/810 PS
Kraftstoffvorrat: 1050 l
Verbrauch: 700 l/100 km

Bewaffnung
120-mm-Bordkanone L/48 T 123
koaxiales MG 7,62 mm
Fla-MG 12,7 mm

Hersteller
Chrysler Corporation, Newark, USA

Kampfpanzer Charioteer

**Großbritannien
Entwicklung ab 1950
Auslieferung der Prototypen ab 1954**

Eingesetzt in Großbritannien und Österreich

Ein Zug einer Kompanie des Panzerbataillons 4 aus Graz ist nach einer Übung in der Linie aufgefahren. Man beachte die Hoheitszeichen und die taktischen Nummern am Turm der Kampfpanzer Charioteer.

Erfolgreiche Modernisierung

Großbritannien zählte zu den ersten Ländern, die nach dem Jahre 1945 Panzerfahrzeuge der Kriegsproduktion zu modernisieren begonnen und dabei für damalige Verhältnisse durchaus brauchbare Fahrzeuge geschaffen haben. Die britische Armee verfügte damals noch über eine größere Anzahl der überaus beweglichen, aber unterbewaffneten Kampfpanzer vom Typ Cromwell.

Bei einem Leistungsgewicht von 22,2 PS pro Tonne waren diese 27 Tonnen schweren Fahrzeuge lediglich mit einer 75-mm-Panzerkanone L/39,5 bewaffnet, die eine Mündungsgeschwindigkeit von nur 619 Metern

pro Sekunde aufwies. Auf die vielfach noch fabrikneuen Fahrgestelle des Cromwell setzte man einen neuen Drehturm, in dem die damals auch beim Kampfpanzer Centurion verwendete 83,4-mm-Panzerkanone L/70 eingebaut war. Die Panzerkanone verfeuerte die Panzergranaten mit einer Mündungsgeschwindigkeit von 1020 Metern pro Sekunde. Ein ebenfalls verwendetes Treibspiegelgeschoss hatte eine Mündungsgeschwindigkeit von 1350 Metern pro Sekunde. Damit war eine beachtliche Leistungssteigerung gegenüber der ursprünglichen 75-mm-Waffe gegeben.
Die Besatzung des Fahrzeuges wurde zugunsten des Munitionsvorrates von ursprünglich fünf auf drei bis vier Mann reduziert.

Trotz des Anstiegs des Gewichtes auf 28,5 Tonnen lag das Leistungsgewicht mit 21 PS/t noch immer über dem damaligen Durchschnitt.

Im Jahre 1956 kaufte das Österreichische Bundesheer in Großbritannien 56 mittlere Kampfpanzer Charioteer.
Hier ein Panzer dieses Typs im Gelände.

Autor: P. Blume; Fotos: HBF, Wien (5)

links: Schräge Heckansicht eines Kampfpanzers Charioteer. Gut zu erkennen ist das vom Kampfpanzer Cromwell stammende Laufwerk mit fünf großen Laufrollen.

rechts: Auf diesem Bild ist gut die 83,4-mm-Panzerkanone L/70 mit langem Rohr zu sehen. Der Charioteer diente in der britischen Armee als Jagdpanzer.

Fahrzeugbeschreibung

Der Kampfpanzer Charioteer verwendete das Fahrgestell des Kampfpanzers Cromwell mit fünf großen Laufrollen und ohne Stützrollen. Die Wanne des Fahrzeuges war ein kantiger Panzerkasten mit durchweg senkrechten Wänden. Die Wannenpanzerung betrug vorne 57 Millimeter, seitlich 30 Millimeter. Der im Heck befindliche wassergekühlte Zwölf-Zylinder-Rolls-Royce Meteor-Motor leistete bei 27 Litern Hubraum 650 PS. Der Kraftfluss führte über ein Kegelrad-Umlaufgetriebe zu den hinten liegenden Antriebsrädern.

Die Leiträder befanden sich beim Charioteer vorne.

Die Bordkanone 83,4 Millimeter befand sich in einem großen kantigen Drehturm. Im Turm waren zwei bis drei Mann der Besatzung untergebracht. Bei nur zwei Mann im Turm hatte der Kampfpanzer Charioteer einen Munitionsvorrat von 50 Schuss.

Die Panzerung des Drehturmes betrug vorne 30 Millimeter und seitlich sowie hinten 20 Millimeter. Rechts und links am Turm war eine Nebelwurfanlage vorhanden. Der Panzerfahrer hatte seinen Platz in der Wanne vorne rechts.

Einsatz

Der Kampfpanzer Charioteer wurde in der britischen Armee nur in wenigen Einheiten ab dem Jahre 1954 zur Panzerbekämpfung eingesetzt. Wenige Jahre später erfolgte die Ablösung durch den Kampfpanzer Centurion.

Das Österreichische Bundesheer erhielt aus britischen Heeresbeständen im Jahre 1956 insgesamt 56 mittlere Kampfpanzer Charioteer. Die Fahrzeuge wurden im damaligen Panzerbataillon 4 in Graz eingesetzt und im Jahre 1965 durch amerikanische M 47 ersetzt.

Technische Daten:

Besatzung:	3 bis 4 Mann

Abmessungen

Länge:	8,83 m
Breite:	3,05 m
Höhe:	2,53 m
Bodenfreiheit:	0,41 m

Gewichte

Gefechtsgewicht:	30 t
Leergewicht:	28,5 t
Bodendruck:	0,93 kg/cm²
Leistungsgewicht:	21,6 PS/t

Leistungsdaten

Max. Geschwindigkeit:	56 km/h
Steigfähigkeit:	60 %
Kletterfähigkeit:	0,96 m
Überschreitfähigkeit:	2,30 m
Wattiefe:	1,22 m
Fahrbereich:	240 km

Motordaten
Rolls-Royce Meteor MK 1 A

Ein Kampfpanzer Charioteer in Marschfahrt im Gelände. Das Fahrzeug erreichte eine Höchstgeschwindigkeit von 57 Stundenkilometern.

12-Zylinder-Ottomotor
5 Vorwärtsgänge
1 Rückwärtsgang

Hubraum:	27.000 cm³
Leistung:	478 kW/650 PS bei 2550 U/min
Kraftstoffvorrat:	528 l
Verbrauch:	200 l/100 km

Bewaffnung
83,4-mm-Panzerkanone L/70
MG 7,62 mm, koaxial
Nebelwurfanlage

Hersteller
Leyland Motors Ltd., Leyland, Großbritannien

Kampfpanzer Conqueror

**Großbritannien
Entwicklung ab 1951
Serienfertigung ab 1954**

Eingesetzt in Großbritannien

Ein Kampfpanzer Conqueror der 4/7th Royal Dragoon Guards erklimmt auf einen Höhenzug während eines Manövers der Britischen Rheinarmee in Norddeutschland im Jahre 1959.

Entwicklung

In den sowjetischen Panzerdivisionen wurde bereits 1945 ein schwerer Kampfpanzer eingeführt, der stark gepanzert war und über eine Panzerkanone vom Kaliber 122 Millimeter verfügte. Diesem Fahrzeug konnte die britische Panzertruppe nichts Gleichwertiges entgegensetzen, sodass ein „heavy gun tank" zum Kampf gegen Panzer auf weite Entfernungen gefordert wurde.
Unter den Bezeichnungen FV 214 beziehungsweise FV 221 begann 1951 die Entwicklung eines schweren britischen Kampfpanzers. Dieses Fahrzeug sollte im Einsatz die bereits eingeführten mittleren Kampfpanzer Centurion unterstützen. Das

Fahrzeug mit der Typenbezeichnung FV 214 konnte sich nach eingehenden Tests durchsetzen und wurde für die Einführung in die Truppe vorgesehen. Der schwere Panzer mit 120-mm-Panzerkanone erhielt in der britischen Panzertruppe die Bezeichnung Conqueror. Die ersten Serienfahrzeuge konnten bereits 1954 an die Truppe ausgeliefert werden.

Fahrzeugbeschreibung

Der Kampfpanzer Conqueror war ein schwerer Kampfpanzer mit starker Panzerung und Bewaffnung. Aufgrund seines hohen Gewichtes von 65 Tonnen konnte der Conqueror in Großbritannien nicht mehr mit der Bahn transportiert werden. Lediglich

die Deutsche Bundesbahn war dazu in der Lage. In der Regel erfolgte der

Der Kampfpanzer Conqueror verfügte über einen großen, nach vorne abfallenden und stark abgeschrägten Gussturm, in dem sich die Hauptwaffe vom Kaliber 120 Millimeter befand.

Autor: P. Blume; Fotos: iWM London (5), MH 4609, MH 4610, MH 4611, MVE 26377/1, MVE 26577/5

Transport der schweren Kampfpanzer auf der Straße mithilfe von Panzertransportern. Der Conqueror war hauptsächlich zum Kampf gegen Feindpanzer auf weite Entfernungen gedacht. Das Laufwerk bestand aus acht kleinen, schmalen Doppellaufrollen, die paarweise aufgehängt und mit gummigefederten Stahlreifen versehen waren. Die vier Stützrollen verbargen sich hinter Schürzenwänden. Die seitlichen Schürzenwände gaben dem Fahrzeug zusätzlichen Panzerschutz. Der Kampfpanzer Conqueror verfügte über einen großen, nach vorne abfallenden und stark abgeschrägten Gussturm, in dem sich die Hauptwaffe vom Kaliber 120 Millimeter befand. Das ausladende und kantige Turmheck hatte einen aufgesetzten MG-Turm für den Kommandanten. Die weit hervorragende Panzerkanone besaß einen Rauchabsauger in der Mitte. Die Bug- und Fahrerfront war abgeschrägt und günstig geformt.

Unter strengster Geheimhaltung wurden im Jahre 1955 die ersten Conqueror an das Panzerregiment 4/7th Royal Dragoon Guards in Fallingbostel ausgeliefert. Mit dem Fahrzeug konnten nach und nach die schweren Züge in den Panzerkompanien der Rheinarmee in Deutschland ausgerüstet werden. Von den vier Zügen pro Kompanie war je ein Zug mit drei Conqueror ausgestattet. Sie wurden in den Panzerregimentern bis 1966 als Überwachungspanzer eingesetzt.

Der Kampfpanzer Conqueror, von dem insgesamt 159 Fahrzeuge in den

oben: Der Kampfpanzer Conqueror war ein schwerer Panzer mit starker Panzerung und einer 120-mm-Bordkanone als Bewaffnung.
unten: Mit dem Conqueror waren die schweren Züge in Deutschland ausgestattet.

Versionen Mk 1 und Mk 2 in der britischen Armee im Einsatz waren, wurde in den Jahren 1967/68 endgültig ausgemustert und durch den Kampfpanzer Chieftain ersetzt. Auf der Basis des Conqueror war auch ein Bergepanzer in wenigen Exemplaren vorhanden.

Ein Conqueror beim Einsatz in der norddeutschen Tiefebene.

Technische Daten:

Besatzung: 4 Mann

Abmessungen
Länge:	7,85 m
Breite:	3,95 m
Höhe:	3,50 m
Panzerung:	bis 120 mm

Gewichte
Gefechtsgewicht:	65 t
Leistungsgewicht:	12,3 PS/t
Bodendruck:	0,91 kg/cm²

Leistungsdaten
Max. Geschwindigkeit:	34 km/h
Steigfähigkeit:	38 %
Fahrbereich:	240 km

Motordaten
Rolls-Royce Meteor Mk 1A,
12-Zylinder-Ottomotor,
wassergekühlt mit Turbolader
5 Vorwärtsgänge
1 Rückwärtsgang
Hubraum:	27.000 cm³
Leistung:	589 kW/801 PS bei 2800 U/min

Bewaffnung
Panzerkanone 120 mm
MG 7,62 mm, koaxial
Fla-MG 7,62 mm
Nebelwurfanlage

Hersteller
Royal Ordnance Factory,
Dalmuir,
Großbritannien

Kampfpanzer M 47

USA
Entwicklung von 1956 bis 1964
Eingesetzt in den USA, Deutschland, Südkorea, Österreich,
Ägypten, Griechenland, Israel, Kuweit, Jordanien, Marokko,
Taiwan, Pakistan, Spanien, Saudi-Arabien

Kampfpanzer M 47 der Bundeswehr während der großen Herbstmanöver im Jahre 1958.

Erfahrungen aus dem Koreakrieg

Am frühen Morgen des 25. Juni 1950 brach der Koreakrieg aus. Die Militärs in den USA wurden von den Ereignissen in Asien völlig überrascht und begannen sofort fieberhaft mit Gegenmaßnahmen.

Unter anderem fand eine sofort durchgeführte Bestandsaufnahme aller im pazifischen Raum verfügbaren Panzer statt. Das Ergebnis war für die amerikanischen Streitkräfte ernüchternd. Im gesamten pazifischen Raum waren nur 96 leichte Panzer M 24 (in Japan) sowie 22 Kampfpanzer M 4 A3 E8 (auf Hawaii) vorhanden! Insgesamt verfügten die amerikanischen Streitkräfte 1950 über circa 2000 Kampfpanzer mit 90-mm-Kanone. Es handelte sich um Panzer vom Typ M 26, der bereits Ende des Zweiten Weltkrieges zum Einsatz gekommen war, sowie um

die umgebauten und mit einem stärkeren Motor versehenen M 46. Nach dem Ende des Zweiten Weltkrieges waren in den USA keine neuen Kampfpanzer mehr gebaut worden. Dieses Versäumnis sollte sich während des Koreakrieges sehr nachteilig auswirken, da der Gegner sowjetische T 34/85 wirkungsvoll einsetzte. Da nicht nur befürchtet werden musste, dass die Sowjetunion durch ihr mögliches Eingreifen in Korea die katastrophale Lage noch verschlimmern würde, sondern es auch im nahezu unbewaffneten Westeuropa zu kriegerischen Verwicklungen mit der Roten Armee kommen würde, war sofortiges Handeln seitens der US Army notwendig.

Entwicklung eines neuen Kampfpanzers

Die gewaltigen Fertigungsanlagen, in denen während des Zweiten Welt-

Kampfpanzer M 47 bei der Bahnverladung. Die Bundeswehr erhielt 1956/57 insgesamt 1100 M 47 aus den USA. Dieser Panzer war ein äußerst kompliziertes Fahrzeug mit einem sehr geringen Fahrbereich und erforderte für die Handhabung eine gut ausgebildete Besatzung. Der M 47 erreichte auf der Straße eine Geschwindigkeit von 48 km/h.

Autor: P. Blume; Fotos: BMVgliP-Stab (4), HBF (2), US Army (2), PzTrS (1)

krieges große Stückzahlen an Panzern gebaut worden waren, hatte die US-Regierung stillgelegt, aufgelöst oder verschrottet. Die gesamte Panzerentwicklung der USA litt unter chronischem Geldmangel, und es wurde zum Teil von offizieller Seite ihre Notwendigkeit angezweifelt.

Seit dem Ende des Krieges 1945 war hauptsächlich Komponentenentwicklung betrieben worden. So wurde z.B. der M 26 durch den Einbau eines leistungsstärkeren Motors zum Kampfpanzer M 46. Die Panzerentwicklungen für die zukünftige Ausstattung der US Army, der leichte Panzer T 37 (später T 41) als Ersatz für den M 24, der mittlere Panzer T 42 als Ersatz für den M 26 und M 46 sowie der schwere Panzer T 43, waren bei Ausbruch des Koreakrieges nicht serienreif und sollten es zum Teil nie werden. Um einen neuen Panzer möglichst schnell zur Serienreife zu bringen, musste eine Übergangslösung geschaffen werden. Die bewährte Panzerwanne des

Manöver „Wintershield" im Jahre 1960. Der M 47 war ein sehr wuchtiger Kampfpanzer mit 90-mm-Bordkanone.

M 46 wurde überarbeitet und die Panzerung verstärkt. Eine geringe Anzahl von bereits vorhandenen T42-Türmen wurde direkt auf das Fahrgestell des M 46 gesetzt. Die so entstandenen Fahrzeuge erhielten

Seitenansicht eines M 47 der Bundeswehr. Man beachte die Nebelwurfanlage am Turm. Ab 1958 rüstete die Bundeswehr die Fahrzeuge auf vier Mann Besatzung um.

Technische Daten:

Besatzung: 5/später 4 Mann

Abmessungen
Länge:	6,51 m
Breite:	3,51 m
Höhe:	3,35 m

Gewichte
Gefechtsgewicht:	46,17 t
Spez. Bodendruck:	0,97 kg/cm²

Leistungsdaten
Max. Geschwindigkeit:	48 km/h
Fahrbereich:	130 km
Steigfähigkeit:	60 %
Kletterfähigkeit:	0,92 m
Überschreitfähigkeit:	2,60 m

Motordaten
Continental AV-1790-5B/-7/-7A
V-12 Otto Vergasermotor
2 Vorwärtsgänge
1 Rückwärtsgang

Hubraum: 29.360 cm³
Leistung: 596 kW/810 PS

Bewaffnung
1 x 90-mm-Bordkanone L/48
1 x 12,7-mm-Fla-MG
1 x 7,62-mm-koaxial-MG
1 x 7,62-mm-Bug-MG

Hersteller
Detroit Tank Arsenal, American Locomotive Company, USA

Bei einer österreichischen Marschübung der Kampfpanzer vom Typ M 47.

die Bezeichnung M 46 A1. Einen überarbeiteten Turm des T 42 setzte man wenig später auf das Fahrgestell des M 46. Der auf diese Weise entstandene Kampfpanzer erhielt die Bezeichnung M 47. Er hatte eine 90-mm-Kanone L/48 M 36 sowie einen recht schwierig zu bedienenden Entfernungsmesser mit Feuerleitrechner.

Der erste M 47 stand im März 1951 zur Erprobung bereit. Aufgrund des Koreakrieges begann bereits im Juni 1951 die Massenproduktion des Fahrzeuges im reaktivierten Detroit Tank Arsenal, ohne dass man das Ergebnis der Erprobung abgewartet

hätte. Bereits im August 1951 wurden die ersten M 47 an die US Army ausgeliefert. Sie wurden dann doch noch einer Erprobung unterzogen. Die Erprobungen der Serienfahrzeuge dauerte bis Juli 1952 und ergab erhebliche Probleme, die erst durch Nachrüstung der Serienfahrzeuge behoben werden konnten. Der M 47 erhielt, wie sein Vorgänger M 46, den Namen „General Patton".

Einsatz in der US Army

Ab Juli 1952 wurden die neuen Panzer vom Typ M 47 mit Hochdruck der Truppe zugeführt, vorrangig den

Einheiten in Europa. Im Herbst 1952 übte die in Deutschland stationierte 2. US-Panzerdivision bereits mit ihren neuen Panzern. Der M 47 kam jedoch im Koreakrieg, für den er ursprünglich entwickelt und gebaut wurde, nicht mehr zum Einsatz. Die in Deutschland stationierten Panzerbataillone der US Army erhielten 1952/53 zum größten Teil Kampfpanzer M 47, einschließlich der Panzerkavallerieregimenter.

Der M 47 gab in der US Army nur ein kurzes Gastspiel. Bereits Ende 1955 begann bei den Panzereinheiten in Deutschland und in den USA die Umrüstung auf den Kampfpanzer M 48 A1 bzw. A2. Vereinzelt wurde der M 47 noch bei Einheiten der National Guard bis ca. 1960 verwendet. Drei Panzerbataillone des Marinecorps setzten den M 47 von 1953 bis 1959 ein.

Einsatz in der Bundeswehr

Bei Aufstellung der Bundeswehr im Jahre 1956 wurden Kampfpanzer M 47 aus amerikanischen Beständen für die aufzubauende Panzertruppe geliefert. Insgesamt erhielt die Bundeswehr 1100 Kampfpanzer vom Typ M 47. Mit dem M 47 wurden in den Anfangsjahren die Panzerbataillone

Das österreichische Bundesheer erhielt ebenfalls Kampfpanzer M 47. Hier zwei Fahrzeuge während einer Übung auf dem Truppenübungsplatz Allensteig.

sowie die Panzerjägereinheiten ausgerüstet.

In der Bundeswehr wurde der M 47 später auf vier Mann Besatzung (Wegfall des Funkers) umgerüstet. Die Kampfbeladung dieser umgerüsteten Fahrzeuge betrug 105 Schuss für die Bordkanone, ein Wert, der von keinem anderen Kampfpanzer neueren Typs erreicht wurde.

Der M 47 konnte wegen seiner geringen Leistungen auf die Dauer nicht den taktischen Bedürfnissen der deutschen Panzertruppe gerecht werden. Es ist jedoch anzumerken, dass dieser Panzer die schnelle Ausbildung, Aufstellung und Weiterentwicklung der Panzertruppe ermöglicht hat.

Der Kampfpanzer M 47 wurde zum Teil bis Ende der 60er-Jahre in der Bundeswehr eingesetzt und durch den M 48 bzw. Leopard 1 ersetzt.

Nutzung in anderen Ländern

Neben der Deutschen Bundeswehr war die französische Panzertruppe einer der Hauptnutzer des M 47. Frankreich erhielt zwischen 1954 und 1956 insgesamt 856 Kampfpanzer M 47 aus den USA. Abgelöst wurde der M 47 durch den AMX 30 in den 60er-Jahren.

Die Panzerbataillone der belgischen Armee waren bis zur Umrüstung auf den Leopard 1 mit 784 M 47 ausgerüstet.

In den 50er-Jahren erhielten Griechenland, Italien und Spanien sowie Österreich ebenfalls M 47. Weitere Nutzer waren später u.a. die Türkei, Südkorea, Pakistan und der Iran. Zum Teil wurden die M 47 in diesen Ländern kampfwertgesteigert, um sie möglichst lange im Truppendienst zu halten. Heute sind nur noch wenige M 47 in kleineren Ländern bei Reserveeinheiten anzutreffen.

Beschreibung

Der Kampfpanzer M 47 verwendete das Einheitsfahrgestell der mittleren Panzerfamilie mit sechs Laufrollen und drei Stützrollen an jeder Seite. Das Antriebsrad befand sich hinten und das Leitrad vorne. Eine Ausgleichsspannrolle war an jeder Seite vor dem Antriebsrad vorhanden. Der M 47 hatte ein automatisches Allison-Getriebe und einen Continental Otto-Motor mit 810 PS Leistung. Das Fahrzeug besaß einen Gussturm mit

oben: M 47 Patton der 2. Panzerdivision während des Manövers „Monte Carlo" 1953.
unten: Ein Kampfpanzer M 47 des 2. Panzeraufklärungsregimentes unterstützt vorangehende Infanteristen während einer Gefechtsübung in Grafenwöhr im Jahre 1952.

einer 90-mm-Kanone, einen E-Messer und eine starke Heckauslage. Der Kampfpanzer M 47 war ein verhältnismäßig kompliziertes Fahrzeug mit einem sehr hohen Betriebsstoffverbrauch. Trotz seiner vorhandenen Schwächen wurde der M 47 in zahlreichen NATO-Staaten eingeführt.

M 47 eines Panzerbataillons der Bundeswehr durchfährt eine verschneite Ortschaft in der Oberpfalz während der NATO-Übung „Wintershield" im Februar 1960.

Kampfpanzer Leopard 1/A1/A2

Deutschland
Entwicklung ab 1957
Serienfertigung ab 1965
Eingesetzt in Deutschland, Belgien, Niederlande,
Norwegen, Italien

Der Kampfpanzer Leopard 1 der Panzertruppenschule in Munster während einer Übung in der Lüneburger Heide. Der Kommandant des vorderen Fahrzeugs beobachtet das Gefechtsfeld.

Erster Kampfpanzer der Bundeswehr

Die ersten Panzerbataillone der Bundeswehr erhielten bei ihrer Aufstellung im Jahre 1956 Kampfpanzer vom Typ M 47 aus amerikanischen Beständen. Dieser Panzer sowie seine Nachfolger, der M 48 A1 bzw. M 48 A2 C, entsprachen jedoch nicht ganz den Vorstellungen der Panzertruppe der Bundeswehr. Insbesondere der hohe Treibstoffverbrauch und der damit verbundene geringe Fahrbereich sowie die mangelhafte Beweglichkeit entsprachen nicht den Anforderungen für einen modernen Kampfpanzer des deutschen Heeres. Bereits im Jahre 1957 begann die Entwicklung eines neuen deutschen Kampfpanzers. Es war die erste deutsche Kampfpanzer-Entwicklung nach dem Zweiten Weltkrieg und es waren zunächst ausschließlich deutsche militärische Forderungen mit recht hohen Ansprüchen maßgebend. Unter der Bezeichnung Standardpanzer sollte ein äußerst bewegliches Kampffahrzeug entstehen, wobei Feuerkraft und Panzerung zwar untergeordnet blieben, jedoch dem neuesten Stand der Technik entsprechen sollten. Die militärischen Forderungen waren weitgehend mit Frankreich abgestimmt worden, da ein gemeinsamer Kampfpanzer entwickelt werden sollte. Gemäß deutscher Gepflogenheiten erfolgte die Vergabe der Entwicklungsaufträge durch das Bundesamt für Wehrtechnik und Beschaffung an zwei Firmengruppen.

Gruppe A bestand aus den Firmen Porsche AG, Atlas-MaK, Luther-Werke und Jung-Jungenthal. Die

Während des NATO-Winter-manövers „Central Guardian" im Januar 1985 in Hessen. Ein Kampfpanzer Leopard A1 A1 der 3. Kompanie des Panzerbataillons 134 mit Wintertarnanstrich auf dem Marsch südlich von Alsfeld.

Autor: P. Blume; Fotos: W. Böhm (3), BMVgliPStab (1), PzTrS (3), T. Janck (1), Zeichnung: M. Meyer

Gruppe B umfasste die Firmen Ruhrstahl, Rheinstahl-Hanomag und Rheinstahl-Henschel. Dazu kamen noch die Turmhersteller Wegmann und Rheinmetall. Bereits im Jahre 1960 begannen beide Firmengruppen mit der Werkserprobung der Prototypen für den neuen Standardpanzer. Die Übergabe der Prototypen zwecks Truppenerprobung an die Bundeswehr erfolgte Anfang 1961. Im Zusammenhang mit den Erprobungen wurden weitere Prototypen gefertigt und es zeichnete sich als Hauptbewaffnung die britische 105-mm-Kanone L 7 ab. Mit dieser Waffe waren die Kampfpanzer Centurion und M 60 ausgestattet, die bereits in den NATO-Streitkräften verwendet wurden. Der Prototyp II A der Firmengruppe A wurde im Jahre 1962 endgültig ausgewählt und das Panzerlehrbataillon 93 in Munster wurde mit der 0-Serie dieses Fahrzeuges ausgerüstet. Es folgten umfangreiche Truppenversuche sowie ein Vergleich mit der französischen Entwicklung AMX 30. Nach Abschluss der Erprobungen und des

In der Zeit von 1972 bis 1974 kam das fünfte Baulos des Leopard 1 zur Auslieferung. Das Fahrzeug mit dem aufgedickten Gussturm erhielt die Bezeichnung Leopard 1 A2.

Vergleichstests entschied sich die Bundeswehr für die Einführung der Entwicklung der Firmengruppe A.

Serienfertigung

Der erste in Serie gefertigte Kampfpanzer Leopard 1 verließ am 9. September 1965 die Taktstraße des Generalunternehmers Krauss-Maffei AG in München. An der Fertigung von Einzelteilen und Baugruppen waren insgesamt 2700 Firmen beteiligt, von denen 450 Firmen unmittelbar an Krauss-Maffei lieferten.

Die ursprüngliche Serienausführung des Leopard 1 wurde in vier Baulosen gefertigt, die sich nur geringfü-

Ein Kampfpanzer Leopard 1 des ersten Bauloses. Von dieser Ausführung wurden von September 1965 bis zum Juli 1966 insgesamt 400 Fahrzeuge gebaut.

Technische Daten:			
Besatzung:	4 Mann	**Leistungsdaten**	
		Max. Geschwindigkeit: 65 km/h	4 Vor- und 2 Rückwärtsgänge
Abmessungen		Steigfähigkeit: 60 %	Hubraum: 37.400 cm³
Länge:	6,94 m	Kletterfähigkeit: 1,15 m	Leistung: 610 kW/7830 PS
Breite:	3,37 m	Überschreitfähigkeit: 3,00 m	Kraftstoffvorrat: 985 l
Höhe:	2,62 m	Wattiefe: 1,20 m	Verbrauch: 165 l/100 km
Bodenfreiheit:	0,45 m	Tiefwaten	

Abmessungen
Länge: 6,94 m
Breite: 3,37 m
Höhe: 2,62 m
Bodenfreiheit: 0,45 m

Gewichte
Gefechtsgewicht: 42,4 t
Leistungsgewicht: 19 PS/t
Spez. Bodendruck: 0,80 kg/cm²

Leistungsdaten
Max. Geschwindigkeit: 65 km/h
Steigfähigkeit: 60 %
Kletterfähigkeit: 1,15 m
Überschreitfähigkeit: 3,00 m
Wattiefe: 1,20 m
Tiefwaten
(mit Vorbereitung): 2,25 m
Unterwasserfahren: 4,00 m
Fahrbereich: 600 km

Motordaten
MTU MB 838 Ca M 500
10-Zylinder-Mehrstoffmotor

4 Vor- und 2 Rückwärtsgänge
Hubraum: 37.400 cm³
Leistung: 610 kW/7830 PS
Kraftstoffvorrat: 985 l
Verbrauch: 165 l/100 km

Bewaffnung
105-mm-Bordkanone L 7 A3
MG 7,62 mm, koaxial
Fla-MG 7,62 mm

Hersteller
Krauss-Maffei AG, München, Deutschland

oben: Ein Kampfpanzer Leopard 1 A1 A2 mit Infrarot-/Weißlichtschießscheinwerfer und dem passiven, nach dem Restlichtverstärkerprinzip arbeitenden Ziel- und Beobachtungsgerät „PzB 200".

unten: Gefechtspause während der Übung „Heidesturm 91" der PzGrenBrig 35 auf dem Truppenübungsplatz Bergen-Hohne. Kampfpanzer Leopard 1 A1 A2 des Panzeraufklärungsbataillons 12.

gig voneinander unterschieden. Insgesamt wurden zunächst 1845 Panzer gefertigt. Später wurden diese ersten vier Baulose ab dem Jahre 1972 durch eine Nachrüstung auf den neuesten technischen Stand gebracht. Die Fahrzeuge erhielten eine Waffenstabilisierungsanlage,

Weitere Nachrüstungen

In den Jahren 1975 bis 1977 erhielten die Kampfpanzer Leopard 1 A1 eine Zusatzpanzerung am Turm, da die Fahrzeuge von Anfang an eine verhältnismäßig schwache Panzerung

ten die Typenbezeichnung Leopard 1 A1 A1. Ein Teil dieser Fahrzeuge wurde ab dem Jahre 1985 mit dem passiven und nach dem Restlichtverstärkerprinzip arbeitenden Ziel- und Beobachtungsgerät PZB 200 nachgerüstet. Diese Panzer trugen die Typenbezeichnung Leopard 1 A1 A2.

Fünftes Baulos

Im Rahmen des fünften Bauloses wurden zwischen den Jahren 1972 und 1974 insgesamt 232 Kampfpanzer Leopard mit einem aufgedickten Stahlgussturm ausgeliefert. Weitere Verbesserungen betrafen eine andere Verbrennungsluftfilteranlage, eine verbesserte ABC-Schutzanlage sowie ein Bildverstärker-Fahrernachtsichtgerät für Fahrer und Kommandanten. Diese Fahrzeuge, die sich äußerlich nur durch die ovalen Abdeckplatten an den Endköpfen des Entfernungsmessers vom Leopard 1 unterschieden, wurden als Leopard 1 A2 bezeichnet. Der A2 wurde nicht mit einer Turmzusatzpanzerung nachgerüstet.

Besondere Merkmale

Der Kampfpanzer Leopard 1 ist ein Fahrzeug mit sieben Laufrollen je Seite an drehstabgefederten Schwingarmen. Das Laufwerk verfügt über vier Stützrollen. Die Motorabdeckung ist hochgezogen. Rechts und links an der hinteren Wannenseite befinden sich Auspuff-

die ein Schießen aus der Fahrt erlaubt, eine Wärmeschutzhülle für die 105-mm-Bordkanone und seitliche Kettenschürzen. Darüber hinaus wurden die Fahrzeuge mit einer Tiefwatausrüstung und Bildverstärkergeräten (BIV-Nachtsichtgeräte) statt der ursprünglich eingebauten IR-Nachtsichtgeräte ausgestattet. Mit diesen moderneren Nachtsichtgeräten wurden der Fahrer- und der Kommandantenplatz nachgerüstet. Die auf diese Art und Weise nachgerüsteten Panzer der ersten vier Baulose erhielten die Typenbezeichnung Leopard 1 A1.

hatten. Bei der nachträglich angebrachten Zusatzpanzerung handelte es sich um mit geringem Abstand elastisch am Gussturm montierte gummibeschichtete Stahl-Zusatzplatten. Dadurch wurde der Panzerschutz erheblich verbessert. Durch die Zusatzpanzerung erhöhte sich jedoch das Gefechtsgewicht von 41,5 auf 42,4 Tonnen. Die mit der Zusatzpanzerung versehenen Fahrzeuge erhiel-

grätings. Der Turm ist flach und hat eine Heckauslage, an der sich Staukörbe befinden. Zur Entfernungsmessung kann der Richtschütze einen Misch-/Raumbild-Entfernungsmesser einsetzen. Der Kommandant verfügt über ein Rundblickzielfernrohr. Eine Kommandantenkuppel ist nicht vorhanden. Ein Fla-MG-Drehring ist auf der Luke des Kommandanten und des Ladeschützen angebracht. Bewaffnet ist der Leopard 1 mit einer langen 105-mm-Bordkanone mit Rauchabsauger ohne Mündungsbremse in einer Schildblende. Das Fahrzeug ist tiefwatfähig. Der Leopard 1 verfügte zunächst über Infrarot-Fahr- und Zielein-

oben: Der Leopard 1 erhielt einen Infrarot-/Weißlichtschießscheinwerfer auf der Turmblende. Das Fahrzeug war mit einer 105-mm-Bordkanone bewaffnet.
unten: Ein Leopard 1 des dritten Bauloses eines Panzerbataillons der 5. Panzerdivision im Juni 1969 in der Nähe des Nürburgringes in der Eifel.

richtungen, bis er später mit Bildverstärker-Nachtsichtgeräten nachgerüstet wurde. Angetrieben wird der Kampfpanzer von einem Mehrstoffmotor mit 830 PS Leistung, der ihm eine hohe Beschleunigung verleiht. Der komplette

Antriebsblock kann in etwa 15 bis 20 Minuten ausgebaut werden. Der Kampfpanzer Leopard 1 ist eine zuverlässige und dauerhafte Konstruktion, die zum Teil bis heute, nach weiteren Kampfwertsteigerungsmaßnahmen, in vielen Ländern verwendet wird.

Kampfpanzer AMX 30

Frankreich
Entwicklung von 1957 bis 1963

Eingesetzt in Chile, Vereinigte Arabische Emirate, Frankreich, Katar, Griechenland, Spanien, Saudi-Arabien, Venezuela, Zypern

Kampfpanzer AMX 30 mit 105-mm-Bordkanone während der Herbstübung „Goldener Löwe" der deutschen 5. Panzerdivision.

Ablösung des M 47 in der französischen Armee

Der französische Kampfpanzer AMX 30 wurde ab 1957 aufgrund gemeinsamer militärischer Forderungen mit Deutschland und Italien durch Atelier de Constructions d`Issy-les-Moulineaux in Satory entwickelt. Anfang 1963 begann der Truppenversuch in der französischen Armee. Die Serienfertigung des AMX 30 lief 1967 an. Mit dem Fahrzeug löste die französische Armee ihre bislang in den Panzerregimentern verwendeten US-Kampfpanzer M 47 ab.

Ab April 1969 wurde die Serienfertigung des AMX 30 auf zehn Stück pro Monat gedrosselt. Durch diese Maßnahme erhöhten sich die Kosten des AMX 30 auf 1,3 Millionen DM pro Stück (zum Vergleich: Leopard 1 mit 950.000 DM).

Bis 1973 waren 845 Kampfpanzer AMX 30 gefertigt. Der Gesamtauftrag für die französische Armee belief sich auf zunächst insgesamt 975 Fahrzeuge zur Ausrüstung von 15 Panzerregimentern einschließlich der Umlaufreserve. Im Verlauf des Truppendienstes wurde ein Teil der AMX 30 kampfwertgesteigert zur Version AMX 30 B2. Am 14. Januar 1982 übergab die Industrie die ersten kampfwertgesteigerten AMX 30 B2 an das Panzerregiment 503 in Mourmelon. Die 3. Kompanie dieses zur 10. Panzerdivision gehörenden Regiments war mit dem Truppenversuch des AMX 30 B2 beauftragt. Bis 1986 erhielt die französische Armee 272 neu gefertigte Kampfpanzer AMX 30 B2. 750 Fahrzeuge des Typs AMX 30 von insgesamt 1172 Panzern wurden im Zuge einer Hauptinstandsetzung durch Einbau eines halb-

automatischen Getriebes, der automatischen Feuerleitung COTAC sowie diverser anderer Maßnahmen

AMX 30 der Panzerkompanie des 19. Groupement de Chasseurs aus Villingen überquert auf einer Pionierbrücke ein Gewässer während der Gefechtsübung „NEY´95" im Mai 1995.

Autor: P. Blume; Fotos: P. Blume (6), Zeichnung: M.Meyer

zur Version B2 umgerüstet. Alle aktiven Panzerregimenter der französischen Armee erhielten je 52 Kampfpanzer AMX 30 B2. Die nicht zur Version B2 kampfwertgesteigerten Kampfpanzer AMX 30 wurden hauptsächlich in den Panzerkompanien der mechanisierten Infanterieregimenter verwendet. Die AMX-30-Baureihe stellt auch heute noch das Rückgrat der französischen Panzertruppe dar. Sie wird bis zu ihrer inzwischen angelaufenen Ablösung durch den modernen Kampfpanzer Leclerc in Dienst bleiben.

Für den Wüsteneinsatz ist eine optimierte Version mit der Bezeichnung AMX 30 S im Truppendienst. Das Fahrzeug ist mit einem gegen Überhitzung gedrosselten Motor versehen, besitzt seitliche Schürzen und der Kommandant verfügt über einen Laser-Entfernungsmesser. Eine Weiterentwicklung ist der Kampfpanzer

Schräge Heckansicht eines AMX 30 B2 der 5. Panzerdivision.

AMX 32, der eine 120-mm-Bordkanone besitzt. Dieser Panzer ist jedoch nicht in der französischen Armee eingeführt worden. Eine Exportversion des AMX 32 erhielt eine 105-mm-Bordkanone. Vom Kampfpanzer AMX 30 wurden insgesamt 2474 Fahrzeuge gefertigt, die in neun verschiedenen Ländern im Einsatz sind. Innerhalb der NATO verfügten nur

Standard-Kampfpanzer der französischen Armee – AMX 30 B2.

Technische Daten:		
Besatzung:	4 Mann	
Abmessungen		
Länge:	9,48 m	
Breite:	3,10 m	
Höhe:	2,85 m	
Wattiefe:	1,30 m	
Bodenfreiheit:	0,44 m	
Gewichte		
Gefechtsgewicht:	37,0 t	
Leistungsgewicht:	19,5 PS/t	
Bodendruck:	0,77 kg/cm²	

Leistungsdaten
Max. Geschwindigkeit   65 km/h
Überschreitfähigkeit: 2,90 m
Steigfähigkeit: 60 %
Fahrbereich (Straße):   520 km

Motordaten
Hispano Suiza HS 110-2, 28,8 l,
12-Zylinder-Vielstoffdieselmotor
5 Vorwärts-, 5 Rückwärtsgänge
Leistung: 495 kW/700 PS
Kraftstoffvorrat: 900 l
Kraftstoffverbrauch: 173 l

Bewaffnung
105-mm-BK

20-mm-MK
12,7-mm- oder 7,62-mm-FlaMG
2 x 4 Nebelwurfbecher

Munition
56 Schuss 105 mm
480 Schuss 20 mm

Feuerleitanlage
Laser-Entfernungsmesser MD-YAG APX M 550
Bordcomputer COTAC GIAT

Hersteller
ARE, Roanne
Frankreich

Kampfpanzer AMX 30 B2 sichert an einem Waldrand während einer Gefechtsübung in Münsingen.

die Armeen Spaniens und Griechenlands über AMX 30.

Technische Merkmale

Der Kampfpanzer AMX 30 besitzt ein Fahrwerk mit fünf Laufrollen mit einem gleichmäßigen Abstand zueinander und fünf Stützrollen. Das Leitrad (gleichzeitig auch Spannrad) befindet sich vorne, das Antriebsrad hinten.

Der Kampfpanzer weist ein flaches, panzerkastenförmiges Oberteil auf und besitzt einen sehr langen, nach hinten abgerundeten Turm mit einer hohen Kommandantenkuppel. Der Scheinwerferkasten ist hinten am Turmheck angebracht. Die 105-mm-Bordkanone ist mehrfach abgesetzt

Das Fahrgestell des AMX 30 dient auch zur Bildung einer Reihe von Kampfunterstützungsfahrzeugen mit Berge-, Brückenlege-, Pionier-, Flugabwehr- und Artillerie-Panzerfahrzeugen. Der AMX 30 besitzt mit seiner 105-mm-Zugrohr-Bordkanone, seinem Entfernungsmesser, seiner Feuerleiteinrichtung und seiner Nachtkampffähigkeit eine hohe Feuerkraft. Seine Beweglichkeit ist im Vergleich zum deutschen Kampfpanzer Leopard 1 nur als durchschnittlich zu bewerten. Kampfpanzer der Typen AMX 30 S und B2 waren bei den Truppen Frankreichs, Saudi-Arabiens und Katars im Golfkrieg im Einsatz und bewiesen dort ihre Kampfkraft gegen irakische Panzerfahrzeuge.

11. Regiment de Chasseurs, war noch mit AMX 30, der älteren Version, ausgerüstet.

Die mit dem Kampfpanzer AMX 30 B" ausgestatteten Panzerregimenter gliederten sich wie folgt:
Stab, Stabs-/Versorgungskompanie, drei Panzerkompanien mit je vier Zügen zu vier AMX 30 B2; Kompanieführungsgruppe je ein AMX 30 B2 sowie ein AMX 10 P FüFu.

Das Panzerregiment verfügte über insgesamt 52 Kampfpanzer und zwölf Schützenpanzer. Weitere zehn gepanzerte Radfahrzeuge vom Tp VAB wurden als Kommando-, Instandsetzungs- sowie Sanitätsfahrzeuge eingesetzt.

Die französischen Panzerregimenter werden der-

und mit einer Schildblende ummantelt. Ein weiterer Scheinwerfer kann vor der Blende aufgesetzt werden. Am Turm vorne links ist ein breiter Entfernungsmesser montiert.

Die Front des AMX 30 ist als übergreifender Panzerkasten mit schrägen Seitenwänden über der Kettenabdeckung ausgelegt. Die Fahrerluke befindet sich links. Die hohe Kommandantenkuppel ist in Fahrtrichtung gesehen rechts und mit zahlreichen Sichtblöcken versehen. Das Fla-MG ist seitlich aufgesetzt.

Der AMX 30 in der französischen Armee

Der Kampfpanzer AMX 30 wurde hauptsächlich in den Panzerregimentern der französischen Panzerdivisionen eingesetzt. Die Panzerdivisionen der französischen Armee verfügten zur Zeit des „Kalten Krieges" über zwei bis drei Panzerregimenter.

Das Panzerregiment der französischen Streitkräfte in Berlin, das

AMX 30 B2 der 1. Panzerdivision der französischen Armee im Dreifarb-Tarnanstrich während der Übung „Ney`95" in Burgund.

zeit auf den modernen Kampfpanzer Leclerc umgerüstet und erhalten, wie die gesamte französische Armee, eine neue Gliederungsform.

Da die Umrüstung vom AMX 30 B2 auf den modernen Nachfolger Leclerc nur langsam vorangeht, wurden die AMX 30 B2 von vier Panzerregimentern mit der GIAT G 2 explosiven Reaktivpanzerung versehen. Dadurch wird der Schutz der Fahrzeuge erheblich verbessert, da die normale Panzerung des AMX 30 B2

nicht mehr ausreichend ist. Folgende Panzerregimenter waren 1987 mit AMX 30 B2 ausgerüstet.

1. Panzerdivision Trier
    1. Cuirassiers
    6. Dragons

2. Panzerdivision Versailles
    6. Cuirassiers
    501. Panzerregiment
    2. Dragons

3. Panzerdivision Freiburg
    3. Cuirassiers
    12. Cuirassiers

5. Panzerdivision Landau
    2. Cuirassiers
    4. Cuirassiers
    5. Cuirassiers

7. Panzerdivision Besançon
    1. Dragons
    5. Dragons
    3. Chasseurs

10. Panzerdivision Chalons-sur-Marne
    2. Chasseurs
    4. Dragons
    503. Panzerregiment

12. Leichte Panzerdivision Saumur
    507. Panzerregiment

14. Leichte Panzerdivision
    Montpellier
    11. Cuirassiers

Kampfpanzer AMX 30 1966 bis heute

Der Kampfpanzer AMX 30 war das Ergebnis einer gemeinschaftlichen Entwicklung zwischen Frankreich, Westdeutschland und Italien. Auf Grund unterschiedlicher Interessen und taktischer Auffassungen kam es jedoch nicht zur gemeinsamen Einführung des Fahrzeuges.

Der AMX 30 ist ein schnelles und verhältnismäßig leichtes Panzerfahrzeug. Er besitzt als Hauptwaffe eine gezogene 105-mm-Bordkanone der Firma GIAT. Die Bordkanone kann verschiedene Munitionsarten verschießen und zwar französische wie auch die NATO-Munition M 68/L 7. Als Sekundärbewaffnung ist eine koaxiale 20-mm-Maschinenkanone vorhanden.

Die Feuerleitanlage hat unter anderem einen Mischbild-Entfernungsmesser für den Richtschützen. Für den Nachtkampf ist ein IR-/Weißlicht-Schießscheinwerfer links neben der Bordkanone vorhanden. Der Kommandant, der Richtschütze und der Fahrer haben IR-Nachtsichtgeräte zur Verfügung. Der AMX 30 verfügt serienmäßig über eine ABC-Schutzbelüftungsanlage.

Für den Einsatz in Wüstenregionen steht eine besondere Version mit der Bezeichnung AMX 30 S zur Verfügung. Der AMX 30 S hat einen gedrosselten Motor, um ihn gegen Überhitzung zu schützen. Äußeres Merkmal sind seitliche Panzerschürzen. Der Kommandant hat einen Laser-Entfernungsmesser.

Mit dem AMX 30 löste die französische Armee die bisher verwendeten amerikanischen Kampfpanzer vom Typ M 47 ab. Der Gesamtauftrag für die französische Armee belief sich auf 975 Fahrzeuge zur Ausrüstung von 15 Panzerregimentern.

Im Laufe seines Truppendienstes wurde der AMX 30 kampfwertgesteigert. Mit der kampfwertgesteigerten Version (AMX 30 B 2) sind heute noch einige französische Panzerregimenter ausgestattet.

Die Konstrukteure des AMX 30 legten großen Wert auf die Beweglichkeit und beauftragten die Firma Hispano-Suiza mit dem Bau des kompakten Hochleistungsmotors. Er ist in der Lage, verschiedene Treibstoffarten zu verarbeiten.

Der erste französische Standard-Panzer, der AMX 30, war durch herkömmliche, panzerbrechende Langstreckengeschosse verwundbar.

Der AMX 30 erwies sich außerhalb Europas als sehr erfolgreich. Er wurde ins Ausland besonders häufig in seiner Wüstenausführung verkauft. Der AMX 30 war verhältnismäßig günstig in Wartung und Betrieb.

Technische Daten
Kampfpanzer AMX 30, 1966 bis heute

Besatzung :	4 Mann
Länge der Wanne (ohne Rohr):	6,59 m
Länge (Kanone nach vorne):	9,48 m
Breite:	3,10 m
Gesamthöhe:	2,85 m
Gefechtsgewicht:	37,0 t
Spez. Bodendruck:	0,77 kg/cm²
Watfähigkeit:	1,30 m/4,00 m mit Zusatzausstattung
Seitenneigung:	31°
Max. Überschreitfähigkeit:	2,90 m
Max. Kletterfähigkeit:	0,93 m (bei vertikalen Hindernissen)
Fahrwerksaufhängung:	Drehstäbe
Motor:	Entwicklung bei Hispano-Suiza
	Serienbau Saviem HS-110-2
	12-Zylinder-Vielstoffdieselmotor
Hubraum:	28.800 cm³
Leistung:	700 PS/495 kW bei 2400 U/min.
Leistungsgewicht:	19,5 PS/t
Kraftstoffvorrat:	900 l
Fahrbereich Straße:	520 km
Fahrbereich Gelände:	ca. 400 km
Höchstgeschwindigkeit:	65 km/h
Hauptbewaffnung:	105-mm-Bordkanone L/51 CN-105
Sekundärbewaffnung:	20-mm-MK, 12,7-mm- od. 7,62-mm-FlaMG
Zusatzbewaffnung:	2 x 4 Nebelwurfbecher
Panzerungstyp:	Homogene, geschweißte Gußpanzerung
Minimale Stärke:	20 mm
Maximale Stärke:	80 mm
Munition:	Hauptbewaffnung: 50 Schuß
	Sekundärbewaffnung: 600 Schuß
	Zusatzbewaffnung: 1200 Schuß

Kampfpanzer M 60 Patton

USA
Entwicklung ab 1958
Serienfertigung ab 1959

Eingesetzt in den USA

Der Turm des KPz M 60 entsprach der Form des Schildkrötenpanzers wie beim KPz M 48. Der äußere Unterschied zwischen M 60 und M 48 ist die gerade vordere Bugkante der Wanne.

Weiterentwickelter KPz M 48

Mitte der 50er-Jahre hatte die US Army ihre vielen Probleme mit dem Kampfpanzer M 48 weitgehend in den Griff bekommen. In dieser Zeit gab der britische Geheimdienst zuverlässige Informationen über einen neuen sowjetischen Kampfpanzer mit der Bezeichnung T 54 an das Pentagon weiter. Die Geheimdienstinformationen besagten, dass der neue sowjetische Kampfpanzer stärker gepanzert und als Hauptwaffe mit einer 100-mm-Bordkanone ausgerüstet wäre, dagegen verfügte der KPz M 48 nur über eine 90-mm-Bordkanone.

Daraufhin begannen bei der US Army Aktivitäten zur Kampfwertsteigerung am KPz M 48. Besonders in Bezug auf die Stärke der Panzerung

des neuen T 54 wurde eine Erhöhung der Feuerkraft beim KPz M 48 gefordert. Die Briten arbeiteten an einer neuen Waffenanlage mit Kaliber 105 Millimeter zum Einbau in ihre KPz Centurion. Die US Army testete die neue britische Bordkanone (BK) in ihrem neuen Experimentalpanzer T 95 mit beeindruckenden Ergebnissen. Nach Abschluss einer eingehenden Testphase entschloss man sich, die britische 105-mm-BK unter der Bezeichnung M 68 in den Turm des KPz M 48 A2 einzubauen. Ein weiteres Hauptproblem des KPz M 48 war sein Benzinmotor mit hohem Verbrauch und dadurch geringem Operationsradius. Diesel war umweltfreundlicher, zeigte eine niedrigere Brandgefahr und war unter leichteren Bedingungen für die Logistik zu transportieren. Auch ging bei den NATO-Verbünde-

ten der Trend hin zum Einsatz der wirtschaftlicheren Dieselmotoren. Deshalb sollten sowohl der neue Dieselmotor, 750 PS Continental AVDS-

Ein ausgefallener KPz M 60 mit „ausgefallenen" Turmmarkierungen. Die zweistellige rote Turmziffer mit weißer Umrandung geht auf deutsche Panzereinheiten zurück. Aus Tarnungsgründen wurde Ende der 60er-Jahre der weiße Stern schwarz übermalt.

Autor: W. Böhm; Fotos: H. Stenzel (6), Stars and Stripes (2); Zeichnung: M. Meyer

1790-2A, luftgekühlt, V12, als auch die neue britische 105-mm-BK in den neuen Panzer eingebaut werden.

Kampfmaschine aus Detroit

Im September 1958 erhielt die Chrysler Corporation den Entwicklungsauftrag für den neuen Panzer, der in den USA die Nachfolge des KPz M 48 antreten sollte. Es wurden daraufhin vier Pilotfahrzeuge/Prototypen gebaut. Neben der neuen Hauptwaffe war eine weitere Neuerung der Einbau einer größeren Kommandantenkuppel M 19 anstelle der alten M 1. Die neue M-19-Kommandantenkuppel war größer und konnte ein Standard-MG M 2, 12,7 Millimeter, oder das kürzere M 85 tragen. Ein weiterer Hauptunterschied zwischen den KPz M 48 und dem neuen XM-60-Panzer (X steht für Experimental) war die Wanne. Beim Prototyp XM 60 war die Wanne jetzt keilförmig anstatt eines elliptischen Bugs wie beim KPz M 48. Die XM-60-Wanne konnte aus mehreren Teilen zusammengeschweißt oder aus einem Stück gegossen werden. Das Fahrwerk war das Gleiche wie beim KPz M 48, nur waren beim XM 60 die

oben: Diese Kampfpanzer M 60 gehören zum 4th Bn 64th Armour Rgt. der 3rd US Infantry Div. Die Fahrzeuge führen die taktischen Zeichen der Bravo-Kompanie am Turm, wie sie heute von den britischen Panzerregimentern Verwendung finden.
unten: Um Gewicht zu sparen, fanden beim M60-Panzerbau weitgehend Aluminiumlegierungen Verwendung. Die Aluminiumlaufrollen des M 60 sind an den Speichen zu erkennen.

Der KPz M 60 wurde als Antwort auf den sowjetischen KPz T 54 Anfang der 60er-Jahre eingeführt. Interessant sind die taktischen Markierungen der 7th US Army und die Halterung für ein zusätzliches MG an der Kommandantenkuppel.

Technische Daten:

Besatzung: 4 Mann

Abmessungen
Länge:	9,30 m
Breite:	3,63 m
Höhe:	3,21 m
Bodenfreiheit:	0,46 m

Gewichte
Gefechtsgewicht:	49,7 t
Spez. Bodendruck:	0,8 kg/cm²
Leistungsgewicht:	15,08 PS/t

Leistungsdaten
Max. Geschwindigkeit:	48 km/h
Überschreitfähigkeit:	2,60 m
Kletterfähigkeit:	0,91 m

Wattiefe:	1,20 m
Fahrbereich:	500 km

Motordaten
Continental AVDS-1750-2A,
12-Zylinder-Dieselmotor
2 Vorwärtsgänge
1 Rückwärtsgang
Hubraum:	29.340 cm³
Leistung:	552 kW/750 PS
Kraftstoffvorrat:	1420 l
Verbrauch:	250 l/100 km

Bewaffnung
1 x 105-mm-BK M 68 L 7
1 x Fla-MG 12,7 mm
1 x MG 7,62 mm, koaxial

Elektrik
Feuerleitanlage
Mischbildentfernungsmesser
Infrarot-Nachtkampfeinrichtung
mit Xenon-Weißlicht/IR-Schießscheinwerfer AN/VSS-1

Hersteller
Chrysler Corporation Detroit
Tank Plant, Detroit,
USA

Dieser Kampfpanzer M 60 der 1st US Infantry Div., 1st Bn 63th Armour Rgt., ist mit einer M9-Räumschaufel ausgerüstet, mir deren Hilfe sich eine Panzerkompanie eingraben konnte.

Laufrollen aus geschmiedetem Aluminium gefertigt. Die hydraulischen Stoßdämpfer fielen weg. Um die Federwege der vorderen und hinteren Laufrollen zu begrenzen, kamen einfach Puffer zum Einsatz. Der so hergestellte und auch mit anderen Baugruppen versehene Panzer wurde am 16. März 1959 als Kampfpanzer Vollkette, M 60 Patton mit 105-mm-Bordkanone standardisiert. Damit wurden auch die Verdienste des berühmten amerikanischen Panzergenerals Patton geehrt. Die Bezeichnung „mittlerer" entfiel zugunsten der Bezeichnung Kampfpanzer (Main Battle Tank), da der M 60 sowohl den bisherigen mittleren Panzer M 48 A2 als auch den schweren Panzer M 103 ersetzen sollte. Die Firma Chrysler erhielt noch im Juni 1959 den Auftrag zu einer ersten Produktion von 180 KPz M 60.

In Fortführung des M48-A2-Programms begann die Serienfertigung im Oktober 1959 im Panzerwerk Newark, Delaware. Nach ausgedehnten Erprobungen erging ein Anschlussauftrag über weitere 720 KPz M 60. Diese wurden im Chrysler Detroit Tank Plant Arsenal hergestellt. Hier lief die Produktion 1987 mit dem KPz M 60 A3 aus.

Einführung

Im Herbst 1960 wurde der KPz M 60 offiziell in die US Army eingeführt. Die ersten Serienpanzer wurden direkt aus den Produktionshallen nach Deutschland verschifft, um ein

Gegengewicht zu der ebenfalls neuen russischen Kampfpanzergeneration T 54 der Warschauer-Pakt-Armeen zu schaffen. Insgesamt 2205 KPz M 60 wurden bis 1962 hergestellt. Eine der ersten Einheiten in Deutschland war das 2nd Bn, 33rd Armoured Regiment in Gelnhausen, die mit dem neuen KPz M 60 ausgerüstet wurden und im Oktober 1963 damit zum ersten Mal an der Großübung Big Lift als Aggressor Force (Feinddarstellung) teilnahmen.

Höhere Zuverlässigkeit

Die Zuverlässigkeit des KPz M 60 gegenüber dem KPz M 48 war erheblich höher. Die so genannte mittlere Ausfallzeit (MTBE) von 30 Stunden oder 960 Kilometern war besser als bei den damals eingesetzten NATO-Panzern. Der M 60 war leicht instand zu halten. Das Panzerbataillon führte die meisten Reparaturen und alle Wartungen mit einem Minimum an Sonderwerkzeugen und Messgeräten selbst durch. Das Triebwerk des KPz M 60 konnte unter feldmäßigen Bedingungen in weniger als vier Stunden gewechselt werden. Auch die Feuerkraft wurde erheblich gesteigert durch die Einführung der

105-mm-Kanone M 68 mit Treibkäfigmunition (APDS), die die Hohlladungsmunition (HEAT) als Panzer brechende Munition ergänzte. Der Munitionsvorrat beim KPz M 60 betrug 57 Schuss 105-mm-Munition. Die 105-mm-BK L7 M 68 hatte keine Mündungsbremse mehr, stattdessen einen exzentrischen Rauchabsauger.

Verbesserte Feuerleitanlage und Leichtbauweise

Die Feuerleitanlage erhielt auch eine Anzahl von Verbesserungen. Die wichtigste Neuerung war der Mischbildentfernungsmesser M 17C mit einem Messbereich von 500 bis 4400 Metern und einer Genauigkeit von +/– 25 Metern bei 2000 Meter. Abgesehen von der Umstellung auf metrisches System und neuen Winkelspiegeln blieben die restlichen Feuerleitgeräte denen des M 48 A2 und M 48 A2C ähnlich. Die Verminderung des Gewichts des Panzers bei gleich bleibendem Schutz wurde durch die weitgehende Verwendung von Aluminiumlegierungen für viele Laufwerksteile und Einrichtungen wie Munitionshalterungen, Turmbühne und Kraftstoffbehälter erreicht.

M48-Gussturm mit neuem Innenleben

Der Turm entsprach dem Gussturm des KPz M 48, bis auf

einige kleinere Änderungen. Die Turmseite hatte einen deutlichen Wulst, um die größere Kommandantenkuppel M 19 aufzunehmen. Auch stellte sich heraus, dass der keilförmige Wannenbug eine bessere schussabweisende Form hatte und größere Sicherheit gegen Beschuss mit der Panzer brechenden APHE-Munition des sowjetischen T54/55 auf normale Kampfentfernung bot. Unter den vielen Verbesserungen befanden sich jetzt verstärkte Schutzbügel über den Fahrscheinwerfern und der nach rechts gelegte Auspuff der Kampfraumheizung.

Die Staukästen nahmen jetzt die volle Breite der

oben: Mittels Mobile Assault Bridge (MAB) überwinden KPz M 60 der 3rd US Armoured Div. den Main bei Hanau.

unten: Die Panzerbataillone des V. und VII. US Corps in Deutschland erhielten als Erste den neuen KPz M 60 ausgeliefert. Eine M60-Panzerkolonne entfaltet sich Anfang der 60er-Jahre zwischen Frauental und Uffenheim zum Angriff.

Kettenabdeckung ein. An der Bugplatte oben rechts befan den sich die Handgriffe der Feuerlöschanlage.

Der M 60 war mit der Infrarot-Nachtkampfeinrichtung, inklusive des Xenon-Weißlicht/IR-Schießscheinwerfers AN/ VSS-1,60 Zentimeter, von General Electric Company ausgerüstet.

Über den Zentralfilter der ABC-Schutzanlage wurde jede Schutzmaske der Panzerbesatzung mit gefilterter Luft versorgt.

Bereits 1961 erschien die erste kampfwertgesteigerte Nachfolgeversion des M 60 in Form des KPz M 60 A1.

Kampfpanzer FV 4201 Chieftain

Großbritannien
Entwicklung ab 1958
Serienfertigung ab 1967
Eingesetzt in Großbritannien, Iran, Jordanien,
Kuweit, Oman

Kampfpanzer Chieftain eines Panzerregiments der britischen Rheinarmee während einer Herbstübung im Jahre 1985.

Viele Jahre Standard-Kampfpanzer

Der Kampfpanzer Chieftain war über viele Jahre der Standard-Kampfpanzer der britischen Armee, bis er ab der zweiten Hälfte der achtziger Jahre nach und nach durch den neuen Kampfpanzer Challenger ersetzt wurde.

1992 waren nur noch zwei Regimenter der britischen Rheinarmee in Deutschland mit Chieftain ausgerüstet. Es handelte sich um das 1st und 4th Royal Tank Regiment in Osnabrück und Hildesheim. Das damals in England stationierte Panzerregiment 17th/21st Lancers fuhr bis Ende 1993 ebenfalls noch den Kampfpanzer Chieftain. 1994 befanden sich keine Kampfpanzer Chieftain mehr im Bestand der britischen Armee.

Entwicklung

Ende der fünfziger Jahre plante die britische Armee einen Kampfpanzer, der die veralteten Centurion und Conqueror ersetzen sollte. Ab 1961 begann die Erprobung des Fahrzeuges, das den Namen Chieftain erhielt. Die Serienfertigung lief 1967 an. Bis 1970 wurden 770 Fahrzeuge der Versionen MK 1 bis 4 bei Royal Ordnance Factory, Leeds und Vickers Ltd. gefertigt. 1971 folgten noch 30 Fahrzeuge des Typs Chieftain MK 3/3. Ab 1972 erhielt der Iran insgesamt 700 Chieftain aus britischer Produktion.

Weitere Nutzerstaaten waren Jordanien, Kuwait und Oman. Der Irak erbeutete während des Krieges zwischen Iran und Irak über 200 Chieftain des Iran, die er in seine Armee

Turmansicht eines Chieftain MK 11. Gut zu erkennen sind die Zusatzpanzerung, die Antennenanlage sowie die Staukästen und die Nebelwurfanlage.
In den siebziger Jahren war der Chieftain der typische schwere Kampfpanzer der britischen Rheinarmee in Deutschland.

Autor: P. Blume; Fotos: P. Blume (7)

einreihte. Kuwait setzte seine Kampfpanzer Chieftain im Golfkrieg gegen den Irak ein, so wurden zum Beispiel irakische T 72 erfolgreich bekämpft.

Zu den Unterstützungsfahrzeugen auf Basis des Chieftain gehörten ein Bergepanzer, ein Brückenpanzer sowie ein Pionierpanzer.

Technische Beschreibung

Der Chieftain war mit einer 120-mm-Bordkanone ausgerüstet und besaß wegen der hohen Leistung des APDS-Geschosses eine hohe Feuerkraft. Die Waffenanlage war stabilisiert. Ab der Version MK 5 wurde ein Laser-Entfernungsmesser eingebaut, durch den die Feuergeschwindigkeit erheblich gesteigert werden konnte. Ein großes Problem des Chieftain war seine unterdurchschnittliche

Der Chieftain verfügte über eine 120-mm-Bordkanone.

Beweglichkeit, da das Fahrzeug mit 720 PS nicht ausreichend motorisiert war. Das Leistungsgewicht wurde zwar durch den Einbau eines stärkeren Motors (750 PS) auf 15 PS/t gesteigert, trotzdem blieb der Chief-

Kampfpanzer Chieftain mit Stillbrew-Zusatzpanzerung am Turm.

Technische Daten:		Leistungsdaten		Kraftstoffvorrat:	950 l
		Max. Geschwindigkeit:	48 km/h	Verbrauch:	180 l/100 km
Besatzung:	4 Mann	Max. Geschwindigkeit			
		rückwärts:	7 km/h	**Bewaffnung**	
		Fahrbereich:	400 km	120-mm-Bordkanone	
Abmessungen		Steigfähigkeit:	60 %	1 MG, 7,62 mm, koaxial	
Länge (ohne Rohr):	7,52 m	Querneigung:	40 %	1 MG, 7,62 mm zur Flugabwehr	
Breite:	3,66 m	Überschreitfähigkeit:	3,15 m	64 Schuss 120-mm-Munition	
Höhe:	2,90 m	Watfähigkeit:	1,10 m	2 x 6 Nebelwurfbecher	
Bodenfreiheit:	0,51 m			Exportversion mit 12,7 mm Ein-	
				schieß-MG	
Gewichte		**Motordaten**			
Gefechtsgewicht:	55,0 t	Leyland-Dieselmotor		**Hersteller**	
Spez. Bodendruck:	0,91 kg/cm³	6 Vor- und 2 Rückwärtsgänge		Royal Ordnance Factory,	
Leergewicht:	52,8 t	Hubraum:	19.000 cm³	Leeds und Vickers Ltd., GB	
Leistungsgewicht:	15,5 PS/t	Leistung:	551 kW/750 PS		

Frontansicht eines britischen Kampfpanzers Chieftain. Die Wuchtigkeit des Fahrzeugs kommt gut zum Ausdruck.

tain auch weiterhin untermotorisiert.

Die Panzerung des Chieftain war ausreichend und bot einen sehr guten Schutz, insbesondere nach Einführung der „Stillbrew"-Zusatzpanzerung an der Turmfront. Die Formgebung des Turmes wurde als vorbildlich bezeichnet. Der Chieftain verfügte über sechs große Laufrollen, drei kleine Stützrollen sowie Panzerschürzen. Die Wanne war sehr flach, der Fahrer hatte eine fast liegende Position. Der Turm war flach mit stark abgeschrägter Front und

Heeresübung „Trutzige Sachsen" im September 1985. Britische Kampfpanzer Chieftain in einem norddeutschen Dorf. Man beachte die Tarnung mit schwarzen Farbflecken.

schräger Seite. Am Heck des Turmes befand sich eine Heckauslage, an der rechten Turmseite waren große Gepäckkästen. An der linken Turmseite befand sich ein fest eingebauter Schießscheinwerfer. Der Chieftain besaß eine lange Bordkanone mit Rauchabsauger und Wärmeschutzhülle in schmaler Blende. Die Kommandantenkuppel hatte einen IR-Suchscheinwerfer und ein Fla-MG. Tauchfähig war der Chieftain nur mit Zusatzeinrichtungen. Der Fahrer verfügte über ein passives Nachtfahrgerät.

Varianten

Zu den Unterstützungsfahrzeugen auf Basis des Kampfpanzers Chieftain zählen zwei verschiedene Bergepanzer, Chieftain ARV (Armoured Recovery Vehicle) und Chieftain ARRV (Armoured Repair and Recovery Vehicle). Das letztgenannte Fahrzeug hat einen zusätzlichen Kran, der das Wechseln des 5,5 Tonnen schweren Triebwerksblocks des Kampfpanzers Challenger ermöglicht. Ein weiteres Unterstützungsfahrzeug mit dem Fahrgestell des Chieftain ist der Brückenlegepanzer

Blick auf die linke Turmseite eines Chieftain. Gut zu erkennen ist die Stillbrew-Zusatzpanzerung.

K 1:	Erste Fahrzeuge (40 Stück), verwendet für Ausbildung 1965/66
MK 1/2:	auf Stand MK gebrachter MK 1 für Ausbildung
MK 1/3:	Version MK mit neuem Triebwerk
MK 1/4:	modifizierter MK 1, verwendet für Ausbildung
MK 2:	erste Version, im Truppendienst (11th Hussars der Rheinarmee 1966)
MK 3:	Produktion ab 1963
MK 3/3 P:	Exportversion für Iran
MK 4:	mit vergrößertem Tank, zwei Fahrzeuge gebaut
MK 5:	weiterentwickelter MK 3/3, umfangreiche Modifikation
MK 6:	MK 2 mit neuem Triebwerk
MK 7:	MK 3 mit verbessertem Motor
MK 8:	MK 3/3 mit verschiedenen Modifikationen
MK 9:	MK 6 mit IFCS (Improved Fire Control System)
MK 10:	MK 7 mit IFCS
MK 11:	MK mit IFCS, TOGS (Thermal Observation and Gunnery Sight), Stillbrew-Zusatzpanzerung und neuem ABC-Schutzsystem
MK 12:	MK 5 mit IFCS, TOGS, Stillbrew-Zusatzpanzerung, neuem ABC-Schutzsystem
MK 15:	Neubau für den Export nach Oman. 15 Fahrzeuge wurden gebaut und dort als Qayid-al-Ardh bezeichnet

AVLB (Armoured Vehicle Launching Bridge). Dieses Fahrzeug wurde hauptsächlich im 32. Armoured Engineer Regiment, der Panzerpioniereinheit des 1. Britischen Korps in Deutschland eingesetzt. Ebenfalls auf Basis des Chieftain sind zwei Pionierpanzerversionen vorhanden. Mitte der achtiger Jahre wurden zwölf Chieftain-Kampfpanzer zu Armoured Vehicles Royal Engineeres umgerüstet, um Metallstraßen-Rollen oder Maxi-Fencing-Rollen zum Füllen von Gräben und Hindernissen transportieren zu können. Weitere 48 neue Serienfahrzeuge dieses Typs wurden 1991 bis 1994 produziert. An den Fahrzeugen wurde entweder eine fahrspurbreite Minenräumschaufel oder eine einfache Räumschaufel angebracht.

Gliederung eines Panzerregiments

In der britischen Armee waren hauptsächlich die Panzerregimenter (Typ 57) der Rheinarmee in Deutschland mit Chieftain ausgestattet. Ein britisches Panzerregiment (Typ 57), das mit Kampfpanzern vom Typ Chieftain („Häuptling") ausgerüstet war, gliederte sich wie folgt: Bataillonsstab (ein KPz Chieftain), Stabs- und Versorgungskompanie, Aufklärungszug (acht Spähpanzer Scorpion), Panzerjägerzug (neun Raketenjagdpanzer Striker), vier Panzerkompanien zu je vier Panzerzügen mit drei Kampfpanzern Chieftain sowie zwei Kampfpanzern in der Kompanieführungsgruppe, Instandsetzungszug.

Kampfpanzer T 62
Sowjetunion
Entwicklung ab 1958, Serienfertigung ab 1961
Eingesetzt in den Staaten der ehemaligen Sowjetunion
sowie in weiteren Staaten Afrikas, Asiens und des
Nahen und Mittleren Ostens

Winterübung sowjetischer Panzereinheiten mit Kampfpanzer T 62 M im Militärdistrikt Sibirien im Jahre 1986.

 ## Entwicklung

Ende der 50er-Jahre entwickelte die damalige sowjetische Rüstungsindustrie auf Basis des Kampfpanzers T 54/T 55 einen neuen Kampfpanzer. Im Zuge dieser Entwicklung sollten die bekannten Schwächen des T 54/T 55 beseitigt und die Kampfkraft erhöht werden.

Die Neuentwicklung erhielt die Typenbezeichnung T 62. Die Serienfertigung begann im Jahre 1961. In der Öffentlichkeit tauchte der T 62 erstmals anlässlich einer Parade in Moskau im Mai des Jahres 1965 auf. Bis 1975 wurden in der Sowjetunion über 20.000 Kampfpanzer T 62 gefertigt. Das Fahrzeug wurde zwischen 1973 und 1978 ebenfalls in der Tschechoslowakei für den Export in

andere Länder produziert. Insgesamt liefen dort circa 1500 Kampfpanzer vom Typ T 62 vom Band. Nordkorea baute den T 62 in Lizenz für die eigenen Streitkräfte sowie für den Export.

Fahrzeugbeschreibung

Im Gegensatz zum T 54/T 55 hat der Kampfpanzer T 62 eine längere Fahrzeugwanne sowie eine größere Breite. Die Silhouette des T 62 konnte jedoch noch flacher gehalten werden. Das Laufwerk besteht aus fünf Laufrädern. Die Antriebsräder sind hinten angeordnet, die Leiträder vorne. Stützrollen sind nicht vorhanden. Besonderes Merkmal des T 62 sind die größeren Abstände zwischen dem dritten und vierten sowie zwi-

Ein sowjetischer Panzerzug mit T 62 verlässt während einer Übung im Jahre 1979 den Verfügungsraum in einem Birkenwald.

Autor: P. Blume; Fotos: Archiv Truppendienst (6), P. Blume (1); Zeichnung: M. Meyer

schen dem vierten und fünften Lauf-
rad. Die Wanne des Kampfpanzers
T 62 besitzt einen abgeschrägten
Bug und ein flaches Panzerkasten-
oberteil. Das Heck des Fahrzeuges ist
senkrecht, und hier werden meist
Fässer für zusätzlichen Betriebsstoff
zur Erhöhung des Fahrbereiches mitgeführt. Ebenfalls am Heck angebracht werden Balken zur Selbstber-
gung oder ein Tauchschnorchel für
die Unterwasserfahrt. Der runde und
extrem flache Turm des T 62 hat
keine Heckauslage. Im Turm befindet
sich die 115-mm-Glattrohrkanone
vom Typ 2A20 „Rapira". Das Rohr
der Bordkanone ist in der Mitte mit
einem Rauchabsauger ausgestattet.
Die Glattrohrkanone besitzt keine
Mündungsbremse. Der Turm über-
deckt das Laufwerk teilweise. Die
Fahrerfront des Kampfpanzers T 62
verfügt über eine Abweiserleiste.
Der T 62 ist mit einem IR-Zielschein-
werfer rechts oben an der Turmfront
ausgerüstet. Auf der Kommandantenkuppel ist ein kleiner IR-Suchscheinwerfer vorhanden. Der T 62 ist
mit einer ABC-Schutzbelüftungsanlage ausgestattet. Die ursprüngliche
Ausführung des T 62 ist nicht mit
einem Fla-MG versehen. Bei der späteren Ausführung T 62B befindet
sich auf der drehbaren Ladeschützenluke ein 12,7-mm- oder 7,62-mm-
Fla-MG. Darüber hinaus verfügt der
T 62 über ein koaxiales Turm-MG
vom Kaliber 7,62 Millimeter.

Panzerkompanie mit T 62 auf dem Marsch durch ein verschneites Gelände 1985.

Waffenanlage und Munition

Die 115-mm-Glattrohrkanone des
T 62 verschießt APDS-Munition (Treib-
käfiggeschosse) mit einer Durchschlagsleistung von 300 bis 350 Millimetern auf einer Kampfentfernung
von 1000 Metern. Ebenfalls verschossen werden können Hohlladungsgeschosse (HEAT) sowie Sprenggeschos-
se (HE). Die Waffenanlage bzw. der
Turm hat eine automatische Hülsen-
auswurfvorrichtung. Nach jedem
Schuss wird die Patronenhülse automatisch aus dem Kampfraum ausge-
worfen. Dazu muss aber das Rohr der
Bordkanone angehoben und das
Schwenkwerk des Turmes ausge-
schaltet werden. Ein rascher Zweit-
schuss ist daher unmöglich. Die
Glattrohrkanone des T 62 ist zwei-
achsstabilisiert. Das Richtschützenziel-
fernrohr ist primärstabilisiert. Der T
62 verfügt über keinen Entfernungsmesser. Die Kampfbeladung an Munition für die 115-mm-Glattrohrkanone
beträgt 40 Schuss. Aus Brandschutz-
gründen ist ein Teil der Munition im
Kraftstoff (Diesel) gelagert.

Antrieb

Angetrieben wird der T 62 von
einem flüssiggekühlten V-12-Diesel-

*Auf diesem Bild ist gut die 115-mm-Glattrohrkanone des T 62 mit dem Rauch-
absauger in der Mitte des Rohres zu erkennen. Der Feuerkraft des T 62 fehlte
die Nachtkampffähigkeit mit passiven Nachtsichtgeräten.*

Technische Daten:

Besatzung:	4 Mann

Abmessungen

Länge:	6,63 m
Breite:	3,37 m
Höhe:	2,39 m
Bodenfreiheit:	0,43 m

Gewichte

Gefechtsgewicht:	40 t
Leergewicht:	38 t
Leistungsgewicht:	14,5 PS/t
Bodendruck:	0,77 kg/cm²

Leistungsdaten

Max. Geschwindigkeit:	60 km/h
Steigfähigkeit:	60 %

Überschreitfähigkeit:	2,85 m
Wattiefe:	1,40 m
Kletterfähigkeit:	0,80 m
Fahrbereich:	450 km

Motordaten
Typ V 55-5
12-Zylinder-Dieselmotor
5 Vorwärtsgänge
1 Rückwärtsgang

Hubraum:	39.000 cm³
Leistung:	426 kW/580 PS
Kraftstoffvorrat:	675 l
Verbrauch	
Straße:	150 l/100 km
Gelände:	300 l/100 km

Bewaffnung
115-mm-Glattrohrkanone 2A20
MG 7,62 mm, koaxial
Fla-MG 7,62 mm oder 12,7 mm

Hersteller
Sowjet. Staatsbetriebe, UdSSR

oben: Ein sowjetischer Panzerzug bei einer Feldparade im Jahre 1969. Die Panzerzüge waren mit je drei T 62 ausgestattet. In der Kompanieführungsgruppe war ein Kampfpanzer vom Typ T 62 vorhanden.
unten: Sowjetische Panzersoldaten bei der Ausbildung mit Kampfpanzern vom Typ T 62 im Jahre 1985.

motor mit einer Leistung von 580 PS. Der Motor befindet sich im Heck des Fahrzeuges. Das Getriebe wird handgeschaltet und hat fünf Vorwärtsgänge und einen Rückwärtsgang. Da der T 62 über keine Nebelwurfanlage verfügt, kann er mittels in den Auspuff des Motors gespritzten Die-

zerung. Später wurde in den T 62M, der zum Beispiel in Afghanistan zum Einsatz kam, ein Feuerleitrechner eingebaut und die Bordkanone erhielt eine volle Stabilisierung. Ebenfalls wurde der T 62M zuletzt mit Nachtsichtgeräten für den Kommandanten und für den Richtschützen

Reichweite war die Variante TO 62. Ein Raketenjagdpanzer auf Basis des T 62 mit einem Einfachstarter für Lenkflugkörper wurde nur in geringen Stückzahlen gebaut. Das Fahrzeug bewährte sich

seltreibstoffs einen Rauchvorhang erzeugen.

Varianten

Der T 62 wurde, wie auch seine Vorgänger, im Laufe seines Truppendienstes ständig verbessert und im Kampfwert gesteigert. Darüber hinaus entstanden verschiedene Varianten des Fahrzeuges. Eine der wichtigsten und leistungsfähigsten Ausführungen ist der T 62M mit Laserentfernungsmesser und Zusatzpan-

versehen.
Der T 62K beziehungsweise T 62MK ist die Befehlsversion mit zusätzlichen Funkgeräten und einer überlangen Fünf-Meter-Antenne. Fahrzeuge mit einer angebauten reaktiven Zusatzpanzerung wurden als T 62MV bezeichnet. Ein Sturmpanzer mit einem koaxialen Flammenwerfer mit 100 Metern

Kampfpanzer T 62 einer sowjetischen Panzerkompanie bei einer Fahrt durch schweres winterliches Gelände. Im Fahrverhalten war der T 62 vergleichbaren westlichen Kampfpanzern unterlegen.

jedoch nicht. Die meisten dieser Raketenjagdpanzer wurden zum Beispiel zu Bergepanzern umgebaut.

Beurteilung des T 62

Der Kampfpanzer T 62 stellte einen entscheidenden Schritt im sowjetischen Panzerbau dar, obwohl er in den Grundbaugruppen noch immer mit der Baureihe T 34 und T 54/T 55 hinsichtlich Antrieb und Laufwerk identisch ist. Der Panzer war billig zu produzieren, ist robust und leicht zu bedienen. Durch den Einbau der 115-mm-Glattrohrkanone konnte die Feuerkraft wesentlich erhöht werden. Die Beweglichkeit des T 62 konnte gegenüber der Baureihe T 54/T 55 nicht verbessert werden. Der T 62 verwendet immer noch ein Laufwerk aus Zeiten des Zweiten Weltkrieges! Hervorzuheben ist die ausgezeichnete Formgebung des Turmes. Er weist keinerlei Fangstellen auf. Ein großer Nachteil des T 62 ist der sehr enge Innenraum für die Besatzung und dass sich Kraftstofftanks im Bug und im Motorraum in unmittelbarer Nähe von Munition befinden. Außerdem sind zahlreiche Zusatzbehälter ungeschützt auf der Kettenabdeckung angebracht. Die genannten Schwächen traten während der zahlreichen Kriege, in denen der T 62 zum Einsatz kam, besonders hervor. So war der Panzer zum Beispiel im Jom-Kippur-Krieg 1973, im Libanon 1982, im ersten Golfkrieg 1980 bis 1988 sowie im zweiten Golfkrieg 1991 auf arabischer Seite im Einsatz. Zahlreiche erbeutete T 62 tauchten damals im Westen auf und wurden von den Militärs der NATO-Staaten ausgiebig getestet. Israel baute erbeutete T 62 um und rüstete mit diesem Fahrzeug Reserveverbände aus.

Kampfpanzer M 60 A1

USA
Weiterentwicklung ab 1961, Serienfertigung ab 1962
Eingesetzt in den USA, Italien, Israel, Österreich,
Ägypten, Griechenland, Iran, Jordanien, Marokko,
Spanien, Tunesien, Türkei, Jemen

US Maines M 60 A1 (RISE/PASSIVE) in Schleswig-Holstein während des Manövers „Bold Guard 82".

Weiterentwicklung zum M 60 A1

Als Gegenstück zum damaligen Standardkampfpanzer der Sowjetunion, dem T-54, verfügte die US Army mit Einführung des Kampfpanzers M 60 im Jahre 1960 über ein ausgezeichnetes Waffensystem. Noch in der Entwicklungsphase des neuen Kampfpanzers M 60 entschied sich die US Army für einige Modifikationen.

Schwerpunkte der Kampfwertsteigerungsmaßnahmen waren die Änderung der Turmfront und die Verstärkung der Turmpanzerung. Der ganze Turm wurde neu gestaltet und hatte jetzt eine längere gestreckte Form und dadurch eine schmalere Turmfront. Die Änderung der Turmform ergab einen besseren ballistischen Schutz gegen Treffer als die Form des Schildkrötenpanzers, wie sie beim M-48- und M-60-Turm bislang verwendet wurde. Im Innern des Turmes blieb die Platzaufteilung für die Besatzung, Waffen und Munition wie beim M-60-Turm erhalten. Aufgrund der völligen Neugestaltung des Turmes waren nur kleine Veränderungen bei der Unterbringung von Ausrüstungsgegenständen notwendig. Insgesamt war der neue Turm breiter und für den Einbau eines neuen Zielerfassungsrechners (Mischbild-Entfernungsmesser) ausgelegt, der aber im Jahr 1961 noch nicht zur Verfügung stand. Der Schütze verfügte noch über einen optischen Entfernungsmesser sowie einen mechanischen Feuerleitrechner. Der Staukorb am Turmheck wurde ebenfalls vergrößert, dadurch erhielt die Panzerbesatzung jetzt mehr Bewegungsfreiheit im Turmin-

An einer Flussübergangsstelle legt dieser M 60 A1 mit seiner Räumschaufel eine Auffahrtsrampe an. Das 3rd Bn 32nd Armor Rgt. verwendete ausgediente Staubehälter von Panzern M 47 als zusätzlichen Stauraum am Turmheck.

Autor: W. Böhm; Fotos: H. Stenzel (3), W. Langwucht (3), G. Schröder (3)

neren. Für die 105-mm-Bordkanone konnten jetzt 63 Munitionskörper mitgeführt werden. Davon waren 26 Granaten im vorderen Bereich der Wanne, rechts und links vom Fahrer, untergebracht und die restliche Munition an drei Stellen im Turm verstaut. Im Gegensatz zum Turm wurde das M-60-Fahrgestell, bis auf wenige Änderungen an Lenkung, Ösen und Befestigungshaken, unverändert übernommen. Anstatt eines Lenkrades verfügte der M 60 A1 über einen T-förmigen Lenkhebel. Ohne größere Probleme und relativ schnell konnte die neue Variante des Kampfpanzers M 60 zur Fertigungsreife gebracht werden. Das verbesserte Fahrzeug wurde mit der Bezeichnung M 60 A1 standardisiert. So erhielt die US Army, nur zwei Jahre nach Indienststellung des KPz M 60, im Frühjahr 1962 die ersten KPz M 60 A1 ausgeliefert.

Nach der Auslieferung des M 60 A1 an die US Army erhielten auch die Verbündeten der USA den neuen Kampfpanzer. Abnehmer waren die Staaten Österreich, Iran, Israel, Jordanien und Italien. 200 Kampfpanzer M 60 A1 wurden von der Firma OTO Melara für das italienische Heer in Lizenz gebaut. Insgesamt wurden zwischen 1962 und 1980 7753 Kampfpanzer M 60 A1 gebaut.

Während des Reforger-Manövers „Confident Enterprise 83" schloss das 3rd Armoured Cavalry Rgt. Kräfte des 11th ACR bei Lauterbach ein. Dieser KPz M 60 A1 des 3rd ACR verfügt über die alte Wegwerfkette.

M 60 A1 (AOS)

Während der 60er-Jahre wurde der M 60 A1 zum Standardkampfpanzer des US-Heeres. Die US Army verfügte mit dem M 60 A1 über einen Kampfpanzer mit gutem Panzerschutz, einer 105-mm-Bordkanone mit hoher Feuerkraft sowie einem robusten und zuverlässigen Gesamtkonzept. Doch die technische Weiterentwicklung der Warschauer-Pakt-Panzer blieb nicht stehen. Um mit den Fortschritten der sowjetischen Panzertechnik Schritt halten zu können, bedurfte es Ende der 60er-Jahre weiterer Anstrengungen zur Modernisierung der M60-A1-Kampfpanzerflotte bei der US Army. Im Jahre 1971 wurde ein Modernisierungsprogramm für den KPz M 60 A1 gestartet, dessen erster Schritt die Einführung einer Waffenstabilisierungsanlage für die 105-mm-Bordkanone war (AOS = Add On Stabilizer). Durch AOS, der Stabilisierung der Hauptwaffe, bleibt das Kanonenrohr permanent auf das

Nur für kurze Zeit war der Versuchsanstrich Dual-Tex in Verwendung, wie an diesem KPz M 60 A1 des 2nd Armoured Cavalry Rgt. während des Reforger-Manövers „Certain Rampart 80".

Technische Daten:

Besatzung: 4 Mann

Abmessungen
Länge:	9,43 m
Breite:	3,63 m
Höhe:	3,27 m
Bodenfreiheit:	0,46 m

Gewichte
Gefechtsgewicht:	52,6 t
Spez. Bodendruck:	0,87 kg/cm²
Leistungsgewicht:	14,24 PS/t

Leistungsdaten
Max. Geschwindigkeit:	48 km/h
Überschreitfähigkeit:	2,60 m
Kletterfähigkeit:	0,91 m

Wattiefe:	1,20 m
Fahrbereich:	500 km

Motordaten
Continental AVDS-1790-2D
12-Zylinder-Dieselmotor
2 Vorwärtsgänge
1 Rückwärtsgang
Hubraum:	29.340 cm³
Leistung:	552 kW/750 PS
Kraftstoffvorrat:	1420 l
Verbrauch:	250 l/100 km

Bewaffnung
1 x 105-mm-BK M68L/7
1 x Fla-MG 12,7 mm
1 x MG 7,62 mm, koaxial

Elektronik
Waffenstabilisierungsanlage
Infrarot-Nachtkampfeinrichtung
Feuerleitanlage

Hersteller
Chrysler Corporation Detroit
Tank Plant, Detroit,
USA

Die 8th US Infantry Div. führte in der Anfangsphase des Reforger-Manövers „Certain Encounter 81" das Verzögerungsgefecht gegen die angreifenden Orange-Truppen. Die neue T-142-Panzerkette hatte auswechselbare Gummipolster.

anvisierte Ziel gerichtet, auch in der Bewegung des Fahrzeuges. Somit musste der Panzer keinen Schießhalt mehr einlegen und konnte sein Ziel während der Fahrt zerstören. Weitere Verbesserungen des Modernisierungsprogrammes waren die neuen Luftfilterboxen, die einen Kartuschenwechsel von oben ermöglichten und die ältere Version mit seitlich öffnenden Luftfilterdeckeln ersetzten. Die neuen Luftfilter erhöhten zudem noch die Motorlebensdauer durch Verringerung der Schmutz- und Staubaufnahme. Auch enthielt das Kampfwertsteigerungsprogramm die Einführung einer neuen Kette mit achteckigen, einzeln auswechselbaren Gummipolstern zur Schonung der Panzerkette beim Straßenmarsch. Die neue T-142-Kette ersetzt die alte Wegwerfkette. Alle so modifizierten Patton-Panzer erhielten die Bezeichnung M 60 A1 (AOS).

M 60 A1 (RISE)

Ab dem Jahr 1974 wurde der nächste Modernisierungsschritt eingeleitet. Die KPz M 60 A1 wurden mit dem verbesserten AVDS-1790-2D-Dieselmotor ausgerüstet. Im Gegensatz zum alten AVDS-1750-2D-Dieselmotor hatte das neue Triebwerk in verschiedenen Tests eine höhere Lebensdauer gezeigt. Das neue Triebwerk AVDS-1790-2D war das Kernstück des RISE-Programms (Reliability Improvement of Selected Equipment), wörtlich: Verbesserung der Zuverlässigkeit von ausgesuchtem Material. Bei einem Großteil der Motoren wurde zusätzlich die 300-Ampere-Lichtmaschine gegen ein ölgekühltes Baumuster mit 650 Ampere ausgetauscht. Zum Einsatz kam auch ein Kabelbaum mit Schnellverschlüssen. Diese so modernisierten Triebwerke erhielten die Bezeichnung AVDS-1790-2C. Alle Kampfpanzer M 60 A1 (AOS) mit dem neuen Dieselmotor AVDS-1790-2C wurden dann als M 60 A1(RISE) bezeichnet und ab dem Jahr 1975 an die US Army ausgeliefert.

M 60 A1 (RISE/PASSIVE)

Sein letztes umfangreiches Verbesserungsprogramm erfuhr der KPz M 60 A1 ab 1977. Die Kampfwertsteigerungen des M 60 A1 (RISE) bezogen sich auf ein passives Nachtsichtsystem und ein Tiefwatsystem. Die so nachgerüsteten Panzer trugen die Bezeichnung M 60 A1 (RISE/PASSIVE).

Schräge Heckansicht eines Kampfpanzers vom Typ M 60 A1 auf dem Marsch. Gut zu erkennen ist der Weißlicht/iR-Schießscheinwerfer auf der Kanonenblende.

Im Gegensatz zu den früheren Infrarot-Nachtsichtsystemen benötigen die modernen passiven Nachtsicht-optiken keine zusätzliche Kunstlichtquelle, wie zum Beispiel Infrarotlicht-Scheinwerfer. Die neu eingeführten M35E1-Optiken für den Panzerkommandanten und Richtschützen und die AN/VVS-2-Fahreroptik basierten auf der Restlichtverstärkung vorhandener Lichtquellen, wie beispielsweise Sternenlicht. Die Panzerbesatzung konnte jedoch bei Ausfall der Systeme oder bei völliger Dunkelheit weiterhin die im Fahrzeug verbliebenen Infrarotsysteme wie AN/VSS-2A benutzen. Nach Auswertungen der Erkenntnisse und Lehren aus dem Yom-Kippur-Krieg wurden zusätzlich zu diesen Kampfwertsteigerungsmaßnahmen noch einige weitere Verbesserungen durchgeführt.

Ein Großteil der israelischen Panzerverluste an M 60 A1 während des Yom-Kippur-Krieges 1973 ging auf Treffer im Bereich des Turmdrehkranzes und im Bereich der Turmfront unterhalb der Kanonenblende zurück. Eine schnelle Beseitigung der Schwachstelle wurde durch eine Aufdickung des Turmes an den betroffenen Stellen erreicht. Der ursprüngliche M60-A1-Turm war an diesen Stellen ungünstig geformt und wies Fangstellen auf. Auch gingen den israelischen Panzereinheiten etliche Pattons durch Feuerentwicklung nach relativ harmlosen Treffern verloren. Als Ursache dafür wurde die leicht entflammbare Hydraulikflüssigkeit im Turm ausgemacht. Durch Austausch einer neuen Hydraulikflüssigkeit mit einem wesentlich höheren Flammpunkt konnte Abhilfe geschaffen werden. Ein weiteres notwendiges Nachrüstungsprogramm begann 1978 mit einer großen Anzahl von Kampfwertsteigerungsmaßnahmen. Die nachgerüsteten M 60 A1 sollten dann als M 60 A3 standardisiert werden. Ein Grund für die Maßnahmen lag in den Schwierigkeiten, die man mit dem M 60 A2 hatte, der sich nach kurzer Dienstzeit als Fehlentscheidung herausstellte.

Ein weiterer Grund war, dass nach dem gescheiterten deutsch-amerikanischen Kampfpanzer-70-Projekt (MBT 70) der neue in der Entwicklung befindliche Standardkampfpanzer XM 1 in nächster Zeit noch nicht in ausreichender Stückzahl zur Verfügung stehen würde.

oben: In der Ausführung M 60 A1 (RISE/PASSIVE) wurden die „Pattons" mit einem Tiefwatsystem ausrüstet. Dieser M 60 A1 des US Marine Corps führt während „Bold Guard 82" den Schnorchel des Tiefwatsystems an der rechten Turmseite mit.
Mitte: Durch Einführung einer Waffenstabilisierungsanlage (AOS) blieb die Kanone auch während der Fahrt auf das Ziel gerichtet. Gegenangriff eines KPz M 60 A1 (RISE/PASSIVE) bei Abtswind, Reforger-Manöver „Carbine Fortress 82".
unten: Kampfpanzer M 60 A1 im 7th US Army-Tarnanstrich Mitte der 70er-Jahre. Das Tarnschema setzt sich aus den Farben Sand, Rotbraun, Grün und Schwarz zusammen.

Kampfpanzer Challenger 1
Großbritannien
Entwicklung 1963 bis 1983

Eingesetzt in Großbritannien, Jordanien

Kampfpanzer Challenger 1 der 1. britischen Panzerdivision im Verfügungsraum während einer Gefechtsübung auf einem Übungsplatz im Raum Soltau.

Der Vorgänger

Aus dem ab 1963 in der britischen Armee eingeführten Kampfpanzer Chieftain wurde in den siebziger Jahren ein weiterentwickeltes Fahrzeug unter der Bezeichnung FV 4030 für den Iran gebaut. Der Iran bestellte in Großbritannien insgesamt 1300 Fahrzeuge, die die Bezeichnung „SHIR" erhielten. Zur Auslieferung gelangte das Baumuster FV 4030/1, das mit dem TN-12-Getriebe, zusätzlichen Stoßdämpfern und weiteren Verbesserungen ausgestattet war. Nur 187 Fahrzeuge dieses Typs wurden an den Iran geliefert.
Eine weitere Ausführung, FV 4030/2, mit einer verbesserten Laufrollenaufhängung, dem neuen 890-KW-

Motor von Rolls Royce sowie dem Getriebe TN-37 wurde in modifizierter Version unter dem Namen „KHALID" nicht an den Iran, sondern an Jordanien geliefert. Die insgesamt 125 an Jordanien gelieferten Kampfpanzer verfügten über ein modernes Feuerleitsystem und ein Tag-/Nachtsichtgerät.

Die Wende

Im Jahre 1979 erfolgte der Abbruch der deutsch-britischen Kooperation zur Entwicklung eines neuen Kampfpanzers (MBT 80/KPz 3). Als Folge wurden neue Prototypen des Baumusters FV 4030/3 gebaut, die die neuartige britische Chobham-Panzerung erhielten.

Der typische Kampfpanzer der britischen Armee in den achtziger Jahren war der Challenger 1, der erst Ende der neunziger Jahre nach und nach durch den Kampfpanzer Challenger 2 in der britischen Panzertruppe abgelöst wurde.

Autor: W. Böhm; Fotos: W. Böhm (5), P. Blume (1); Zeichnung: M. Meyer

Wegen der Stornierung der Lieferverträge durch die iranische Revolutionsregierung im Jahre 1979 gelangten die als „SHIR 2" bezeichneten Fahrzeuge nicht in die Serienfertigung. Für die britische Armee wurde das Muster FV 4030/3 1981 weiterentwickelt. Diese Entwicklung erhielt die Bezeichnung FV 4030/4 Challenger.

Gegenüber den vorangegangenen Versionen unterscheidet sich der Challenger durch den Einsatz einer hydropneumatischen Federung.

Der neue Panzer

Die Panzer der Vorserie wurden 1983 an das Panzerregiment „Royal Hus-

Kampfpanzer Challenger 1 des 2nd Royal Tank Regiment sichert an einem Waldrand.

Getarnter Challenger 1 überquert auf einer von deutschen Pionieren gebauten Faltschwimmbrücke die Weser.

Technische Daten:			
Besatzung:	4 Mann		
Abmessungen:			
Länge (inkl. Kanone):	11,56 m		
Länge (ohne Kanone):	9,80 m		
Breite:	3,42 m		
Höhe (bis Kommandantenkuppel):	2,88 m		
Bodenfreiheit:	0,5 m		
Gewichte:			
Kampfgewicht:	62,0 t		
Leistungsgewicht:	19,35 PS/t		

Bodendruck: 0,97 kg/cm²

Leistungsdaten:
Max. Geschwindigkeit: 56 km/h
Überschreitfähigkeit: 2,8 m
Steigfähigkeit: 60 %
Fahrbereich (Straße): 450 km
Fahrbereich (Gelände): 250 km

Motordaten:
Perkins Condor 12-Zylinder 60 V direkt Einspritzer Diesel-Motor, wassergekühlt,
Getriebe David Brown TN37 mit 4 Vorwärts-, 3 Rückwärtsgängen

Hubraum: 26.100 ccm
Leistung: 882 kW/1200 PS
Kraftstoffvorrat: 1592 l

Bewaffnung:
Gezogene 120-mm-Bordkanone L11A5, Coaxiales 1 x 7,62 mm L8A2MG, Flugabwehr 1 x 7,62 mm L37A2 GPMG, Munition 64 Projektile 120 mm, 4000 Schuss 7,62 mm, Nachtsichtanlage ABC-Schutzanlage

Hersteller
Royal Ordnance Factory

Challenger 1 der Queens Dragoon Guards im Einsatz in Bosnien. Die britische Armee setzte im Rahmen des IFOR-Einsatzes in Bosnien ein Regiment mit Kampfpanzern Challenger 1 ein. Aufgrund des schlechten Straßennetzes und fehlender ausreichender Brücken mit entsprechender Tragfähigkeit war jedoch nur ein beschränkter Einsatz möglich.

sars", das dem 1. (UK) Korps der britischen Rheinarmee in Deutschland unterstand, ausgeliefert. 1985 wurden drei weitere Regimenter der Rheinarmee mit dem Kampfpanzer Challenger ausgerüstet. Der Kpz Challenger löste in der britischen Panzertruppe den bisher verwendeten Kampfpanzer Chieftain ab. Insgesamt wurden vom Challenger 401 Fahrzeuge gebaut, die haupt-

sächlich bei den in Deutschland stationierten Panzerregimentern zum Einsatz kamen. Die heute noch in Deutschland stationierte 1. britische Panzerdivision verwendet in ihren sechs Panzerregimentern Kampfpanzer vom Typ Challenger. 1998 hat eine Umrüstung auf den modernisierten Challenger 2 begonnen. Die Anzahl der Panzerregimenter in der 1. Panzerdivision wird nach Abschluss der Umrüstung auf drei reduziert.

Einsatz

Der Kampfpanzer Challenger 1 wurde von der britischen Armee im Golfkrieg mit Erfolg eingesetzt. Drei Regimenter der Rheinarmee wurden von Deutschland aus an den Golf verlegt. Die Fahrzeuge erhielten für diesen Kriegseinsatz eine Zusatzpanzerung. Diese bestand aus einer verstärkten Panzerschürze an den Wan-

nenseiten sowie einer reaktiven Zusatzpanzerung für die obere und untere Bugplatte. Dieser zusätzliche ballistische Schutz brachte zwar mehrere Tonnen Mehrgewicht, wirkte sich jedoch nicht negativ auf die Kampfleistung des Challenger aus. Die Nachrüstungen in der Golfregion führten die Soldaten der Insttruppe und Herstellerpersonal gemeinsam durch.

Verbesserungen

Weitere Verbesserungen betrafen die verwendete Munition aus abgereichertem Uran, die die Treffgenauigkeit sowie die Durchschlagsleistung steigerten. Diese Nachrüstungen und Verbesserungen wirkten sich positiv aus. Kein einziger Challenger ging im Gefecht verloren!

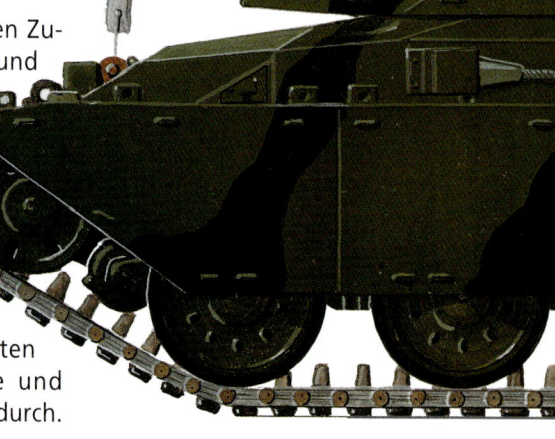

„Russian Tank Style". Die Kampffreichweite des Challenger 1 auf der Straße liegt bei 450 und im Gelände bei 250 Kilometer. Durch die zusätzlichen 2 x 200-Liter-Dieseltanks am Fahrzeugheck erhöht sich der Aktionsradius nochmals um 70 Kilometer. Hier ein Challenger 1 des Queens-Dragoon-Guards-Panzerregiments im Raum Mrkonic Grad in West-Bosnien im September 1996.

Auf der Basis des Challenger wurde ein leistungsfähiger Bergepanzer entwickelt, der die Bezeichnung Rhino trägt. Von diesem Fahrzeug wurden insgesamt 80 Stück gebaut und ab 1990 an die Truppe ausgeliefert. Darüber hinaus ist ein Fahrschulpanzer in der britischen Armee vorhanden, der die Wanne und das Fahrgestell des Challenger verwendet. Der Kampfpanzer Challenger 1 wurde ab 1983 bis Ende der neunziger Jahre hauptsächlich in den Panzerregimentern der britischen Rheinarmee in Deutschland eingesetzt (Armoured Regiment Typ 43). Das Regiment verfügte über insgesamt 43 Kampfpanzer vom Typ Challenger 1 in drei Kampfkompanien sowie über umfangreiche Stabs-, Versorgungs- und Unterstützungsteile. Der Challenger 1 bewährte sich im Truppendienst, war im Vergleich zum LEOPARD 2 bzw. M 1 jedoch untermotorisiert und nicht allzu beweglich. Seine Feuerkraft mit der 120-mm-Bordkanone und der entsprechenden Munition war jedoch hoch. Im Golfkrieg bewährte sich der Challenger 1 besonders, kein einziges Fahrzeug ging durch Feindeinwirkung verloren. Inzwischen wird in der britischen Armee der Challenger 1 durch den neuen Kampfpanzer Challenger 2 abgelöst. Die drei Regimenter der in Deutschland stationierten 1. Panzerdivision sind bereits umgerüstet worden.

Kampfpanzer Leopard 2 A4 Ö

Deutschland/Österreich
Entwicklung ab 1963
Serienfertigung ab 1985

Eingesetzt in Österreich

Außer den taktischen Markierungen und Registrierkennzeichen wurden bisher äußerlich keine Veränderungen an den KPz Leopard 2 A4 vorgenommen. Während der Übung „Schutz 04" führte das PzB 33 einen interessanten Versuch durch, bei dem ein Leopard-2-Feldinstandsetzungspaket getestet wurde.

Ankauf von Leopard 2 A4

Nach jahrzehntelangem Einsatz stand der Kampfpanzer M 60 im Österreichischen Bundesheer am Ende seiner Lebensdauer. Mitte der 90er-Jahre wurden im Rahmen eines so genannten „Mech-Paketes" Kampfpanzer Leopard 2 A4 aus Beständen der niederländischen Armee angekauft.

Die Umrüstung vom KPz M 60 A3 auf den KPz Leopard 2 A4 war ein technischer Quantensprung für die Panzerwaffe in Österreich. Durch Truppenreduzierung bei der niederländischen Armee wurden insgesamt 114 KPz Leopard 2 A4 an Österreich verkauft. Die Kampfpanzer hatten den Stand des fünften Bauloses und wurden in den Jahren 1982, 1984, 1985

und 1986 produziert. Ein Teil der Fahrzeuge war langzeitgelagert und hatte nur vier Kilometer auf dem Tachostand. Die Masse der Panzer wurde mit einem Kilometerstand von circa 11.000 übernommen. Demgegenüber befanden sich alle Fahrzeuge in der original niederländischen Konfiguration mit Philips-Funkanlage, niederländischem BiV (Bildverstärker-Fahrgerät) und NL-Nebelmittelwurfanlage. In der Panzerlieferung waren eine Grundausstattung an Ersatzteilen vorhanden sowie das belgische FN-MG in vier verschiedenen Ausführungen. Von der Bundeswehr in Deutschland wurde gleichzeitig ein erster Satz von circa 5000 Patronen 120-mm-Übungsmunition gekauft. Die durchschnittliche Schussbelastung lag unter einem Drittel der Gesamt-

lebensdauer der 120-mm-Glattrohrkanone.

Um mit der fortschreitenden technischen Entwicklung Schritt zu halten,

Panzerung, Feuerkraft und Beweglichkeit sind beim KPz Leopard 2 A4 optimal kombiniert. Ein weiteres Argument, das für den KPz Leopard 2 A4 spricht, sind seine Kompatibilität und Interoperabilität.

Autor: W. Böhm; Fotos: W. Böhm (5)

links: Der Kampfpanzer Leopard 2 A4 ersetzt im Österreichischen Bundesheer den veralteten Kampfpanzer M 60 A3Ö. Dieses Foto zeigt einen KPz Leopard 2 A4 vom PzB 10 (aus Spratzern/St. Pölten) während der Verbandsübung „Ostarrichi 01".
rechts: KPz Leopard 2 A4 vom PzB 33, ausgerüstet mit dem Duelltrainingssystem DuSimBT 46, während der Verbandsübung „Retzerland 02".

wird zukünftig das österreichische Modell des Leopard 2 A4 in vier Schritten weiterentwickelt. Dies beinhaltet als erste Maßnahme den Umbau der alten NL-Nebelmittelwurfanlage auf die modernere Nebelwurfanlage KMW (Kraus-Maffei-Wegmann), als Zweites ein Kreisel-Peri-R 17 (Rundblickperiskop), neue Hydraulikschläuche im Innenraum und zuletzt den NATO-Dreifarb-Fleckentarnanstrich. Mit der Umsetzung dieser Maßnahmen wurde 2003 bereits begonnen. Während des Manövers „Schutz 04" wurde vom Panzerbetaillon 33 ein Feldinstandsetzungspaket für den KPz Leopard 2 A4 getestet. Dieses Versorgungspaket beinhaltet alle Ersatzteile für eine Triebwerkinstandsetzung nach einem schweren Gefecht. Ein Panzerzug mit vier Kampfpanzern Leopard 2 A4 kann damit instand gesetzt werden. Die Ersatzteile werden auf zwei LKWs transportiert. Mittlerweile haben auch die niederländischen Streitkräfte sowie die Deutsche Bundeswehr Interesse an dem österreichischen Leopard-2-Feldinstandsetzungspaket gezeigt.

österreichische Leopard-2-Panzerbataillone

Das Panzerbataillon (PzB) 33 in Zwölfaxing erhielt als erste Einheit am 8. Oktober 1998 den Leopard 2 A4. Bereits im November wurde der Ausbildungsbetrieb am neuen Großgerät aufgenommen.

Der Bestand an Leopard 2 A4 beim PzB 33 beläuft sich auf 37 Fahrzeuge. Weitere 36 KPz Leopard 2 A4 erhielt das Panzerbataillon 14. Das PzB 10 wurde ebenfalls mit 37 Kampfpanzern Leopard 2 A4 ausgerüstet. Die restlichen vier Leopard 2 sind im Bestand der österreichischen Panzertruppenschule.

Seit dem Jahr 2003 befinden sich auch zwei Bergepanzer 3 Büffel im Bestand des Österreichischen Bundesheeres, die von der niederländischen Armee geleast wurden.

Technische Daten:

Besatzung: 4 Mann

Abmessungen
Länge:	9,61 m
Breite:	3,70 m
Höhe:	2,46 m
Bodenfreiheit:	0,50 m

Gewichte
Gefechtsgewicht:	55,15 t
Leergewicht:	52,00 t
Spez. Bodendruck:	0,83 kg/cm²
Leistungsgewicht:	27,2 PS/t

Eine interessante Tarnvariante an einem KPz Leopard 2 A4 des PzB 14 aus Zeltplanen, Tarnnetz, Zweigen und Sackleinen. Zur Staubreduzierung reichen die Sackleinen bis zum Laufwerk.

Leistungsdaten
Max. Geschwindigkeit:	72 km/h
Steigfähigkeit:	60 %
Querneigung:	30 %
Kletterfähigkeit:	1,10 m
Überschreitfähigkeit:	3,00 m
Wattiefe:	2,25 m
Unterwasserfahrt:	4,00 m
Fahrbereich:	550 km

Motordaten
MTU-MB 873 Ka-501
12-Zylinder-Turbodieselmotor
4 Vor- und 2 Rückwärtsgänge
Hubraum:	47.600 cm³
Leistung:	1100 kW/1500 PS
	bei 2600 U/min
Kraftstoffvorrat:	1200 l
Verbrauch:	218 l/100 km

Bewaffnung
Glattrohrkanone 120 mm L/44
7,62-mm-Turm-MG MAG
7,62-mm-Fliegerabwehr-MG
Nebelwurfanlage

Hersteller
Krauss-Maffei AG, München, Deutschland

Jagdpanzer SK 105 Kürassier

Österreich
Entwicklung ab 1965
Serienfertigung ab 1971
Eingesetzt in Österreich, Argentinien, Bolivien, Botswana,
Marokko, Nigeria, Tunesien

Jagdpanzer Kürassier der Panzerjägerkompanie des PzGrenBtl 9 aus Horn während einer Gefechtsübung in Oberösterreich.

Bewegliche Abwehr

Während der ersten großen Herbstmanöver des österreichischen Bundesheeres stellte die Heeresführung fest, dass für Kampfentfernungen über 1000 Meter in den Panzerjägerkompanien der Brigaden keine ausreichende Waffe vorhanden war. So forderte man eine Panzerabwehrkanone auf Selbstfahrlafette bzw. einen Jagdpanzer.
Frankreich führte dem Bundesheer seinen verbesserten Jagdpanzer AMX 13 mit 105-mm-Kanone vor. Österreich lehnte jedoch den Umbau seiner bereits vorhandenen AMX 13 mit 75-mm-Kanone ab, da das Fahrgestell nur ungenügende Leistungen aufwies. Es entstand daher die Idee, den Turm FL-12 des neuen AMX 13 auf ein verbessertes Schützenpanzerfahrgestell von Saurer zu setzen. Das

kräftigere SPz-Fahrgestell versprach gesteigerte Beweglichkeit bei weitgehender Einfachheit und Vereinheitlichung der Versorgung. Sowohl beim Turm als auch beim Fahrgestell war kein Neuland zu beschreiten. Es handelte sich um eine Evolution bewährter Baugruppen des bereits beim Bundesheer eingeführten Saurer-Schützenpanzers.

Entwicklung

Durch den Heeres-Chefingenieur wurde im März 1965 ein endgültiges Projekt für einen Kanonenjagdpanzer mit 105-mm-Kanone im Drehturm FL-12 auf Fahrgestell Saurer vorgelegt. Im Hinblick auf die geringen zur Verfügung stehenden Haushaltsmittel wurden zwei vorhandene AMX13-Türme des Typs FL-10 D in Frankreich mit der neuen 105-mm-

Panzerkanone D-1504 M-57 ausgestattet. In der Zwischenzeit wurde das Fahrgestell des Prototyps 1 in Auftrag gegeben. Basis war das bewährte Fahrgestell des Schützen-

Einer der beiden Prototypen des Jagdpanzers Kürassier steht heute im Panzergarten des Heeresgeschichtlichen Museums in Wien. Die Ähnlichkeit des Turmes mit dem des französischen Jagdpanzer AMX 13 ist unverkennbar.

Autor: P. Blume; Fotos: P. Blume (6), G. A. Simperl (1); Zeichnung: M. Meyer

panzers 4K mit Laufwerk, Motor, Umlenk- und Schaltgetriebe. Neu war lediglich das Lenkgetriebe. Der Prototyp 1 war im September 1967 fertig gestellt und wurde dem Bundesheer übergeben. Anschließend begann die Erprobung.

Der Schwerpunkt der Truppenerprobung lag anfänglich beim Funktionsnachweis der Baugruppen und beim Nachweis der Überlegenheit des neuen Fahrgestells über dem des AMX 13. Auf dem Truppenübungsplatz Allentsteig fanden daher umfangreiche Vergleichsfahrten statt. Der Prototyp 1 des Panzerjägers Kürassier war dem AMX 13 von Anfang an an Wendigkeit, Beschleunigungsvermögen, Federungskomfort und Geschwindigkeit überlegen. Es stellten sich jedoch auch einige Nachteile des Prototyps 1 heraus, wie z.B. schlechte Kaltstarteigenschaften, Platzprobleme für die Besatzung und das Ausstoßen von schwarzen Abgasen beim Beschleunigen. Diese festgestellten Mängel wurden vom Hersteller, der Steyr-Daimler-Puch AG, beseitigt.

Weitere Erprobungen umfassten Schießversuche und Truppenversuche an der Panzertruppenschule im Jahre 1968. Die Konzepterprobung ergab die grundsätzliche Eignung des Fahrzeuges für die vorgesehenen Aufgaben. Es traten jedoch weitere

Ältere Version des Kürassier mit Schießscheinwerfer auf dem Turmdach. Das Fahrzeug war als Fahrschulpanzer eingesetzt und gehörte zum PzGrenBtl 9.

technische Probleme auf, sodass man beschloss, einen weiteren Prototyp sowie eine Vorserie von fünf Fahrzeugen zu bauen.

Der Prototyp 2 wurde im Sommer 1969 fertig gestellt und stand anschließend der Erprobung zur Verfügung. Es sollten dabei die gegenüber dem Prototyp 1 durchgeführten Verbesserungen überprüft und besonders die Eignung des neu eingebauten hydrostatischen Lenkgetriebes festgestellt werden. Im Rahmen der weiteren Erprobung wurden um-

fangreiche Straßenmärsche und Geländefahrten durchgeführt. Die Testfahrten zeigten die Vorzüge des neuen Lenksystems, das Fahrverhalten des Jagdpanzers entsprach im Allgemeinen etwa dem eines leicht zu fahrenden LKW.

Vorserie

Beim Jagdpanzer Kürassier wurden die Erkenntnisse aus den Erprobungen der beiden Prototypen soweit als möglich noch in der Vorserie ver-

Jagdpanzer SK 105 A1 Kürassier bei Fahrt im schweren Gelände. Man beachte links neben der Bordkanone den IR-Weißlichtschießscheinwerfer und den Staukorb an der Turmseite.

Überschreitfähigkeit:	2,40 m
Watfähigkeit:	1,00 m

Motordaten
Steyr 7FA
6 Zylinder-Turbo-Dieselmotor
6 Vorwärtsgänge
1 Rückwärtsgang

Hubraum:	10.000 cm³
Leistung:	221 kW/300 PS
Kraftstoffvorrat:	400 l
Verbrauch:	77 l/100 km

Bewaffnung
Panzerkanone M-57 Typ D1504
Kaliber 105 mm,
MG 42 7,62 mm, koaxial,
Nebelwurfanlage mit 6 Töpfen

Munition
42 Panzergranaten – 105 mm,
2000 Schuss – 7,62 mm

Hersteller
Steyr-Daimler-Puch AG, Wien, Österreich

Technische Daten:

Besatzung:	3 Mann

Abmessungen
Länge (mit Rohr):	7,76 m
Breite:	2,50 m
Höhe:	2,53 m
Bodenfreiheit:	0,40 m

Gewichte
Gefechtsgewicht:	17,5 t
Leistungsgewicht:	12,6 kW/t

Leistungsdaten
Max. Geschwindigkeit:	68 km/h
Fahrbereich:	520 km
Steigfähigkeit:	75 %
Kletterfähigkeit:	0,80 m

SK 105 A1 Kürassier der Panzeraufklärungskompanie 3 der 3. Panzergrenadierbrigade während der Verbandsübung „Kueringer 2001" im April 2001.

wertet. Für das Bundesheer sollte die Vorserie dazu noch die Gelegenheit geben, erste Erfahrungen über die zukünftige taktische Gliederung, Ausbildungserfordernisse und die technischen Verfahren zu gewinnen. Die Vorserie wurde am 12. November 1971 von der Panzertruppenschule übernommen und nochmals eingehenden Tests unterworfen. Die dabei festgestellten Mängel konnten daher bereits bei der anschließenden Serienfertigung beseitigt werden.

Beschreibung

Der Jagdpanzer Kürassier besteht aus dem von der Steyr-Daimler-Puch

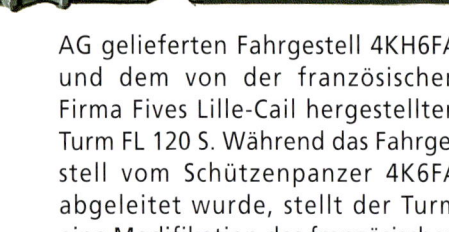

AG gelieferten Fahrgestell 4KH6FA und dem von der französischen Firma Fives Lille-Cail hergestellten Turm FL 120 S. Während das Fahrgestell vom Schützenpanzer 4K6FA abgeleitet wurde, stellt der Turm eine Modifikation des französischen FL-12 Turmes dar.

Der Turm stellt im Aufbau eine Scheitellafette dar und besteht aus einem Dreh und einem Kippteil. Das Drehteil, das mit dem Turmkorb in die Wanne reicht, enthält das Seitenrichtsystem. Der Turm ist mit der Panzerkanone 105 Millimeter, einem mit der Panzerkanone gekuppelten MG 7,62 Millimeter und sechs Nebelwerferrohren ausgestattet.

Im Turmkippteil befinden sich die automatische Ladevorrichtung, die

Zielfernrohre, der Laser-Entfernungsmesser und die Nachtkampfausrüstung. Die Letztgenannte besteht aus einem IR-Weißlichtschießscheinwerfer und dem IR-Periskop. Die Panzerkanone M 57 besitzt eine geradezu unwahrscheinliche Genauigkeit.

In Verbindung mit dem Laser-Entfernungsmesser kann eine hohe Trefferwahrscheinlichkeit erreicht werden.

Kampfwertsteigerung

Im Laufe seines Truppendienstes wurde der Jagdpanzer Kürassier verschiedenen Kampfwertsteigerungsmaßnahmen unterzogen. So wurde z.B. der Schießscheinwerfer, der sich ursprünglich auf dem Turmdach befand, links neben der Panzerkanone angebracht. Auf diese Art und Weise verringerte sich die Höhe des Fahrzeuges. Weitere Änderungen umfassten u.a. einen elektrischen Richtantrieb, den Einbau eines digitalen Feuerleitrechners, ein integriertes Nachtvisier und eine geänderte Turmfront. Darüber hinaus erhielt der Kürassier die Möglichkeit zum Verschießen von Pfeilmunition. Hierzu wurde eine andere Mündungsbremse auf die Waffe

gesetzt und Änderungen an der Ladeautomatik sowie an den Munitionsmagazinen vorgenommen. Eine weitere Kampfwertsteigerung an 120 Fahrzeugen sieht u.a. ein Wärmebildgerät vor, um die Nachtkampffähigkeit zu erhöhen. Die modernisierten Fahrzeuge erhielten die Bezeichnung SK 105 A1 bzw. A2.

Einsatz im Bundesheer

Der Jagdpanzer Kürassier wird im österreichischen Bundesheer als Jagdpanzer und als Aufklärungspanzer verwendet.

In den Panzergrenadierbataillonen waren bis Ende der 90er-

Jahre Jagdpanzerkompanien einge-
gliedert, die mit Kürassier ausgerüstet waren. Selbstständige Jagdpanzerkompanien, die in den Jägerbri-
gaden eingesetzt werden, fahren
ebenfalls Jagdpanzer Kürassier.
Heute werden modernisierte Kürassier hauptsächlich in den Aufklärungsbataillonen sowie in den
Aufklärungskompanien der beiden
Panzergrenadierbrigaden als Auf-
klärungsfahrzeuge eingesetzt.

Feuerkraft

Geradezu ideale Voraussetzungen
für den Einsatz als Panzerjäger bietet die Scheitellafettierung der
Kanone. Während bei allen anderen
Panzern die Besatzung über der
Kanone sitzt und beim Beziehen
einer teilgedeckten Stellung der
ganze Turm exponiert werden muss,
liegt beim Jagdpanzer Kürassier die
Kanone in Kopfhöhe der Besatzung.
In einer Wannenstellung bietet sich
somit dem Gegner nur eine sehr
geringe Zielfläche.

Im Rahmen seiner taktischen Aufgaben ist der Kürassier in der Lage,
Punktziele wie zum Beispiel feindliche Kampfpanzer auf große Entfernungen mit hoher Treffwahrschein-
lichkeit schon mit dem ersten Schuss
zu vernichten.

Daneben ist auch die Bekämpfung
von weichen Zielen und

oben: Gut getarnter Jagdpanzer SK 105 A2 Kürassier mit Wärmebildgerät auf dem Truppenübungsplatz Allentsteig.
unten: Auf diesem Foto ist gut der Turm des Kürassier mit seinem Dreh- und Kipp-teil zu erkennen. Der Jagdpanzer verfügt über eine 105-mm-Kanone mit hoher Treff-wahrscheinlichkeit und einen Laser-Entfernungsmesser. Das Fahrzeug ist schnell und beweglich und erreicht eine Höchstgeschwindigkeit von 68 km/h.

Flächenzielen möglich. Um diese
Aufgaben zu erreichen ist eine gute
Wirkung der Munition am
Ziel, eine hohe Feuer-
schnelligkeit, eine ausreichende Munitionsausstattung, eine
präzise arbeitende Richtanlage, eine
gute optische Ausrüstung sowie eine
Nachtkampffähigkeit erforderlich.
Der Jagdpanzer Kürassier erfüllt alle
genannten Voraussetzungen.

Darüber hinaus sorgt der genau
arbeitende Laser-Entfernungsmesser
für eine hohe Treffwahrscheinlich-
keit auch bei größeren Schussweiten.
Durch die Ausrüstung des Kürassier
mit einer Ladeautomatik erhöht sich
die Feuergeschwindigkeit im Gefecht
erheblich.

Kampfpanzer Leopard 1 NATO

Deutschland
Entwicklung ab 1937
Serienfertigung ab 1939

Eingesetzt in verschiedenen NATO-Staaten

KPz Leopard 1 BE mit „Schlammtarnung" der belgischen 17. mechanisierten Brigade während des Manövers „September Leaves 95" in der Heide. Die belgischen Leopard 1 wurden ohne seitliche Schürzen geliefert.

Moderner Kampfpanzer für NATO-Partner

Mit der Fertigstellung der ersten Serienfahrzeuge des Kampfpanzers Leopard 1 im Jahre 1965 und Übergabe an die Deutsche Bundeswehr begann eine beispiellose Erfolgsstory der deutschen panzerbauenden Industrie in der Nachkriegszeit. Innerhalb kurzer Zeit hatte das neu entwickelte Waffensystem Leopard 1 seine Leistungsfähigkeit unter Beweis gestellt und bei den anderen NATO-Staaten großes Interesse geweckt. Die Interessenten der „ersten Stunde" waren die NATO-Partner Belgien und die Niederlande, danach folgten Norwegen, Dänemark, Italien und Kanada. Später erhielten die Armeen der Türkei und Griechenlands ebenfalls Versionen des Leopard 1. Diese für die griechische und die türkische Armee bestimmten Fahrzeuge hatten das eckige geschweißte Turmgehäuse des A3.

Leopard 1 BE

Der erste NATO-Partner, der den deutschen Kampfpanzer Leopard 1 in seiner Panzertruppe einführte, war Belgien. Die belgische Armee suchte ab dem Jahre 1965 einen Nachfolger für die im Dienst stehenden Kampfpanzer M 47 amerikanischen Ursprungs. Nach einem Jahr umfangreicher Truppenversuche mit zwei Leopard 1 der O-Serie an der Panzertruppenschule in Leopoldsburg kam es zu einer Beschaffung von 334 Fahrzeugen des Typs Leopard 1. Die Serienfertigung begann 1967 und sah eine monatliche Fertigung von zehn Fahrzeugen für Belgien vor, die zwischen 1968 und 1971 ausgeliefert wurden. Der Kampfpanzer Leopard 1 stand im direkten Wettbewerb mit dem französischen Kampfpanzer AMX 30. Aufgrund seiner günstigeren Beschaffungskosten entschied sich die belgische Armee für den Leopard 1 aus Deutschland.

Die belgischen Leopard 1 entsprachen in der Grundausrüstung den Baulosen 3 und 4. Die einzigen Änderungen waren die seitlichen Werkzeugkästen und die belgischen FN-Maschinengewehre. Eine voll

Die Frontansicht eines Leopard 1 A5 iT des italienischen IFOR-Kontingentes in Bosnien. Man beachte die Zusatzpanzerung am Turm und die Wärmeschutzhülle der Bordkanone.

Autor: W. Böhm; Fotos: W. Böhm (6), P. Blume (1); Zeichnung: M. Meyer

integrierte Feuerleitanlage, bestehend aus einem optischen Visier, Laser-Entfernungsmesser, Sensoren und einem Digitalrechner der Firma SABCA, erhielten die belgischen Leopard 1 ab dem Jahre 1973. Mit dieser Feuerleitanlage konnten bewegliche oder feste Ziele auch während der Fahrt aufgefasst und bekämpft werden und es konnte eine bis dahin nie erreichte Treffgenauigkeit erreicht werden. Aufgrund der geänderten Bedrohungslage in Europa fasste Belgien Mitte 1995 den Entschluss, seinen Leopard-1-Bestand auf 132 Kampfpanzer Leopard 1 BE mit dem Rüststand A5 zu reduzieren.

Das norwegische Heer beschaffte 1971 insgesamt 78 KPz Leopard 1. Der vordere Leopard 1 (NO) stammt aus der ersten Lieferung und verfügt über keine Zusatzpanzerung. Er wurde auf A5 nachgerüstet. Das hintere Fahrzeug ist ein Original-Leopard-1A5-Fahrzeug aus Beständen der Deutschen Bundeswehr.

 ## Leopard 1 V

Der zweite NATO-Partner, der sich für den Leopard 1 entschied, waren die Niederlande. Die Panzertruppe der Königlich Niederländischen Armee führte in den Jahren 1967 und 1968 Vergleichstests zwischen dem britischen Kampfpanzer Chieftain und dem Leopard I durch. Obwohl der Beschaffungspreis für beide Panzertypen in gleicher Höhe lag, entschied man sich in den Niederlanden für den Ankauf von insgesamt 468 Kampfpanzern Leopard 1. Im Oktober 1969 wurde das erste Serienfahrzeug an die niederländische Panzertruppe übergeben. In der Grundversion entsprachen die niederländischen Fahrzeuge dem deutschen Baulos 4 mit Ausnahme der Panzerketten. Die Leopard 1 der niederländischen Armee hatten Verbindergleisketten D 139 E 2 mit festen Kettenpolstern wie beim Baulos 1 der Bundeswehr. Darüber hinaus hatten die Leopard 1 in den Niederlanden seitliche Werkzeugkästen, eine niederländische Nebelmittelwurfanlage, ein FN-MG, einen geänderten Schießscheinwerferkasten und amerikanische Funkgeräte. Die Kampfpanzer Leopard 1 NL wurden nachgerüstet mit einer Zusatzpanzerung am Turm von Blohm und Voss, mit einem Wärmebildgerät, einem Feuerleitsystem AFSL-2, einem Laser-Entfernungsmesser, einem elektrischen Feuerleitrechner und einer Waffenstabilisierungsanlage sowie einem Astabweiser für das Wärmebildgerät. Die modifizierten Fahrzeuge wurden als Leopard 1 V bezeichnet. Die auf den Rüststand A5 gebrachten Fahrzeuge wurden Mitte der 90er-Jahre an Griechenland abgegeben.

KPz Leopard C1 der 8. Canadian Hussars (Princess Louise's) stoßen während des Manövers „Royal Sword 90" in die Ortschaft Schönlind/Oberpfalz vor. In der Basisausführung entsprach der kanadische Leopard C1 der deutschen Ausführung A3 mit geschweißtem Turm.

Technische Daten:			
Besatzung:	4 Mann		
Abmessungen			
Länge:	6,94 m		
Breite:	3,37 m		
Höhe:	2,62 m		
Bodenfreiheit:	0,45 m		

Gewichte	
Gefechtsgewicht:	42,4 t
Leistungsgewicht:	19 PS/t
Spez. Bodendruck:	0,80 kg/cm²

Leistungsdaten	
Max. Geschwindigkeit:	65 km/h
Steigfähigkeit:	60 %
Kletterfähigkeit:	1,15 m

Überschreitfähigkeit:	3,00 m
Wattiefe:	1,20 m
Tiefwaten (mit Vorbereitung):	2,25 m
Unterwasserfahren:	4,00 m
Fahrbereich:	600 km

Motordaten
MTU MB 838 Ca M 500
10-Zylinder-Mehrstoffmotor
4 Vor- und 2 Rückwärtsgänge

Hubraum:	37.400 cm³
Leistung:	610 kW/830 PS bei 2200 U/min
Kraftstoffvorrat:	985 l
Verbrauch:	165 l/100 km

Bewaffnung
105-mm-Bordkanone L7A3
7,62-mm-MG, koaxial
7,62-mm-Fla-MG

Hersteller
Krauss-Maffei AG, München, Deutschland

200 Fahrzeuge wurden in Deutschland gefertigt, die restlichen Leopard 1 fertigten italienische Firmen in Lizenz. Die insgesamt 720 Leopard 1 aus der Fertigung der Firma OTO-Melara hatten einen aufgedickten Gussturm der Ausführung A2, verfügten aber über keine Waffenstabilisierungsanlage. Im Rahmen eines Modernisierungsprogramms wurden 200 Kampfpanzer Leopard 1 auf den Rüststand A5 gebracht.

oben: Kampfwertgesteigerte belgische Leopard 1A5 BE mit verstärktem Turm und Seitenschürzen während des Manövers „September Leaves 95" in Bergen-Hohne.
unten: Dänischer Leopard 1A5 DK des C Tank Squadron des Jutland Dragoon Regiment in einem zerstörten Dorf südlich Doboj in Bosnien, September 1996. Wie die kanadische Version verfügten auch die dänischen Leopard 1 über eine Anbauvorrichtung zur Aufnahme einer Räumschaufel oder eines Minenpflugs.

Leopard 1 DK

Nach intensiver Truppenerprobung bestellte Dänemark 120 Leopard 1 A3. Die Fahrzeuge wurden zwischen

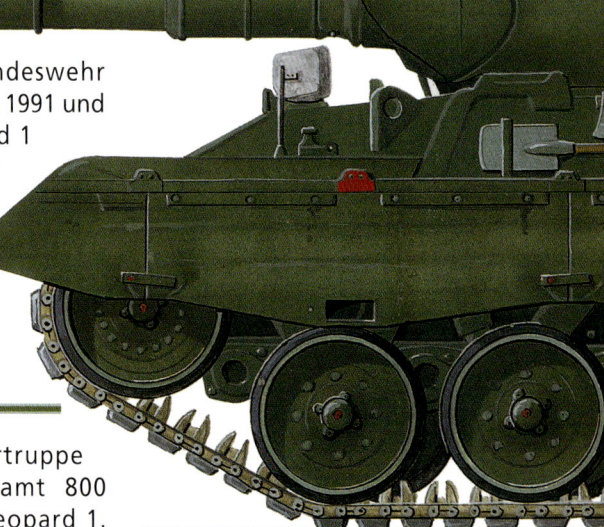

Leopard 1 NO

Nach eingehenden Truppenversuchen entschloss sich Norwegen im Jahre 1968 für den Kauf von 78 Kampfpanzern Leopard 1. Die Fahrzeuge wurden zwischen Januar und Juli 1971 ausgeliefert. Sie entsprachen dem Baulos 4, verfügten aber über neue Verbindergleisketten des Typs D 640A, neue Laufrollen mit verbreiterten Bandagen, eine Lukensicherung am Turm und eine Wärmeschutzhülle am Rohr der 105-mm-Bordkanone.

Aus Beständen der Bundeswehr erhielt Norwegen zwischen 1991 und 1994 zusätzlich 92 Leopard 1 A5. Insgesamt 33 Panzer aus dieser Lieferung erhielten ein vollelektrisches Stabilisierungs- und Turmantriebssystem A5/TEDAS.

Leopard 1 IT

Die italienische Panzertruppe erhielt ab 1970 insgesamt 800 Kampfpanzer vom Typ Leopard 1.

Kampfpanzer Leopard 1-V eines Panzerbataillons des niederländischen Heeres während einer Gefechtspause auf dem Truppenübungsplatz Bergen-Hohne im Jahre 1990.

1976 und 1978 ausgeliefert. Die Türme waren bereits vorgesehen für eine Nachrüstung mit einer integrierten Feuerleitanlage. In einem Nachrüstungsprogramm wurden die dänischen Leopard 1 A3 mit einem Feuerleitsystem EMES18/TIS mit Wärmebildgerät modernisiert. Kampfwertgesteigerte Fahrzeuge mit der Funkausrüstung SEM 80/90 erhielten dann die Bezeichnung Leopard 1

A5A1. Das dänische Heer erhielt in den Jahren von 1992 bis 1994 aus Depots der Bundeswehr insgesamt 100 zusätzliche Leopard 1 A3. Bis 1994 wurden sämtliche Leopard 1 der dänischen Armee auf den Rüststand A5 gebracht.

Leopard C1

Die kanadischen Streitkräfte beschafften ab 1978 insgesamt 114 Kampfpanzer Leopard 1. Die größte Anzahl der Fahrzeuge wurde in der

in Deutschland stationierten Brigade verwendet. Die kanadischen Leopard 1 entsprachen der deutschen Version A3 und erhielten in der kanadischen Panzertruppe die Typenbezeichnung Leopard C1. Erstmalig wurde bei den kanadischen Fahrzeugen serienmäßig das passive Nachtsicht-/Ziel- und Beobachtungsgerät PZB 200 eingerüstet. Alle Panzer verfügten über einen elektronischen Feuerleitrechner (SABCA), Winkelspiegel-Wisch-/Waschanlage für den Fahrer, eine verstärkte Nebelwurfanlage, die auch zum Verschießen von Sprengkörpern geeignet war, ein belgisches FN-MG, eine Anbauvorrichtung für eine Räumschaufel und einen in den Turm integrierten Weißlichtscheinwerfer.

Kampfpanzer Pz 68

Schweiz
Entwicklung ab 1968
Serienfertigung ab 1971

Eingesetzt in der Schweiz

Ein Kampfpanzer Pz 68/2 während einer Fahrt in schwerem Gelände. Die Version 68/2 ist an der Wärmeschutzhülle um das Rohr der Bordkanone zu erkennen.

Die Entwicklung der Schweizer Kampfpanzer vom Pz 61 zum Pz 68/88

Die Entwicklung eines eigenen Kampfpanzers geht in der Schweiz zurück auf das Jahr 1951. Zu jener Zeit wurde eine Studie in Auftrag gegeben, die feststellen sollte, ob in der Schweiz überhaupt ein Kampfpanzer entwickelt werden könnte. Zwei Jahre nach dieser Studie begann die Entwicklung im Eidgenössischen Konstruktionswerk Thun und im Jahre 1958 konnte der erste Prototyp vorgestellt werden. Das als Pz 58 (Panzer 58) bezeichnete neue Fahrzeug wurde in den folgenden Jahren in zwei Prototypen und zehn Vorserienfahrzeugen, zunächst mit der britischen 20-pounder-Kanone (83,4 Millimeter) gefertigt, welche dem damals eingesetzten Pz 55 (Cen-

turion) entsprach. Nach ausgiebigen Tests wurde der neue schweizerische Kampfpanzer im Jahre 1961 in einer Stückzahl von 150 Exemplaren geordert, erhielt jedoch die britische Kanone L7 105 Millimeter, die mittlerweile zum europäischen Standard geworden ist. Die Bezeichnung des neuen Kampfpanzers lautete, dem Einführungsjahr entsprechend, Pz 61. Der Pz 61 besteht aus einer in einem Bauteil gegossenen Panzerwanne sowie einem gegossenen Turm. Der Fahrer sitzt mittig in der vorderen Wanne und verfügt über eine nach hinten klappende Luke sowie drei Winkelspiegel. Die Federung des Fahrgestells geschieht durch einzeln aufgehängte Schwingarme. Der Motor, ein Dieseltriebwerk MTU MB837 mit einer Leistung von 630 PS befindet sich im Fahrzeugheck. Er bildet eine Einheit mit Getriebe und

Auffällig ist das relativ niedrige Heck des Pz 68. Hierdurch ist der Panzer in der Lage, Ziele auch über das Heck mit der Bordkanone bei negativer Rohrerhöhung zu bekämpfen. Zu beachten ist auch das Infanterietelefon in dem Schutzkasten rechts neben der Rohrverzurrung.

Autor: A. Kirchhoff; Fotos: A. Kirchhoff (5), Archiv Truppendienst (3)

Kühlaggregat und kann als Power-pack innerhalb einer Stunde ausgetauscht werden. Aufgrund seines relativ geringen Gewichts von 38 Tonnen erreicht der Pz 61 eine Geschwindigkeit von 55 km/h bei einer Reichweite von circa 300 Kilometern auf der Straße oder 160 Kilometern im Gelände. In seinem Gussturm, der drei Besatzungsmitgliedern Platz bietet, verfügt der Pz 61 neben seiner Hauptbewaffnung, der Kanone 105 Millimeter L7, über eine koaxiale 20-mm-Maschinenkanone in der Kanonenblende. Diese recht seltene Konstruktion sollte dazu dienen, gegen schwächere Ziele leichtere Munition einsetzen zu können. Später wurde jedoch diese Kanone gegen ein 7,5-mm-Blenden-MG ausgetauscht. Zusätzlich ist ein 7,5-mm-MG für die Flugabwehr vor der Ladeschützenluke einsetzbar. Der Pz 61 verfügt über zwei Gruppen mit je drei Nebelwerfern. Auf dem Turmdach ist ein Lyran-Werfer installiert, mit dem Granaten zur Gefechtsfeldbeleuchtung abgefeuert werden können. Der Pz 61 verfügt zum Schutz der Besatzung über eine ABC-Schutzfilteranlage. Die Ausmusterung der

Auf der linken Seite dieses Pz 68/88 ist statt des Staukastens hinten eine Verkleidung für die Abgasanlage vorhanden. Während fast alle Laufrollen bereits vom neuen Typ sind, entspricht die fünfte Laufrolle von vorne noch dem alten gelochten Modell.

Pz 61 aus der Schweizer Armee begann Mitte der 90er-Jahre. Sicher wird das eine oder andere Fahrzeug in einem Museum einen neuen Platz erhalten.

Vom Pz 61 zum Pz 68

Die Weiterentwicklung des Pz 61 führte schließlich zum Pz 68, dessen erster Prototyp im Jahre 1968 fertig gestellt wurde. Im gleichen Jahr wurde auch die Einführungsgenehmigung erteilt. In den Jahren 1971 bis 1974 wurden zunächst 170 Fahrzeuge geliefert. Wie der Pz 61, so verfügt auch der Pz 68 über einen Gussturm, in dem Kommandant, Ladeschütze und Richtschütze Platz finden. Der Ladeschütze verfügt über eine Luke mit geteiltem Deckel, welche zu beiden Seiten öffnet und

Besonders gut ist die gesamte Silhouette des Pz 68/88 zu erkennen. Im Vergleich zu dem im Hintergrund geparkten Pz 87 (Leopard 2) ist bereits zu erkennen, dass der Pz 87 wesentlich größer und kompakter ist.

Technische Daten:

Besatzung:	4 Mann	Hebelast:	25,0 t
		Hauptwinde:	40,8 t
Abmessungen		**Leistungsdaten**	
Länge:	9,49 m	Max. Geschwindigkeit:	55 km/h
Länge (Wanne):	6,88 m	Überschreitfähigkeit:	2,60 m
Breite:	3,14 m	Steigfähigkeit:	60 %
Höhe (Oberkante		Wattiefe:	1,10 m
Kdt.-Luke):	2,75 m	Fahrbereich	
Bodenfreiheit:	0,41 m	Straße:	350 km
		Gelände:	160 km
Gewichte			
Gefechtsgewicht:	39,7 t	**Motordaten**	
Spez. Bodendruck:	0,86 kg/cm²	MZU MB837 Ba 500	
		8-Zylinder-Dieselmotor	

6 Vor- und 6 Rückwärtsgänge
Leistung: 463 kW/630 PS
Leistungsgewicht: 16,62 PS/t
Kraftstoffvorrat: 710 l
Verbrauch: 220/330 l/100 km

Bewaffnung
105-mm-Bordkanone L7 A1,
Blenden-MG 7,5 mm, koaxial
Fla-MG 7,5 mm
2 x 3 Nebelwerfer

Hersteller
Eidgenössische Konstruktions-werke, Thun, Schweiz

Deutlich sind am Turm neben dem geöffneten Richtschützenperiskop die beiden Aufbauten für die Entfernungsmesser zu erkennen. Rechts neben der Kanone befindet sich das koaxiale Blenden-MG 7,5 Millimeter. Bei diesem Pz 68/88 ist auch sehr gut die gerundete Form der gegossenen Oberwanne zu sehen.

mit einer Lafette für ein 7,5-mm-Fla-MG versehen ist. Zur Gefechtsfeldbeobachtung verfügt der Ladeschütze über sechs Winkelspiegel. Der Panzerkommandant verfügt über eine einteilige Luke, vor der sich das Periskop des Richtschützen befindet. Zur Rundumsicht hat er acht Winkelspiegel. Vor beiden Luken ist an der Turmaußenseite jeweils ein Entfernungsmesser vorhanden.

Jeweils rechts und links an den hinteren Turmseiten befindet sich ein Nebelwerfer mit drei Werferrohren. Wie beim Pz 61 sind an der Gusswanne an beiden Seiten über den Kettenabdeckungen Werkzeugkästen montiert, die das gesamte Bordwerkzeug aufnehmen. Am Fahrzeugheck befindet sich neben einer sehr großen Transporthalterung für die Kanone ein Feldtelefon, über das die Infanteristen Kontakt mit der Panzerbesatzung aufnehmen können. Ebenso ist dort ein Abschleppkabel angebracht. Gegenüber dem Pz 61 verfügt der Pz 68 über eine Reihe von technischen Verbesserungen, wenn er auch optisch kaum von seinem Vorgänger zu unterscheiden ist. So wurde zum Beispiel für die 105-mm-Kanone L7 eine Waffenstabilisierungsanlage installiert, die die Zielerfassung und Bekämpfung auch während der Bewegung zuließ. Die Kanone selbst erhielt einen Rauchabsauger. Eine Munitionsluke wurde in die linke Turmseite integriert und der Motor wurde leistungsgesteigert, sodass er nunmehr 660 PS erzeugt. Im Bereich des Fahrwerks wurde die Stahlkette durch eine etwas breitere Kette mit wechselbaren Gummipolstern getauscht. Außerdem wurde durch einen leicht verlängerten Radstand die Auflagefläche der Ketten auf dem Boden erhöht, was zu einer besseren Geländegängigkeit führte. Der Gussturm erhielt einen großen Staukorb, zusätzlich kann eine Tiefwatausrüstung montiert werden.

Auffällig ist die Formgebung des Gussturmes dieses Pz 68/88. Zu beachten sind auch das geöffnete Periskop des Richtschützen sowie Die 105-mm-Kanone L7 verfügt über eine Wärmeschutzhülle, auf der Mündung ist ein Feldjustiergerät montiert.

Weitere Verbesserungen

Im Jahre 1977 wurden 50 Panzer des Pz 68/2 ausgeliefert. Als äußeres Erkennungsmerkmal wiesen sie eine Wärmeschutzhülle um das Kanonenrohr auf. Zusätzlich sind sie mit einer Absauganlage für Kohlenmonoxid sowie mit einer Feuerlöschanlage ausgestattet. 1978 und 1979 wurden 110 Panzer des Typs Pz 68/3 ausgeliefert. Sie basierten auf dem Rüststand des Pz 68/2 und waren zusätzlich mit einem leicht vergrößerten Gussturm ausgestattet. Weiterhin wurden in den Jahren 1983 und 1984 60 weitere Panzer dieses Rüststandes geliefert, die die Bezeichnung Pz 68/4 erhielten.

Nachrüstungen

Im Jahre 1986 wurde bekannt gegeben, dass 195 Fahrzeuge aus dem Bestand nachgerüstet werden. Das Gesamtpaket beinhaltete einen neuen Feuerleitrechner sowie eine Feldjustieranlage. Das Richtschützenperiskop wurde stabilisiert. Das Fahrwerk wurde verbessert, indem hydraulische Endanschläge montiert wurden. Außerdem wurden die gelochten Laufrollen nach und nach gegen geschlossene Laufrollen ausgetauscht. Zum Schutz der Besatzung wurde das ABC-Filtersystem

einer der Entfernungsmesser links dahinter.

oben: Ein Kampfpanzer Pz 68 der Schweizer Armee in schneller Fahrt während der Übung „Panzerjagd 1982".
unten: Ein Pz 68/88 in Marschstellung. Der Soldat am Heck löst gerade die Marschverzurrung. Zu beachten ist der große Überhang der Kanone am Heck.

verbessert. Die Fahrzeuge erhielten den Dreifarb-Fleckentarnanstrich, der auch in den NATO-Staaten Einzug hielt. Gemäß der ersten Einführung dieser Nachrüstung erhielten die umgerüsteten Fahrzeuge die Bezeichnung Pz 68/88.

Mit dem Pz 61/Pz 68 ist der Schweiz eine interessante Panzerentwicklung gelungen. Die für einen Kampfpanzer relativ geringen Abmessungen und das Gewicht von nur 39,7 Tonnen tragen den Straßen- und Platzverhältnissen in der Schweiz Rechnung. So können die Fahrzeuge auch enge Ortsdurchfahrten und schmale Bergstraßen passieren. Die maximale Geschwindigkeit von 55 km/h war für die Zeit, aus der die Entwicklung stammt, durchaus angemessen und machte die Schweizer Panzerwaffe, die zugleich noch über den wesentlich schwereren und langsameren Pz 55 (Centurion) verfügte, erheblich beweglicher. Wasserhindernisse können bis zu einer Tiefe von 1,1 Meter ohne Vorbereitung durchquert werden, mit Vorbereitung bis 2,3 Meter. Auch die Feuerkraft der 105-mm-Panzerkanone L7 entsprach voll dem NATO-Standard. Alle gängigen Munitionsarten bis hin zu unterkalibrigen Pfeilgeschossen (APDS) können verschossen werden. Ein Munitionsvorrat von 56 Schuss 105 Millimeter

sowie 5200 Schuss 7,5 Millimeter wird mitgeführt. Die Rohrerhöhung der Kanone liegt zwischen –10 und +21 Grad und ist damit für gebirgiges Gelände ausgelegt.

Der Pz 68 ist in der Schweizer Armee unter anderem in Panzerbataillonen eingesetzt. Eine Panzerkompanie verfügt über 31 Kampfpanzer, welche in drei Kampfkompanien aufgeteilt sind. Während viele Fahrzeuge aus schweizerischer Entwicklung weltweit Abnehmer gefunden haben (man denke an die Piranha-Panzerfamilie), wurde der Pz 61 bzw. Pz 68 nicht exportiert. Für den Bedarf der Schweizer Armee wurden allerdings weitere Familienfahrzeuge entwickelt. Hierzu gehören der Entpannungspanzer 65 sowie der Brückenpanzer 68. Weitere Entwicklungen, wie ein Flakpanzer 68 und die Panzerkanone 68, ein 155-mm-Geschütz, wurden nicht bis zur Serienreife gebracht. Eine andere Weiterentwicklung, ein Pz 68 mit Turm-Zusatzpanzerung und 120-mm-Glattrohrkanone, wurde ebenfalls nicht eingeführt. Stattdessen ersetzte die schweizerische Armee ihre Pz 55 (Centurion) ab 1987 durch den Leopard 2, der, in großen Stückzahlen als Lizenzprodukt in der Schweiz gefertigt, die Bezeichnung Pz 87 erhielt.

Kampfpanzer Merkava

Israel
Entwicklung ab 1970
Serienfertigung ab 1978

Eingesetzt in Israel

Die vierköpfige Besatzung eines Merkava 3 beim Aufsitzen auf den Panzer. Neben der Besatzung können bei Bedarf im Heck des Fahrzeugs noch bis zu sechs Soldaten aufsitzen.

Schutz für die Besatzung

Während des Yom-Kippur-Krieges im Oktober 1973 erlitten die mit amerikanischen und britischen Kampfpanzern ausgestatteten israelischen Panzertruppen erhebliche Verluste durch Panzerabwehrwaffen, insbesondere unter den Panzerbesatzungen. Da dies für das kleine Land Israel besonders schmerzvoll war, begann man in der israelischen Armee darüber nachzudenken, wie man den Schutz der Panzerbesatzungen optimieren könnte.

Bereits im Jahre 1970 hatte die israelische Armee mit der Entwicklung eines eigenen Kampfpanzers begonnen. Als Vater dieser Eigenentwicklung gilt General Tal, ein in Israel legendärer Panzergeneral. Unter sei-

ner Federführung wurde die Entwicklung mit Hochdruck vorangetrieben. Vordringliches Ziel war es, die Überlebensfähigkeit der Panzerbesatzung zu erhöhen.

Entwicklung

General Tal und sein Konstruktionsteam legten bei dem neuen Kampfpanzer den Antrieb nach vorne, um auch den Motorblock in den ballistischen Schutz der Frontpartie einbeziehen zu können. Weiterhin wurde das Prinzip der Schottpanzerung angewendet. Der niedrige Turm und die Wanne erhielten ballistisch günstige Formen und Strukturen. Auch die Kraftstofftanks wurden gezielt zum Schutz eingesetzt – eine beinahe paradoxe Feststellung. Da das

Fahrzeug einen Dieselmotor erhielt, konnte man den niedrigen Flammpunkt des Dieselkraftstoffes ausnut-

Teilansicht eines Merkava 1. Gut zu erkennen ist die wuchtige Frontpartie mit dem Motorblock. Der Motor in der Frontpartie verleiht der Besatzung des Merkava einen zusätzlichen Panzerschutz.

Autor: P. Blume; Fotos: M. Gelbart (6), M. Ritzmann (2); Zeichnung: M. Meyer

Ein Merkava 3 in voller Fahrt in der Wüste. Der Panzer erreicht eine Höchstgeschwindigkeit von 55 Kilometern in der Stunde.

zen. Die Treibstoffbehälter, die Munitionshalterungen und Stauräume sind besonders geschützt und bieten um den Kampfraum herum Zusatzschutz. Der Platz des Kommandanten erhielt einen besonderen Überkopfschutz, um ihm auch bei offener Luke noch einen gewissen Schutz zu bieten. Dies ist besonders wichtig, da es in der israelischen Panzertruppe üblich ist, auch im Gefecht wegen der besseren Übersicht mit offener Kommandantenluke zu fahren. Eine weitere Beson-

derheit der Kampfpanzerentwicklung ist das Vorhandensein einer großen Heckluke in der Wanne, die dem Nachladen mit palettierter Munition und zum Aufsitzen von Infanterie dient. Gleichzeitig dient die Heckklappe als Notausstieg. Die ersten Prototypen des neuen Kampfpanzers, der die Typenbezeichnung Merkava (Streitwagen) erhielt, wurden von den USA finanziert und im Jahre 1974 an die israelische Panzertruppe ausgeliefert. Es folgten umfangreiche Tests und Truppenversu-

che. Im Mai 1977 stellte Israel den Kampfpanzer Merkava zum ersten Mal der Öffentlichkeit vor und kündigte die Serienfertigung des Fahrzeuges an, die dann tatsächlich im Jahre 1978 begann.

Bewaffnung

Der Kampfpanzer Merkava besitzt als Hauptwaffe eine Bordkanone 105 Millimeter L/51 vom Typ M 68 in einem Drehturm. Es handelt sich um eine in Israel in Lizenz gefertigte

Technische Daten:

Besatzung:	4 Mann

Abmessungen

Länge:	7,60 m
Breite:	3,70 m
Höhe:	2,76 m
Bodenfreiheit:	0,53 m

Gewichte

Gefechtsgewicht:	61,0 t
Leistungsgewicht:	14,4 kW/t
Bodendruck:	0,96 kg/cm²

Leistungsdaten

Max. Geschwindigkeit:	55 km/h
Steigfähigkeit:	70 %
Kletterfähigkeit:	1,00 m
Überschreitfähigkeit:	3,50 m
Wattiefe:	1,38 m
Fahrbereich:	500 km

Motordaten

Teledyne Continental AVDS
1790-9 AR
12-Zylinder-Dieselmotor
2 Vorwärtsgänge

Man beachte die Zusatzpanzerung dieses Merkava 2 der israelischen Panzertruppe am Turm sowie die als Schutz am Turmheck an Ketten aufgehängten Stahlkugeln. Sie sollen Panzerabwehrlenkflugkörper vorzeitig zur Explosion bringen.

1 Rückwärtsgang

Hubraum:	29.300 cm³
Leistung:	882 kW/1200 PS
	bei 2400 U/min
Kraftstoffvorrat:	1250 l
Verbrauch:	250 l/100 km

Bewaffnung

Bordkanone 120 mm

MG 7,62 mm, koaxial
1 Fla-MG 7,62 mm
1 MG 12,7 mm
1 Mörser 60 mm

Hersteller

Israeli Ordnance Corps Factory,
Tel a Shomer,
Israel

oben: Dieser Merkava 2 befindet sich auf einem Abstellplatz innerhalb eines Militärstützpunktes in Israel.

unten: Ein Kampfpanzer Merkava 2 im Wüstentarnanstrich. Im Gegensatz zum Merkava 1 verfügt dieser Panzer über eine Zusatzpanzerung am Turm sowie einen Staukorb am Turmheck.

amerikanische Zugrohrkanone. Sie ist innenballistisch identisch mit der NATO-Kanone gleichen Kalibers. Ein koaxiales Turm-MG 7,62 Millimeter vom Typ MAG-58 feuert durch einen schmalen Schlitz in der linken Blen-

de. Auf dem Turmdach sind Drehzapfen für zwei weitere MGs 7,62 Millimeter vorhanden. Die Feuerleitanlage des Merkava besteht aus dem Rundblickfernrohr des Kommandanten, der Zieleinrichtung des Richtschützen und dem Feuerleitrechner. Die Bordkanone ist stabilisiert. Ein Laserentfernungsmesser ist vorhanden. Als Kampfbeladung für die 105-mm-Bordkanone werden 60 Schuss mitgeführt. Eine Besonderheit bei der Bewaffnung stellt der am Turm angebrachte, von innen abfeuerbare 60-mm-Mörser dar. Diese Waffe eignet sich besonders für Nahkampfzwecke in unübersichtlichem Gelände.

Merkava 2

Im Jahre 1983 wurden die ersten Fahrzeuge der verbesserten Version Merkava 2 an die Truppe ausgeliefert. Der Merkava 2 erhielt eine pas-

sive Zusatzpanzerung an der Turmfront und an den Turmseiten sowie neue Panzerschürzen. Es wurden ein neues Schalt-Lenk-Getriebe und eine verbesserte Feuerleitanlage vom Typ Matador Mk. 2 eingebaut. Am Turmheck brachte man einen Kettenvorhang an, um die Zünder von Panzerabwehrlenkflugkörpern vorzeitig ansprechen zu lassen. Die Produktion des Merkava 2 war im Jahre 1989 beendet.

Merkava 3

Der Kampfpanzer Merkava 3 gleicht äußerlich stark seinen beiden Vorgängern. Die Feuerkraft wurde jedoch erheblich durch den Einbau einer 120-mm-Glattrohr-Bordkanone gesteigert. Die Bordkanone besitzt eine Wärmeschutzhülle und einen Rauchabsauger. Sie sieht der Hauptwaffe des Leopard 2

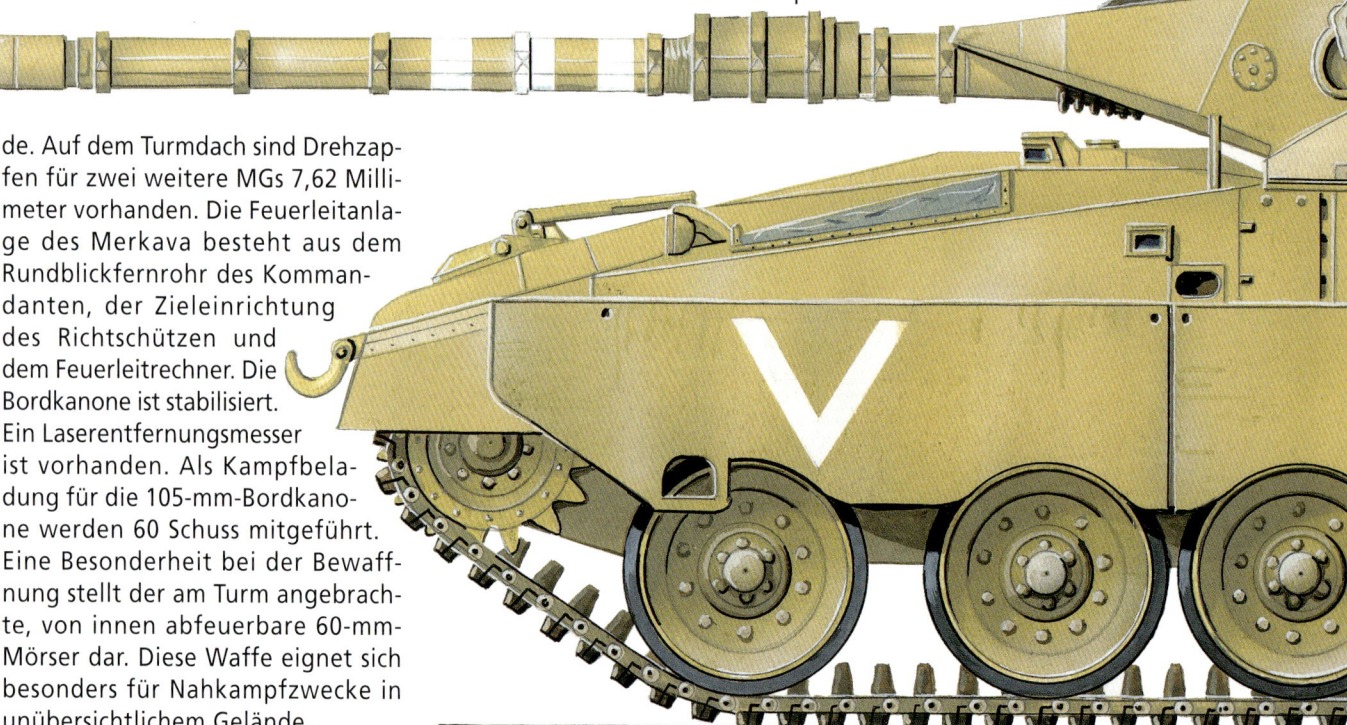

sehr ähnlich! Neben den zwei Fla-MGs 7,62 Millimeter von FN mit höhenverstellbaren Lafetten verfügt der Merkava 3 über ein 12,7-mm-MG auf der Bordkanone. Die Maschinengewehre können von innen elektrisch abgefeuert werden. Die Richtschützenoptik wurde stabilisiert und die Turmbedienung erfolgt elektrisch. Das Fahrzeug erhielt eine neue Panzerung, bestehend zur Hälfte aus auswechselbaren Modulen, sowie eine moderne Nebelwurfanlage beiderseits des Turms. Durch den Einbau eines stärkeren Dieselmotors von Teledyne vom Typ AVDS-1790-9AR mit einer Leistung von 882 kW sowie einem neuen Getriebe konnte die Beweglichkeit wesentlich erhöht werden. Ein eingebautes Rundumwarngerät meldet der Besatzung feindliche Laserstrahlen sowie elektromagnetische Strahlung. Der Kampfpanzer Merkava 3 wurde im Verlauf seines Truppendienstes weiter in seiner Leistung gesteigert. Die Version Merkava 3 BAZ hat unter anderem eine überarbeitete Panzerung. Eine weitere Version, der Merkava 4, ist in Entwicklung.

oben: Israelische Panzersoldaten bei der Ausbildung am Kampfpanzer Merkava 3.
unten: Der Kampfpanzer Merkava 3 ist einer der am stärksten bewaffneten Kampfpanzer der Welt.

Varianten

Von allen Versionen des Merkava sind in der israelischen Panzertruppe Befehlspanzer vorhanden, die über zusätzliche Funkausstattungen verfügen. Darüber hinaus können alle Fahrzeuge mit Minenräumgeräten ausgerüstet werden.

Die Kampfpanzer Merkava 1 und 2 werden im Rahmen der Hauptinstandsetzung auf den Rüststand Merkava 3 gebracht. Sie behalten jedoch die Bordkanone 105 Millimeter. Auf dem Fahrgestell des Merkava entwickelte die israelische Rüstungsindustrie eine 155-mm-Panzerhaubitze, von der zwei Prototypen gebaut und getestet wurden.

Kampfpanzer M 1 Abrams

USA
Entwicklung ab 1970
Serienfertigung ab 1980

Eingesetzt in den USA

Während des Manövers „Goldener Löwe" im September 1987 in Nordhessen: Ein Kampfpanzer IPM1 der 3. US-Panzerdivision sichert an einer Landstraße im Knüll.

Entwicklung

Nach Einstellung der bilateralen deutsch-amerikanischen Entwicklung MBT 70 (Kampfpanzer 70) im Januar 1970 gingen beide Seiten wieder zu nationalen Weiterentwicklungen ihrer bisherigen Panzerfahrzeuge über. Die USA setzten die Panzerentwicklung MBT 70 unter der Bezeichnung XM 803 fort. Doch der amerikanische Kongress stoppte das Panzerprojekt XM 803 im Jahr 1972 mit der Begründung, dass es technisch zu kompliziert und vor allem zu teuer sei. Das war die Geburtsstunde des XM 1 (X = Experimental).

In einem „Development Concept Paper" (Konzeptbeschreibung) wurde auf Verlangen des amerikanischen Generalstabschefs das Anfor-

derungsprofil an den neuen Kampfpanzer überarbeitet und vereinfacht. Das neue Kampfpanzer-Konzept wurde dann im Januar 1973 verabschiedet. Zur Konzeptfindung diente auch ein an die Vereinigten Staaten verkauftes Prototyp-Fahrgestell Leopard 2. Im Juni 1973 wurde mit zwei Firmen, General Motors und Chrysler, ein Vertrag zur Entwicklung von Prototypen geschlossen. Ende 1973 wurde die Bezeichnung für den neuen Kampfpanzer von XM 815 auf XM 1 Abrams geändert.

Leopard 2 stand Pate

Die Lehren aus dem arabisch-israelischen Krieg vom Herbst 1973, bei dem es zu erheblichen israelischen Panzerverlusten durch drahtgelenkte Panzerabwehrflugkörper kam,

flossen in das Programm XM 1 mit ein. Im Jahr 1976 standen die Prototypen von Chrysler und General

Zwischen 1984 und 1986 wurden von der IPM1-Ausführung insgesamt 894 Fahrzeuge gefertigt. Die Verbesserungen lagen im Bereich des Fahrwerks und der Frontpanzerung, unter anderem wurde am Turmheck ein Staukorb angebracht.

Autor: W. Böhm; Fotos: W. Böhm (5), P. Blume (2), H. Stenzel (2)

Motors zur Verfügung. Im Herbst 1976 traten die beiden Prototypen zusammen mit dem Leopard 2 AV zur Auswahlbewertung an. Die ursprüngliche Vereinbarung, dass der Sieger der Auswahlbewertung von beiden NATO-Partnern in Serie gebaut werden solle, wurde geändert. Stattdessen einigte man sich, dass nur gewisse Komponenten des M1 und Leopard 2 zukünftig standardisiert werden sollten. Es wurde abgesprochen, die deutsche 120-mm-Glattrohr-Bordkanone und das Common Modul für das Wärmebildgerät in beiden Kampfpanzern zu verwenden. Noch während der laufenden Erprobung im November 1976 fiel die Entscheidung des US-Verteidigungsministeriums zugunsten des Chrysler-Prototyps mit Gasturbinen-Antrieb.

Das 2*nd* Battailon/64*th* Armor Regiment war das erste US Panzerpataillon in Deutschland mit M1 Abrams. Hier ein Fahrzeug des Bataillons während des Manövers „Carbine Fortress" im Jahre 1982.

Chrysler-Panzer mit Kinderkrankheiten

Nach Auftragserteilung über die Produktion von Vorserienfahrzeugen lieferte Chrysler Anfang 1978 die ersten XM1-Prototypen. Insgesamt elf Prototypen sind von Chrysler gefertigt worden. Im Februar 1980 wurden die ersten 110 Serienfahrzeuge des XM 1 der US Army übergeben und umfangreichen Erprobungen und Truppenversuchen unterzogen. An den Vorserienfahrzeugen wurden schon über 300 Änderungen gegenüber den Prototypen berücksichtigt. Konstruktionsschwächen lagen im Bereich der Gasturbine, des Gleisketten-Lauf-

Ein Kampfpanzer M 1 Abrams der 1*st* CAV Div. bei Schneverdingen, während des Reforger-Manövers „Certain Strike 87". Nachdem Entwicklungs- und Testphase der M1 abgeschlossen waren, wurde der Panzer typenklassifiziert und erhielt den offiziellen Namen Abrams, nach General Creighton Abrams.

Technische Daten:	
Besatzung:	4 Mann

Abmessungen

Länge (Rohr 12.00 Uhr):	9,76 m
Breite:	3,65 m
Höhe (über Turmdach):	2,37 m
Bodenfreiheit:	0,48 m

Gewichte

Gefechtsgewicht:	54,5 t
Leistungsgewicht:	27,5 PS/t
Spez. Bodendruck:	0,8 kg/cm²

Leistungsdaten

Max. Geschwindigkeit	
Straße:	72,4 km/h
Gelände:	48,3 km/h
Fahrbereich:	440 km

Steigfähigkeit:	60 %
Kletterfähigkeit:	1,24 m
Überschreitfähigkeit:	2,74 m

Motordaten

Textron Lycoming AGT 1500
Diesel-Gasturbine
4 Vor- und 2 Rückwärtsgänge

Leistung:	1100 kW/1500 PS
Kraftstoffvorrat:	1908 l

Bewaffnung

Bordkanone M68A1 105 mm
MG 7,62 mm koaxial
Fla-MG 7,62 mm
Fla-MG 12,7 mm
2 x 6 Nebelwurfanlage

Munition

55 x 105-mm-Geschosse
1000 x MG-Munition 12,7 mm
11.400 x MG-Munition 7,62 mm
24 Nebelgranaten

Elektronik

Elektonische Feuerleitrechner,
Waffenstabilisierung,
Wärmebildgerät,
Hauptzielgerät mit integriertem
Laser-Entfernungsmesser

Hersteller

General Dynamic LP, Warren, Michigan, USA

Kampfpanzer M 1 Abrams eines Panzerbataillons der 3. Infanteriedivision während der Übung „Cabine Fortress" im September 1982

werks sowie der Kraftstoffanlage, die jedoch beseitigt werden konnten. Der Serienlauf des M 1 begann, aufgrund der Bedrohungsbeurteilung durch die US Army, mit der 105-mm-Bordkanone, da zu dieser Zeit die deutsche 120-mm-Bordkanone noch nicht zur Verfügung stand. Die Serienfertigung wurde Anfang der 80er-Jahre durch General Dynamics übernommen.

Fahrgestell

Im M 1 ist der Fahrerplatz in der Mitte angeordnet. Abgeschottet durch eine Panzerung befinden sich rechts und links vom Fahrer Kraftstoff und Munition. Das Laufwerk hat sieben drehstabgefederte Laufrollen. Das Leitrad stellt sich hydraulisch nach. Um ein Abwerfen der Panzerkette bei besonderen Lenkbewegungen und im schweren Gelände zu verhindern, wurde ein Stahlblechring vorgeschraubt. Der Endantrieb erfolgt durch ein Planetengetriebe. Als Besonderheit wurde erstmals eine Lycoming Fahrzeugturbine AGT 1500 verwendet, welche von der Fa. Avco Lycoming Division, Stratford, entwickelt wurde. Die Gasturbine ist mit einem hydromechanischen Schalt-, Lenk- und Wechselgetriebe gekoppelt.

Ein lastschaltbares Wendegetriebe erlaubt ein Umschalten von Vor- auf Rückwärtsfahrt oder umgekehrt in jeder Gangstufe. Eine Feuerlöschanlage im Kampfraum und Triebwerk unterdrückt Brände. Der Kraftstoffvorrat des M 1 hat ein Gesamtvolumen von 1908 Litern, das in vier Behältern in der Fahrzeugwanne gelagert ist.

Panzerturm

In der Prioritätenliste des zukünftigen Nutzers, der US Army, stand die Überlebensfähigkeit der Besatzung an erster Stelle, auch eine Lehre aus dem bereits genannten Nahostkrieg von 1973. Durch Weiterentwicklung der britischen Chobham-Panzerung (Mehrschichtpanzerung) war es gelungen, einen ausreichenden Turmschutz gegen Wucht- und Hohlladungsmunition zu entwickeln. Als Bordkanone für den Kampfpanzer M 1 Abrams verwendete die US Army eine verlängerte, gezogene britische Bordkanone M 68 A1 mit 105-mm-Kaliber. Der Kommandant verfügte über ein 12,7-mm-MG, das von innen bedienbar war. Der Ladeschütze bedient ein 7,62-mm-MG und der Richtschütze ein koaxiales 7,62-mm-MG.

Ein Kampfpanzer M1 des 1st Bn/64 Armor der 1. Infanteriedivision während der Heeresübung „Fränkisches Schild" im September

Der Munitionsvorrat für die 105-mm-Bordkanone beträgt 55 Geschosse, die hauptsächlich im Turmheck untergebracht sind. Eine Sollbruchstelle im Munitionsbunker leitet die Druckwelle bei einem Treffer nach oben. Der Kommandant kann die Bekämpfung des Zieles dem Richtschützen übertragen oder selbst richten und schießen. Ein wesentliches Merkmal der Feuerleitanlage ist die unabhängige Kommandanten-Optik. Ein Digitalrechner verarbeitet automatisch die wichtigen Daten wie Luftdruck, Temperatur und Entfernung. Nach Munitionswahl wird die Schießbereitschaft mit einer Lichtmarke im Hauptzielgerät angezeigt.

Einsatz bei der US Army

Insgesamt wurden vom Kampfpanzer M 1 mit 105-mm-BK 2374 Fahrzeuge produziert und bis Februar 1985 geliefert. Priorität mit der M1-Ausrüstung hatten die Panzerbataillone der USAREUR, die ja nahe des Eisernen Vorhanges stationiert waren. Das 2nd Bn 64th Armor Rgt. der 3rd US Infantry Division war 1981/82 das erste Panzerbataillon in Deutschland, welches mit dem M 1 operativ einsatzfähig war. Während Reforger 1982 „Carbine Fortress" in Nordbayern wurde der M 1 zum ersten Mal den harten Bedingungen

1986 in Franken.

oben: Die ersten M 1 hatten noch keinen Turmstaukorb für das persönliche Gepäck der Besatzung, wie bei diesem M1 der 1-11 ACAV.
Mitte: Kampfpanzer M 1 des 1-11 ACAV Rgt. auf dem Marsch im Raum Alsfeld, während des Winterreforger-Manövers 1985 „Central Guardian". Die Gasturbine verleiht dem Abrams eine Spitzengeschwindigkeit von 72 km/h.
unten: An diesem M 1 des 3rd Bn 69th Armor Rgt. der 3rd Infantry Div. wurde in einer Feldmodifikation die hintere Seitenschürze gekürzt, damit sich das Antriebsrad besser von Schlamm und Ästen reinigt.

eines Großmanövers unterzogen. Zwischen Oktober 1984 und Mai 1986 wurden 894 Fahrzeuge einer verbesserten Ausführung produziert, mit der Bezeichnung IPM1 (Improved Programm M1). Die Modifikationen lagen im Bereich des Laufwerks, der Panzerung und eines größeren Stauraums für die Besatzung. Während der Operation „Desert Storm" kamen M 1 hauptsächlich bei den

Panzereinheiten der 1st US Infantry Division und 1st CAV Div. zum Einsatz. Dabei zeigte sich, dass die Leistung der 105-mm-Bordkanone gegen die mit Zusatzpanzerung ausgerüsteten irakischen Kampfpanzer nicht überzeugen konnte. Bis Mitte der 90er-Jahre waren fast alle Panzereinheiten der US Army auf das überarbeitete Folgemodell M 1 A1 Abrams umgerüstet.

Kampfpanzer Leopard 1 A3/A4
Deutschland
Weiterentwicklung ab 1970

Eingesetzt in Deutschland, Australien, Kanada, Dänemark, Griechenland, Türkei

Die Panzertruppe Dänemarks erhielt im Jahre 1974 insgesamt 120 Kampfpanzer vom Typ Leopard 1 A3. Die Fahrzeuge waren mit amerikanischen Funkgeräten ausgestattet.

Teil des fünften Bauloses

Im November 1970 wurde ein Auftrag für weitere Kampfpanzer Leopard 1 erteilt. Es handelte sich um das fünfte Baulos des bewährten Fahrzeuges. Insgesamt umfasste der Auftrag für das fünfte Baulos 342 Kampfpanzer. Davon waren 110 Fahrzeuge mit einem neuen, geschweißten Turmgehäuse versehen. Diese Ausführung erhielt die Typenbezeichnung Leopard 1 A3.

Der Panzerschutz des neuen Turmes war dem aufgedickten Gussturm der Version A2 gleich. Der Turm hatte jedoch ein vergrößertes Innenvolumen von circa 1,5 Quadratmetern. Das geschweißte Turmgehäuse des A3 verlieh dem Fahrzeug eine auffallende Veränderung des äußeren Erscheinungsbildes. Als weitere Neuerung wurde ein dreh- und kippbarer Winkelspiegel für den Ladeschützen eingebaut. Das Fahrgestell und die Turminneneinrichtung entsprachen dem Leopard 1 A2. Ein Teil der Fahrzeuge erhielt im Laufe des Truppendienstes ein nach dem Restlichtverstärkerprinzip arbeitendes Ziel- und Beobachtungsgerät PZB 200. Diese bezeichnete man als Leopard 1 A3/A2.

Auslandslieferungen

Auf der Basis des Leopard 1 A3 wurden später die Auslandslieferungen für die Länder Australien, Kanada, Dänemark, Griechenland und die Türkei gefertigt. Die Fahrzeuge erhielten, entsprechend den Forderungen der ausländischen Nutzer, unter-

Ein Kampfpanzer Leopard 1 A3 eines Panzerbataillons der 10. Panzerdivision während einer Herbstübung. Man beachte die Nachrüstung mit dem PZB 200, einem nach dem Restlichtverstärkerprinzip arbeitenden Ziel- und Beobachtungsgerät.

Autor: P. Blume; Fotos: P. Blume (2), BMVgliP-Stab (1), S. Bannert (2)

oben: Ein Kampfpanzer vom Typ Leopard 1 A4 während eines Gefechtsschießens auf einem Truppenübungsplatz in der Lüneburger Heide.
unten: Die in Deutschland stationierte Brigade Kanadas war in ihrem Panzerbataillon mit Kampfpanzern Leopard C 1 ausgerüstet. Das Fahrzeug basierte auf der Version A3 des Leopard 1.

schiedliche Ausstattungen und zum Teil andere Typenbezeichnungen. So wurde zum Beispiel die kanadische Ausführung als Leopard C 1 und die australische Version als Leopard AS 1 bezeichnet.

Leopard 1 A4

Im Jahre 1972 wurde ein sechstes Baulos für die Bundeswehr bewilligt. Es handelte sich um 250 Fahrzeuge, die als Leopard 1 A4 bezeichnet wurden. Ausgeliefert wurden diese Fahrzeuge ab 1975 hauptsächlich an Panzerbataillone der 10. Panzerdivision. Der Leopard 1 A4 hatte ebenfalls ein geschweißtes Turmgehäuse. Neu eingebaut waren ein Raumbild-Entfernungsmesser und eine integrierte Feuerleitanlage mit Feuerleitrechner. In der integrierten Feuerleitanlage wurden das Hauptzielgerät des Richtschützen und das Beobachtungs- und Zielgerät des Kommandanten mit der Waffenstabilisierungsanlage und der Bordkanone 105 Millimeter zu einem rechnergesteuerten System zusammengefasst. Dadurch wurde die Kampfkraft erheblich erhöht. Darüber hinaus erhielt die Version A4 durch den Einbau einer vollautomatischen Schaltgetriebesteuerung eine verbesserte Beweglichkeit. Der Leopard 1 A4 sowie der A3 werden heute in der Bundeswehr nicht mehr verwendet.

Technische Daten:

Leopard 1 A4

Besatzung:	4 Mann

Abmessungen

Länge:	6,94 m
Breite:	3,37 m
Höhe:	2,72 m
Bodenfreiheit:	0,44 m

Gewichte

Gefechtsgewicht:	42,5 t
Leergewicht:	40,6 t
Leistungsgewicht:	19,5 PS/t
Spez. Bodendruck:	0,90 kg/cm²

Leistungsdaten

Max. Geschwindigkeit:	65 km/h
Steigfähigkeit:	60 %
Kletterfähigkeit:	1,15 m
Wattiefe:	1,20 m
Überschreitfähigkeit:	3,00 m
Fahrbereich:	600 km

Ein mit „Schlammtarnung" versehener Kampfpanzer Leopard 1 A3 im technischen Bereich eines Panzerbataillons.

Motordaten
MTU MB 838 Ca M 500
10-Zylinder-Mehrstoffmotor
4 Vor- und 2 Rückwärtsgänge

Hubraum:	37.400 cm³
Leistung:	610 kW/830 PS
Kraftstoffvorrat:	985 l
Verbrauch:	165 l/100 km

Bewaffnung
MG 7,62 mm, koaxial
Bordkanone 105 mm L 7 A3
Fla-MG 7,62 mm

Hersteller
Krauss-Maffei, München, Deutschland

Kampfpanzer Leopard 2 A0 bis A3

Deutschland
Entwicklung ab 1970
Serienfertigung ab 1979

Eingesetzt in Deutschland, Niederlande

Ein Kampfpanzer Leopard 2 A3 der Panzerbrigade während einer Gefechtsübung auf dem Truppenübungsplatz Bergen-Hohne.

Forderung nach neuem KPz

Mitte der 70er-Jahre stand das Kräfteverhältnis in Mitteleuropa im Bereich der Kampfpanzer zugunsten der Warschauer-Pakt-Truppen. Auf den Gebieten des Panzerschutzes und der Feuerkraft bei den KPz T-62 und den neuen T-72 konnte der Warschauer Pakt erhebliche Fortschritte erzielen. Um der östlichen Panzerübermacht zu begegnen, forderte die Bundeswehr einen neuen Kampfpanzer mit einer deutlichen Leistungssteigerung in Bezug auf Beweglichkeit, Panzerschutz und Feuerkraft gegenüber den im Einsatz befindlichen KPz Leopard 1.

Entwicklung

Nach dem Scheitern des deutsch-amerikanischen Rüstungsprogramms

Kampfpanzer 70 (MBT 70) kam es zur Entwicklung des KPz Leopard 2. Grundlage waren sowohl die für einige Baugruppen gewonnenen Erkenntnisse aus dem bilateralen Programm KPz 70 sowie die bereits schon ab 1969 parallel laufende Entwicklung zweier Experimentalfahrzeuge mit Kanonenbewaffnung. Aufbauend auf diesem Wissen wurden bei Krauss-Maffei, München, in den Jahren 1972 bis 1974 insgesamt zehn Leopard-2-Prototypen mit 105-mm-Bordkanone und sechs Prototypen mit 120-mm-Bordkanone gefertigt und abgenommen.

Die Prototypen unterschieden sich nicht nur in der Bewaffnung, sondern auch in der Ausführung. Zwei Fahrgestelle hatten ein Sechs-Rollen-Laufwerk und hydropneumatische Federung.

Die übrigen Fahrgestelle verfügten über eine moderne, fortschrittliche

Drehstabfederung mit sieben Laufrollen. In sämtlichen Türmen befand

Das Kernstück des Leopard 2 bildet neben der 120-mm-BK die voll integrierte Feueranlage mit ballistischem Rechner, stabilisierten Optiken sowie einem Laserentfernungsmesser. Die „Roten Manöverkreuze" kennzeichnen diesen Leopard 2 während der Heeresübung 85 „Trutzige Sachsen" als Feindpanzer.

Autor: W. Böhm; Fotos: W. Böhm (2), M. Neumann (2), E. Uhde (2), B. Vetter (1), P. Blume (1), 12. PzDivliP-Stab (1)

sich das Ziel- und Beobachtungsgerät EMES 12 mit optischem und Laserentfernungsmesser.

Die ersten der insgesamt 16 Leopard-2-Prototypen gelangten nach mehreren Tests bei den verschiedenen Erprobungsstellen im Jahr 1973 in den anschließenden Truppenversuch. Aufgrund der Erfahrungen mit drahtgelenkten Panzerabwehrgeschossen während des Yom-Kippur-Krieges 1973 wurden umfangreiche Verbesserungen beim Panzerschutz durchgeführt. Schwerpunkt der Verbesserungen war der Einbau einer deutschen Variante der britischen Chobham-Panzerung.

Um den Leopard 2 in das laufende XM1-Programm in den USA mit einzubinden, wurden zwei Prototypen einer neuen Ausführung gebaut und als Leopard 2 AV bezeichnet. Eine Vergleichserprobung in den USA mit dem XM1 Abrams und dem Leopard 2 AV (noch mit 105-mm-Kanone, um eine Gleichstellung mit dem XM 1 zu erreichen) bestätigte den hohen Leistungsstand des Leopard 2 AV. Nach Abschluss der Vergleichstests wurde die 105-mm-Kanone gegen die 120-mm-Glattrohrkanone getauscht.

Der Leopard 2 AV verfügte, außer der Kommandantenoptik, über eine

Ein Schwerpunkt der Leistungsfähigkeit des Kampfpanzers Leopard 2 war der Einbau einer deutschen Variante der britischen Chobham-Panzerung (Mehrschichtpanzerung) im Turmbereich.

Waffenrichtanlage, ein Richtschützenhilfszielgerät und eine amerikanische Feuerleitanlage, die auch im M1 Abrams Verwendung fand. Dafür wollten die Amerikaner die deutsche 120-mm-BK in den M1 einbauen. Auf Basis dieser Technik und nach Erprobungen in Deutschland wurde 1977 ein Leopard 2 AV mit 120-mm-Bordkanone zum ersten Mal der Öffentlichkeit vorgestellt und zur Serienfertigung freigegeben. 1977 stimmten die Bundestagsausschüsse der Beschaffung zu.

Beschaffung

Aufgrund einer Ausschreibung des Auftraggebers, des Bundesamtes für Wehrtechnik und Beschaffung (BWB), wurde unter drei Wettbewerbern die Firma Krauss-Maffei AG in München als Generalunternehmer ausgewählt in partnerschaftlicher

Die Kampfpanzer Leopard 2 A3 des vierten Bauloses erhielten neue Funkgeräte SEM 80/90 und wurden in einem dreifarbigen Anstrich, bronzegrün, lederbraun und teerschwarz, ausgeliefert. An der Turmfront ist das Bataillonswappen des PzBtl 34 zu erkennen.

Technische Daten:

Besatzung:	4 Mann

Abmessungen

Länge:	9,61 m
Breite	
mit Kettenschürzen:	3,70 m
Höhe über	
Kommandantenoptik:	2,76 m

Bodenfreiheit:	0,50 m

Gewichte

Gefechtsgewicht:	55 t
Spez. Bodendruck:	0,83 kg/cm²
Leistungsgewicht:	20 kW/t
Militärische Lastenklasse:	60

Leistungsdaten

Max. Geschwindigkeit:	68 km/h

Fahrbereich (Straße):	500 km
Unterwasserfahrt:	4,00 m
Überschreitfähigkeit:	3,00 m
Kletterfähigkeit:	1,10 m
Wattiefe:	2,25 m

Motordaten
MTU-MB 873 Ka 501
12-Zylinder-V-Motor, Viertakt, Vorkammer, Vielstoff, Turbodiesel
4 Vor- und 2 Rückwärtsgänge

Hubraum:	47.600 cm³
Leistung:	1100 kW/1500 PS
Kraftstoffvorrat:	1200 l
Verbrauch:	218 l/100 km

Bewaffnung
1 x Glattrohrkanone 120 mm
1 x 7,62-mm-Turm, koaxiales MG
1 x Fla-MG 7,2 mm
2 x 8 Kaliber 76-mm-Nebelmittelwurfanlage
Nachtzielgerät (PZB) 200

Hersteller
Krauss-Maffei AG, München, Deutschland

Stückzahl von 25 KPz Leopard 2 im Monat erreicht. Die ersten 300 Fahrzeuge sollten im Bereich des I. Korps eingesetzt werden. Das PzLBtl 93 in Munster erhielt im Oktober 1979, ganz nach Planung, die ersten Serienfahrzeuge.

Erstes Baulos: Leopard 2 A0

200 Fahrzeuge des ersten Bauloses Leopold 2 A0 hatten noch kein Wärmebildgerät ins EMES integriert, stattdessen verfügten diese Fahrzeuge über den Restlichtverstärker PZB 200. Hier ist der Leopard 2 A0 mit „Schiedsrichtermarkierung" während des Manövers „Lionheart 84" abgebildet.

Zusammenarbeit mit einem weiteren Panzer bauenden Unternehmen, MAK in Kiel. Das Gesamtvolumen des Auftrages bezog sich auf eine Stückzahl von 1800 KPz Leopard 2, die in ursprünglich fünf Baulosen gefertigt werden sollten. Später wurden daraus acht Baulose.

Das erste Baulos wurde auf eine Stückzahl von 380 Fahrzeugen festgelegt, bei einer monatlichen Lieferrate von 25 KPz Leopard 2. Der Beschaffungswert des gesamten Auftrages betrug circa 6,5 Milliarden DM (Preisstand 1976). Das war auch ein

großer Schub für die damalige Volkswirtschaft, denn an dem Bau des Leopard 2 war eine hohe Anzahl von Zulieferern aus dem gesamten Bundesgebiet beteiligt. Die Endfertigung des Kampfpanzers Leopard 2 erfolgte durch die beiden Vertragsfirmen, wobei Krauss-Maffei 55 Prozent und MAK 45 Prozent des Auftrages erhielten.

Im Oktober 1979, nach zehn Jahren Planung und Entwicklung, begann die Serienfertigung mit einem monatlichen Ausstoß von einem Fahrzeug. Bis Ende 1981 wurde die volle

Von dem ersten Baulos wurden insgesamt 380 Fahrzeuge hergestellt. Davon wurden 209 Stück bei Krauss-Maffei und 171 Fahrzeuge bei MAK gefertigt. Die Typenbezeichnung lautete A0.

Das Besondere an dem Leopard 2 A0 des ersten Bauloses war, dass 200 Fahrzeuge kurzzeitig ersatzweise mit dem Restlichtverstärker PZB 200 (Passives Zielbeobachtungsgerät) ausgerüstet werden mussten, da das modernere Wärmebildgerät (WBG) beim Anlauf der Produktion noch nicht zur Verfügung stand. Diese Fahrzeuge wurden später alle auf den Rüststand Leopard 2 A2 kampfwertgesteigert.

Zur Grundausstattung des Leopard 2 A0 gehörten ein EMES 15 (Haupt-Zielfernrohr ohne Nachtsichtgerät), ein Laser-Entfernungsmesser, PERI R 17 (Rundblickperiskop), FORO Z 18 (Turmziel-Fernrohr), WNA-H 22 (Waffennachführanlage/elektro-hydrau-

Nach einer Vergleichserprobung von XM1 und Leopard 2 in den USA beschlossen die Niederlande die Einführung des KPz Leopard 2. Dieser niederländische Leopard 2 A1 überquert mittels britischer M2-Amphibie die Weser während des Manövers „Eternal Triangle 86"

lisch) und gepanzerte vordere Kampfschürzen. Der Leopard 2 A0 war von außen an dem Querwindsensor auf dem hinteren Turmdach zu erkennen.

Zweites und drittes Baulos: Leopard 2 A1

Mit Produktionsbeginn des zweiten Bauloses im Jahre 1981 wurde das Wärmebildgerät serienmäßig eingebaut. Das WBG geht auf amerikanischen Ursprung zurück und ermöglichte die Aufklärung, Erkennung und Identifizierung der Ziele sowie den Feuerkampf auf große Entfernung, bei schlechtem Wetter und bei Nacht. Die Fahrzeuge trugen die Bezeichnung Leopard 2 A1 und hatten durch Einbau des WBG keinen Querwindsensor auf dem Turmdach. Die A1-Fahrzeuge verfügten über eine NATO-einheitliche Halterung für die Panzermunition. Der Bunker für die Bereitschaftsmunition im Turmheck wurde überarbeitet und Verbesserungen an der Fahrzeugelektronik wurden durchgeführt. Die Betankungszeit konnte durch Verlegung des Tankeinfüllstutzens aus dem Bereich des Motorraumes nach vorne erheblich verkürzt werden. Zur besseren Rundumsicht wurde das Rundblickperiskop des Kommandanten um fünf Zentimeter erhöht. Am

oben: Mit den ersten 300 Serienfahrzeugen Leopard 2 wurden vorwiegend die Panzerbataillone des I. (GE) Korps ausgerüstet. Ein Leopard 2 A1 der Übungstruppe „Rot" während der Gefechtsübung „Bellende Meute 83" der 1. PzDiv.
Mitte: In den Jahren 1984 bis 1985 wurde das vierte Baulos des Leopard 2 ausgeliefert. Hier ein Leopard 2 A3 im CMTC Hohenfels.
unten: Die Ausführung Leopard 2 A2 entsprach der „A0"-Version, das PZB 200 wurde durch das WBG ersetzt.

Turm wurde, zwecks besserer Kommunikation mit der Besatzung bei geschlossenen Luken, eine Außenbordsprechanlage angebracht. Die beiden Abschleppseile waren nun gekreuzt am Fahrzeugheck befestigt. An den Fahrzeugen des zweiten und dritten Bauloses gab es äußerlich keinen Unterschied. Insgesamt 750 Fahrzeuge der A1-Ausführung des zweiten und dritten Bauloses wurden zwischen März 1982 und November 1984 an die Panzertruppe ausgeliefert.

Viertes Baulos: Leopard 2 A3

Die 1984 im vierten Baulos gefertigten 300 Fahrzeuge trugen die Bezeichnung Leopard 2 A3. Äußerlich waren diese Fahrzeuge an den kürzeren Antennen, durch den Einbau der neuen Funkanlage SEM 80/90, erkennbar. Alle Fahrzeuge ab dem vierten Baulos wurden in dem von der Bundeswehr entwickelten Dreifarb-Fleckentarnanstrich ausgeliefert.

Kampfpanzer T 72

UdSSR
Entwicklung von 1970 bis 1977
Eingesetzt in der Sowjetunion, Polen, Ex-DDR,
Jugoslawien, Tschechoslowakei, Irak, Syrien, Libyen, Finnland, Indien

T 72M der polnischen Armee während dem Manöver ULAN EAGLE 98, ausgerüstet mit KMT-6-Minenpflug und Seitenschürzen.

Russische Konkurrenz

Als in der Bundesrepublik Deutschland und in den Vereinigten Staaten Anfang der 70er-Jahre an dem gemeinsamen Panzerprojekt „MBT 70" (Kampfpanzer 70) gearbeitet wurde, entstanden auch in der damaligen Sowjetunion die ersten Konzepte für eine neue Kampfpanzergeneration.

Der neue Kampfpanzer des Warschauer-Pakts sollte mechanisch einfach aufgebaut sein, ein besseres Leistungsgewicht der Kampfpanzer T 64, eine überlegene Feuerkraft in Verbindung mit einer Ladeautomatik haben, ganz nach den damaligen sowjetischen Gefechtsvorschriften, die ein rasches Auffassen des Feindes, eine hohe Erstschuss-Trefferwahrscheinlichkeit sowie eine schnelle Schussfolge während des

Feuerkampfes verlangten. Der neue Panzer erhielt die Bezeichnung T 72 und bildete fortan das Rückgrat der Warschauer-Pakt-Panzertruppen und ihren verbündeten Staaten.

Entwicklung

Der erste Prototyp des T 72 war 1970 fertig gestellt. 1975 wurde der T 72 eingeführt und während der alljährlichen Parade zur Oktoberrevolution 1977 auf dem Roten Platz in Moskau zum erstenmal der Öffentlichkeit vorgestellt.

Wanne und Turm

Die Basisversion des Kampfpanzers T 72 hatte ein Gefechtsgewicht von 41 Tonnen, einen quer liegenden 780-PS-(574 kw-)Dieselmotor V46 mit Turbolader, damit erreicht der Pan-

zer eine Geschwindigkeit von über 60 km/h auf der Straße. Das Leistungsgewicht liegt bei 18 PS pro Tonne Gewicht. Wie alle sowjetischen Panzer nach 1945 hatte auch der T 72 eine Drehstabfederung. Das Lauf-

„Lion of Babylon". Ein irakischer T 72 im Wüstentarnanstrich, von der 1st US Armed Division während des Golfkrieges 1991 erbeutet.

Autor: W. Böhm; Fotos: W. Böhm (6)

werk hatte sechs große Doppellaufrollen an jeder Seite, das Antriebsrad war hinten, das Leitrad vorne. Der neue Kpz T 72 stellte eine Verbesserung gegenüber dem T 62 dar. Die Besatzung des T 72 bestand nur aus drei Mann anstatt der üblichen vier, dadurch konnte auch die Silhouette niedrig gehalten werden. Der verhältnismäßig kleine, gegossene Turm des Kampfpanzers T 72 mit einem Turmdrehkranz von 2500 Millimetern ist weit hinten angeordnet. Serienmäßig ist ein Räumschild an der Bugplatte angebracht, das ein Ausheben von Kampfstellungen ermöglicht. Zusätzlichen Panzerschutz gegen Schäden durch explodierende Hohlladungsgranaten bieten an beiden Fahrzeugseiten vier Stahlschilde, die an der Wanne angebracht sind.

Bewaffnung und Munition

Zur Verbesserung der Feuerkraft wurde in den Kpz T 72 eine neu entwickelte 125-mm-Glattrohr-Bordkanone (2A46) in Verbindung mit einer Ladeautomatik eingebaut. Erstmals war das Rohr der Panzerkanone beim T 72 mit einem Rauchabsauger und Leichtmetall-Wärmeschutzmantel umgeben.

Mit der 125-mm-Glattrohrkanone können Pfeilgeschosse (APFSDS), Hohlladungsgranaten (HEAT) und Quetschkopfgranaten (HE) verschossen werden. Diese drei Geschosse sind flügelstabilisiert mit getrennter Kartusche und halbverbrennbarer Hülse. Die Kampfbeladung besteht aus 39 Granatpatronen, wovon 22 im Ladeautomat, vier im Turm und 13 in der Wanne verstaut sind. Gegen die Bedrohung aus der Luft verfügt der Kpz T 72 über ein 12,7-mm-DshKM-FlaMG, das vom Panzerkommandanten bedient wird. Ein weiteres 7,62 Millimeter koaxiales MG ist neben der Hauptwaffe eingebaut.

Spätere Varianten (T 72A) verfügen über Nebelwurfbecher an jeder Turmseite. Gegenüber dem T 62 besitzt der T 72 eine verbesserte Feuer-

leitanlage. Der Richtschütze verfügt über einen Laserentfernungsmesser sowie ein Infrarotvisier. Die Nachtsicht- und Nachtkampfeinrichtungen der ersten Kampfpanzer T 72 beruhten noch auf dem aktiven Infrarotverfahren, allein am Turm waren drei Infrarotscheinwerfer angebracht.

Bis zum Zusammenbruch der Sowjetunion 1991 wurde der Kampfpanzer T 72 in zahlreichen Varianten produziert und in großer Stückzahl an die ehemaligen Verbündeten exportiert. Abnehmer waren Polen, die Ex-DDR, Jugoslawien, Tchechoslowakei, Irak, Syrien, Libyen, Finnland und Indien.

Die ersten Kampfeinsätze hatte der T 72 auf syrischer Seite gegen die israelischen Panzertruppen im Libanon 1982 sowie während des Golfkrieges und im ehemaligen Jugoslawien. Seinen westlichen Gegnern wie dem deutschen Leopard 2 oder dem amerikanischen M 1 Abrams war der T 72 allerdings unterlegen.

Heckansicht eines getarnten T 72 M der polnischen Armee. Gut zu erkennen sind die Halterungen für Zusatztanks am Wannenheck.

Technische Daten:

Besatzung:	3 Mann

Abmessungen

Länge	
(Kanone geradeaus):	9,53 m
Breite:	3,37 m
Höhe (ohne FlaMG):	2,23 m
Bodenfreiheit:	0,49 m

Gewichte

Kampfgewicht:	46,5 t
Leistungsgewicht:	18,0 PS/t
Spez. Bodendruck:	0,90 kg/cm²

Kettenbreite:	580 mm
Kettenlänge	
(auf dem Boden):	4,278 m

Leistungsdaten

Max. Geschwindigkeit	
(Straße):	60 bis 69 km/h
Watttiefe:	1,80 m
Steigfähigkeit:	60 %
Querneigung:	40 %
Überschreitfähigkeit:	2,80 m
Kletterfähigkeit:	0,85 m
Fahrbereich	
(ohne Zusatztanks):	480 km
Fahrbereich	
(mit Zusatztanks):	550 km
Kraftstoffvorrat:	1000 l

Motordaten

V-12-multifuel-(V-84)-
Dieselmotor
7 Vorwärtsgänge
1 Rückwärtsgang

Leistung:	575 kW/840 PS
Leistungsgewicht:	18 PS/t

Bewaffnung

1 x 125-mm-2A46-Glattrohrkanone
1 x 7,62-mm-koaxiales-PKT-MG
1 x 12,7-mm-FlaMG

Munition

39 Geschosse 125 mm
2000 Schuss 7,62-mm-Munition
300 Schuss 12,7-mm-Munition
8 Nebelwurfpatronen

Kommunikation

Bordsprechanlage
Funkanlage 2 x R-123 M/R-173

Feuerleitanlage

Laserentfernungsmesser
Tagessichtgerät TPD-2-49
Nachtsichtgerät TPN-1-49-23
Bordkanonenstabilisator vertikal und horizontal

ABC-Schutzsystem

Typisch für alle Panzer aus sowjetischer Produktion ist die niedrig gehaltene Silhouette des Fahrzeuges.

Die Weiterentwicklung „T72-120"

Der T 72 KPZ wurde insgesamt über 10.000-mal verkauft. Nach dem Ende der Sowjetunion verfügt die Ukraine über eine beachtliche Kapazität zum Panzerbau und versucht durch verstärkten Export, Innovation und niedrige Beschaffungskosten am internationalen Markt Kunden zu erreichen.

Auf der Rüstungsmesse IDEX 99 in Abu Dhabi stellten die ukrainischen Panzerhersteller den T72-120 vor, die letzte und modernste russische Version eines kampfwertgesteigerten Kampfpanzers T 72.

Der neue T72-120 ist sogar NATO-kompatibel, d.h. er verfügt über eine 120-mm-Glattrohrkanone. Der Ein-

Der T 72 wurde laufend kampfwertgesteigert und so auf dem modernsten Rüststand gehalten. Die Selbstladeeinrichtung der 125-mm-Bordkanone kann aber nicht manuell abgefeuert werden.

bau einer 140-mm-Kanone ist auch möglich. Beim Kampfpanzer T72-120 befindet sich die automatische Ladeeinrichtung im rückwärtigen Turmbereich.

Durch Verwendung neuer, längerer Patronenmunition, die nun ebenfalls im hinteren Teil des Turms verstaut ist, wurde eine Änderung der Ladeautomatik notwendig. Die neue flügelstabilisierte, panzerbrechende 120-mm-Treibspiegelmunition hat trotz der Kaliberreduzierung eine höhere Durchschlagskraft als die 125-mm-Munition des Standard-T-72, da sie zweiteilig ist und aus einem Projektil und einer Treibladung besteht.

Die Munitionskapazität des T72-120 beläuft sich auf insgesamt 42 Granaten, davon sind 22 im automatischen Lader untergebracht.

Spätere Varianten des T 72 hatten eine verstärkte Turmfrontpanzerung sowie Nebelwurfbecher an jeder Seite.

Feuerleitanlage

Für den Richtschützen steht ein Tages- und Nachtsichtgerät zur Verfügung. Der Panzerkommandant des T72-120 verfügt ebenfalls über ein Tages- und Nachtsichtgerät mit der Bezeichnung TKH-4S „Agat".

Eine satellitengestützte Fahrzeugnavigationsanlage kann ebenfalls auf Wunsch eingebaut werden. Zur Selbstverteidigung und zum eigenen Schutz verfügt der T72-120 über eine von innen fernsteuerbare Maschinengewehrkuppel für das 12,7-mm-

Maschinengewehr. Als weiterer Panzerschutz sind optronische Schutzeinrichtung und Reaktivpanzermodule vorhanden.

Antrieb

Als Triebwerk steht wahlweise ein 1000-PS- oder 1200-PS-Dieselmotor zur Verfügung, welches den 49-Tonnen-Panzer T72-120 auf 69 km/h beschleunigt.

Als Käufer gelten Länder, deren Streitkräfte bereits über den Standard-T-72 verfügen.

Kampfpanzer T-55 AM 2/AM 2B

Sowjetunion
Weiterentwicklung ab 1971
Serienfertigung ab 1985

Eingesetzt in Russland, Polen, CSSR und DDR

Die beiden Kästen links am Turm enthielten die Abdeckungen für die Unterwasserfahrt. Sie waren sowohl beim T-55 AM als auch – wie in diesem Fall – am T-55 AM 2B vorhanden.

Weiterentwicklung des T-55

Die Nationale Volksarmee (NVA) der DDR erhielt ihre ersten T-55 im Zeitraum von 1964 bis 1967, insgesamt wurden 376 mittlere Panzer, wie der T-55 in der NVA genannt wurde, aus tschechoslowakischer Lizenzproduktion importiert. Äußeres Erkennungsmerkmal dieser Version war das fehlende Fla-MG DShKM. Von 1967 bis 1971 erfolgte der Zulauf von 642 T-55 A aus CSSR-Produktion (pneumatische Kupplungs- und Lenkhilfe) und von 200 in Polen in Lizenz gefertigten (hydraulische Lenkhilfe) und zur Unterscheidung als T-55 A(P) bezeichneten Fahrzeugen.
Von 1971 bis 1980 erfolgte der Zulauf von 750 T-55 AM aus der CSSR und 131 T-55 AM(P) aus Polen. Mit

Zulauf dieser Versionen wurden die Vorgängermodelle innerhalb von circa sechs Jahren modernisiert und auf den Stand T-55 AM nachgerüstet, der Einfachheit halber entfiel nunmehr der Zusatz „M" ersatzlos.

Der T-55 AM 2

Die letzte Kampfwertsteigerung des „Mittleren Panzers" begann 1985 mit der Lieferung eines Prototyps aus der Sowjetunion. Neu waren unter anderem ein Laser-Entfernungsmesser auf der Kanonenblende, ein Feuerleitrechner („Kladivo"), ein Querwindsensormast mit integrierten Empfängern einer Laserwarnanlage, eine Wärmeschutzhülle für die 100-mm-Bordkanone, eine Nebelmittelwurfanlage vom Typ 902B, ein leistungsgesteigerter Motor des Typs W-55U, Seitenschürzen aus Gummi-

Metall-Gewebe entlang den Fahrzeugseiten sowie eine Zusatzpanzerung an den vorderen Turmseiten und am Bug und ein verstärkter

Rechts vorne am Turm war auf einer Konsole der L4-Infrarot-Schießscheinwerfer angebracht, der über ein Gestänge beim Richten der Bordkanone entsprechend mit ausgerichtet wurde. Der Kasten auf der Blende enthält den Laser-Entfernungsmesser.

Autor: M. Jerchel; Fotos: M. Jerchel (9)

Minenschutz unterhalb der Fahrzeugwanne. Die hufeisenförmige Zusatzpanzerung am Turm war, wie Versuche zeigten, gegen Hohlladungsgeschosse bis zum Kaliber 100 Millimeter beschusssicher. Die Zusatzpanzerung an Turm und Wannenbug war mit einem besonderen Gewebe ausgefüllt. Insgesamt wurden von 1985 bis 1989 circa 240 Fahrzeuge in den Versionen T-55 AM 2 und T-55 AM 2(P) kampfwertgesteigert.

T–55 AM 2B und AM 2B(P)

Als Besonderheit wies der oben genannte und aus der Sowjetunion stammende Prototyp den Raketenkomplex 9K116 „Bastion" auf, der das Verschießen von 9M117-Lenkflugkörpern aus der 100-mm-Bordkanone ermöglichte. Dieses System sollte ebenfalls in die NVA eingeführt werden. Letztendlich erwies sich für die NVA jedoch die Ausstattung aller modifizierten T-55 AM 2 mit diesem Raketenkomplex als zu kostenträchtig und es wurden bis 1989 – dem Mauerfall – insgesamt lediglich circa 50 Kampfpanzer zusätzlich zu den oben geschilderten Modifikationen mit diesem Raketenkomplex ausgerüstet.

Der Kampfpanzer T-55 AM 2B (auf Fahrgestell aus CSSR-Produktion) beziehungsweise T-55 AM 2B(P) (un-

oben: Die T-55 AM 2B und AM 2B (P) des 4. Btl./MSR-29 „Ernst-Moritz Arndt" wurden im Februar 1991 per Eisenbahn in das Verdichtungslager nach Löbau transportiert. Ein Teil der Fahrzeuge ist hier in Hagenow für den Abtransport bereitgestellt.
unten: Dieses Foto dürfte eine Rarität sein, denn es zeigt den von der UdSSR gelieferten Prototyp des T-55 AM 2 in der Panzerwerkstatt 2 in Großenhain. Die Turmzusatzpanzerung ist abgenommen und die entsprechenden Halterungen sind gut erkennbar. Beachtenswert ist auch der Kasten auf der Blende, der den Laserentfernungsmesser enthält und von der üblichen Form abweicht.

Insgesamt verfügte das Panzerbataillon der unmittelbaren Unterstützung des MSR-29 über 31 T-55 AM 2B und AM 2B(P).

| Überschreitfähigkeit: | 2,70 m |
| Fahrbereich: | 385 km |

Motordaten
W-55U, flüssigkeitsgekühlt
12-Zylinder-4-Takt-Dieselmotor
5 Vorwärtsgänge
1 Rückwärtsgang

Hubraum:	38.880 cm³
Leistung:	450 kW/615 PS
	bei 2000 U/min
Kraftstoffvorrat:	960 l
Verbrauch:	250 l/100 km

Bewaffnung
100-mm-Panzerkanone D10-DG
12,7-mm-Fla-MG DShKM
7,62-mm-PKT-MG, koaxial
81-mm-Nebelmittelwurfanlage

Hersteller
UdSSR (verschiedene Hersteller)
Lizenzbau (Lieferung für NVA)
in der Tschechoslowakei
und in Polen

Technische Daten:

| Besatzung: | 4 Mann |

Abmessungen
Länge:	9,00 m
Breite:	3,60 m
Höhe:	2,64 m

Gewichte
Gefechtsgewicht:		41,5 t
Spez. Bodendruck:	0,91 kg/cm²	
Leistungsgewicht:		14,75 PS/t

Leistungsdaten
| Max. Geschwindigkeit: | 50 km/h |
| Steigfähigkeit: | 60 % |

Der Spiegelblock 1K13BZ eines T-55 AM 2B mit geöffnetem äußerem Schutzglas. Die außen auf dem Schutzglas aufgeschraubte Metallplatte war ein zusätzlicher Schutz und wurde vor dem Einsatz entfernt. Das äußere Schutzglas war beheizbar.

ter Verwendung des in Polen hergestellten Fahrgestells) mit dem Lenkwaffenkomplex 9K116 „Bastion" war zwar nur in wenigen Exemplaren in der NVA vorhanden, aber die Tatsache an sich, dass dieses Fahrzeug – so wie der T-64 B und der T-80 B – Lenkflugkörper (LFK) durch die Bordkanone einsetzen konnte, war im Westen praktisch unbekannt.

Die technischen Einrichtungen, die dem T-55 AM 2B das Verschießen von LFK ermöglichten, wurden als Lenkwaffenkomplex 9K116 „Bastion" bezeichnet. Es bestand aus folgenden Komponenten beziehungsweise aus folgenden Veränderungen gegenüber dem T-55 AM 2:
– Lenkeinrichtung des Lenkwaffenkomplexes 9K116 (anstelle des Infra-

rotzielfernrohres TPN-1M22-11) mit Zielfernrohr-Richtgerät IK13, Spannungswandler 9S831 und entsprechendem Kabelsatz;
– Stabilisator STP-2A für die Bordkanone (anstelle des Stabilisators STP-2);
– Infrarotscheinwerfer L4 (anstelle des Infrarotscheinwerfers L-2G, traf jedoch nicht für alle T-55 AM 2B/AM 2B(P) zu), der in der Betriebsart „Aktiv" die Ziele beleuchtete.
Dazu gehörte ebenfalls die Rohrrakete 3UBK10-1 mit dem Hohlladungs-Lenkflugkörper 9M117. Links auf dem Turmdach, vor der Kommandantenluke, war die Ausblicköffnung (Spiegelblock) IK13 BZ. Links vor dem Richtschützenplatz, im Turminneren angeordnet, befand sich der optomechanische Block des Tag-/Nachtsichtgerätes IK13 BOM samt Einblicköffnung, rechts davon war die Feuerleitanlage (FLA) tschechoslowakischen Ursprungs (auch als Kladivo bekannt) mit diversen Eingabe- und Anzeigemöglichkeiten (unter anderem Laserwarnung) eingerüstet.
Zur Vorbereitung des Verschießens des Lenkflugkörpers waren folgende Schritte auszuführen: Vom Richt-

Dieser T-55 AM 2 aus Beständen der aufgelösten NVA diente auf der WTD 91 (Wehrtechnische Dienststelle 91) in Meppen für

schützen wurde die Stabilisierungsanlage STP-2A des Turms am opto-
mechanischen Block IK13 BOM auf
die Stellung „U" gestellt. Dadurch
wurde bei eingeschalteter Stabilisierung des Turmes der Stabilisator in
die Betriebsart „halbautomatisches
Richten" überführt, das heißt, der
Turm war nicht mehr stabilisiert, ließ
sich aber mittels Steuerpult richten.
Die Kanone wurde vom Ladeschützen mit einer Rohrrakete 3UBK10-1
geladen, die den Lenkflugkörper
9M117 „Bastion" enthielt. Der Richtschütze richtete das Ziel durch das
IK13 BOM (pankratische Optik mit
achtfacher Vergrößerung) an und
hielt den Zielstachel bei Erdzielen an
der Oberkante und bei Luftzielen in
der Zielmitte. Abgefeuert wurde mit
der üblichen elektrischen Kano-
nenauslösung am Bedienpult des
Richtschützen. Circa 150 Meter nach
Verlassen des Kanonenrohrs fiel der
den Lenkflugkörper (LFK) umgeben-
de Schutz ab und der Antriebsmotor
zündete. Nach circa 300 Meter
begann die Lenkphase, wobei der
Richtschütze den LFK auffassen und
dann das Ziel weiter ausrichten
musste. Der lasergelenkte Hohlladungs-Lenkflugkörper 9M117 „Basti-

Ein T-55 AM 2B des 4. Btl/MSR-29 im Februar 1991 in Hagenow. Die Zusatzpanzerung am Bug erlaubte zwar das Anbringen von Minenräumgeräten KMT-5 und KMT-6, eine Installation des EMT 5 (elektromagnetisches Minenräumgerät) war jedoch nicht möglich.

on" erhielt seine Korrekturen über
den Spiegelblock IK13 BZ auf dem
Turmdach durch Nachrichten des Turmes und des Kopfspiegels mittels des
Steuerpultes des Richtschützen. Das
Lenkprinzip war halbautomatisch
mittels codiertem, störgeschütztem
Laserstrahl ausgelegt. Verstaut wurden die Rohrraketen 3UBK10-1 in
den herkömmlichen Halterungen der
Panzergranaten, vier 3UBK10-1 gehörten zu einem Kampfsatz. Die
minimale Reichweite des LFK betrug
100 Meter, die maximale Reichweite
lag bei 4000 Metern. Zur Ausbildung
der Richtschützen für das Schießen
mit 9M117 wurde das Trainingsfahr-
zeug 9F618M-3 verwendet. Als Prüf-
und Kontrollfahrzeug stand das
Fahrzeug S01M01 für Wartungs- und
Instandsetzungsarbeiten, auch für
die Überprüfung der Rakete 9M117,
zur Verfügung.

Einsatz in der NVA

Eine der wenigen mit T-55 AM 2B/
AM 2B(P) ausgerüsteten Einheiten
war das „Panzerbataillon der unmittelbaren Unterstützung" (4. Bataillon) des Mot.-Schützenregiments 29
„Ernst Moritz Arndt" in Hagenow
(8. Mot.-Schützendivision). Das Bataillon erhielt „seine" T-55 AM 2B/
AM 2B(P) im August 1989, die Rohrraketen 3UBK10-1 wurden im November 1989 geliefert und bereits im
Dezember 1989 von den Sowjets
wieder abgeholt. Eine Lizenzproduk-

tion der Munition in der DDR war
angestrebt, dazu ist es aber nicht
mehr gekommen. Ende Februar 1991
hat dann, im Zuge der Umwandlung
und Neuordnung des Bundeswehr-
kommandos Ost, das MSR-29 seine
T-55 AM 2B und AM 2B(P) an ein
Verdichtungslager (Löbau) abgegeben. Einige wenige Exemplare sind
als Museumsexponate erhalten geblieben oder wurden bei diversen
wehrtechnischen Dienststellen der
Bundeswehr für Versuche eingesetzt.

Der abklappbare Mast am Turmheck kombinierte einen Querwindsensor im oberen Teil und die Empfänger der Laser-warnanlage im unteren. Bei Ertönen des Warntons der Laserwarnanlage blieben noch circa 1,5 Sekunden, um entspre-chende Gegenmaßnahmen zu ergreifen.

verschiedene Versuche. Das Foto entstand 1995.

Kampfpanzer M60A2

USA
Eingeführt 1973/1975

Eingesetzt in USA

Trotz des neuen, kleineren Turms war der M60A2 durch die große Kommandantenkuppel ein sehr hohes Fahrzeug. Hier passieren US-Kampfpanzer eine Kolonne belgischer LKW während der belgischen Übung RED Tornado 1978.

Ehrgeiziges Projekt

Auch bei der Entwicklung militärischer Fahrzeuge gibt es immer wieder Rückschläge und Irrwege. Obwohl technisch äußerst fortschrittlich und am Reißbrett bis ins Letzte ausgeklügelt erweisen sich einige ehrgeizig durchgeführte Projekte im rauen Alltag als Fehlschläge. Ein Beispiel unter vielen ist der hier vorgestellte M60A2-Kampfpanzer des amerikanischen Heeres.

Basierend auf der bewährten Technik des M60A1 sollte mit der neu entwickelten Bordkanone und dem neu gestalteten Turm eine wesentliche Kampfwertsteigerung erreicht werden. Bereits Mitte der 60er-Jahre entschied sich die US Army, die

ursprünglich für den Spähpanzer M55 1 SHERIDAN entwickelte SHILLELAGH Lenkrakete auch zur Hauptbewaffnung eines modifizierten M60-Kampfpanzers zu machen. Diese neu zu entwickelnde Bordwaffe sollte sich zum Abfeuern des SHILLELAGH-Flugkörpers genauso eignen wie zum Feuern mit herkömmlichen Panzergranaten. Dabei war allerdings die konventionelle Munition ebenfalls neu zu entwickeln. Doch damit nicht genug, schließlich war zeitgleich auch ein neuer, ballistisch besser geformter Panzerturm zu entwickeln. Ziel war ein im Vergleich zum M60A1 wesentlich leichterer und kleinerer Turm. Obwohl die Auslegung als klassischer Drei-Mann-Turm mit Kommandant, Richtschüt-

ze und Ladeschütze beibehalten werden sollte, erhoffte man sich durch die besonders in der Frontansicht erheblich kleinere Silhouette

Der Kampfpanzer M60A2 war der erste Kampfpanzer der Welt, der neben Panzergranaten auch Lenkflugkörper mit seiner Bordkanone verschießen konnte.

Autor: P. Siebert; Fotos: US ARMY (4)

eine wesentlich geringere Treffer-wahrscheinlichkeit im Turmbereich. Bei der Army hatte man nun alle Hauptkomponenten für den neuen Kampfpanzer auf den Weg gebracht und hoffte, dass sich aus der Integration der drei Systeme SHILLELAGH-Lenkrakete, 152-mm- Bordkanone und neuer Turm keine größeren Probleme ergeben würden. Leider ein folgenschwerer Irrtum, denn die bald auftretenden Schwierigkeiten mit der SHILLELAGH und der Bordkanone verzögerten die Einführung des neuen Panzers um fast zehn Jahre und konnten bis zur Außerdienststellung des M60A2 nie wirklich zufriedenstellend behoben werden. Hauptärgernis waren stets die neuartigen Munitionskartuschen, die mit verbrennbaren Hülsen anstelle der allgemein üblichen Metallhülsen versehen waren.

Um Beschädigungen zu vermeiden, konnte die Munition nur mit äußerster Sorgfalt und Vorsicht gehandhabt werden. Der Hauptschwachpunkt waren jedoch die brennbaren Hülsen selbst. Diese sollten beim Schießen vollständig verbrennen – was sie jedoch meistens nicht taten. Dadurch kam es beim Nachladen zu einer erheblichen Gefährdung der Besatzung durch schwelende Kartuschenreste, die beim Öffnen des Verschlusses in den Kampfraum fielen.

Vollbepackte M60A2 im verwaschenen Wintertarnanstrich durchfahren ein Dorf im Vogelsberg, Winter 1978/79.

Doch auch beim Schießen mit herkömmlicher Munition gab es unerwartete Probleme. So hielt der neue, leichte Turm dem starken Rückstoß nicht stand, es gab heftige Erschütterungen mit der Folge, dass sich die Zieloptiken verstellten und das Ziel wieder neu erfasst werden musste. Leider konnten all diese Mängel eigentlich nie ganz behoben werden. Trotzdem begann 1973 die Serienfertigung, wurde jedoch schon 1975 wieder eingestellt. Neben 273 neuen M60A2-Türmen, die auf vorhandene M60-Fahrgestelle gesetzt wurden, baute Chrysler noch weitere 300 komplett neue M60A2. Mit den neuen Panzern wurden zunächst sechs in Deutschland stationierte US-Panzerbataillone ausgerüstet. Die im Grunde hochmodernen Fahrzeuge waren wegen ihrer unzuverlässigen Bewaffnung und der komplizierten Bedienung und Wartung bei den Besatzungen nie sehr beliebt. Nach nur fünf Jahren bei der Truppe wurde der M60A2 ab Anfang der 80er-Jahre durch das Nachfolgemodell M60A3 ersetzt. Die Türme wurden verschrottet, zahlreiche Fahrgestelle dienten als Basis für Brückenlegepanzer.

M60A2 eines späteren Bauloses auf einer Schießbahn in Grafenwöhr.

Watfähigkeit:	1,20 m
Überschreitfähigkeit:	2,60 m
Kletterfähigkeit:	0,90 m
Fahrbereich:	480 km

Motordaten
Continental AVDS-1790-2A
12 Zylinder Diesel
2 Vorwärts- und 2 Rückwärtsgänge

Hubraum:	29,34 l
Leistung:	552 kW/750 PS
Kraftstoffvorrat:	1420 l
Verbrauch:	250 l/100 km

Bewaffnung
152-mm-Kombinationsbordkanone. 12,7 mm Fla MG 7,62 mm MG als Sekundärwaffe

Feuerleitanlage
Elektronischer Ballistik-Rechner XM 19

Hersteller
Chrysler Corporation, USA

Technische Daten:

| Besatzung: | 4 Mann |

Abmessungen

Länge:	6,94 m
Breite:	3,63 m
Höhe:	3,31 m
Bodenfreiheit:	0,46 m

Gewichte

Gefechtsgewicht:	52,0 t
Leistungsgewicht:	15,2 PS/t
Spez. Bodendruck:	0,76 kg/cm²

Leistungsdaten

| Max. Geschwindigkeit: | 48 km/h |
| Tiefwaten mit Vorbereitung: | 2,30 m |

Kampfpanzer M 60 A3/TTS Patton

USA
Weiterentwicklung ab 1974, Serienfertigung ab 1978
Eingesetzt in den USA, Marokko, Spanien, Ägypten,
Österreich, Israel, Griechenland, Jordanien, Oman,
Thailand, Türkei, Taiwan, Portugal

Taktisch gesehen bestand die wichtigste Innovation beim KPz M 60 A3 in der Einführung des neuen, vollelektronischen digitalen XM21-Feuerleitrechners. Diese M 60 A3 TTS des 2nd Bn 68th Armour Rgt. nahmen an dem Reforger-Manöver „Certain Challenge 88" teil.

Antwort auf den T-72

Als 1977 erstmals der neue sowjetische Kampfpanzer T-72 mit seiner modernen Panzerung der Öffentlichkeit präsentiert wurde, standen der US Army noch keine KPz M 1 Abrams in größeren Mengen zur Verfügung. Um der Bedrohung zu begegnen, entschloss man sich, als Übergangslösung bis zur Einführung des M 1 Abrams, den KPz M 60 A1 weiter auf dem neuesten Stand der Technik zu halten.

Bereits 1974 wurde ein Versuchsmuster mit der Bezeichnung M 60 A1 E3 erprobt. Der Prototyp enthielt eine Anzahl von wesentlichen Verbesserungen. Bedingt durch die vielen Veränderungen, beschloss die US Army die so verbesserten Panzer als KPz M 60 A3 zu standardisieren. Der KPz M 60 A3 war die letzte Ausführung der M60-Patton-Serie, die in Produktion ging. Basisfahrzeug für

die neueste Version M 60 A3, die ab Februar 1978 hergestellt wurde, war der verbesserte M 60 A1, der seit Anfang der 70er-Jahre fortlaufend modernisiert wurde. Die wichtigste Innovation im Kampfwert beim KPz M 60 A3 war der neue Laserentfernungsmesser AN/VVG-2 in Verbindung mit dem modernen elektronischen Feuerleitrechner XM21 von Hughes Aircraft. Aufgabe des Feuerleitrechners war es, die Daten des Laserentfernungsmessers mit den Angaben der Windgeschwindigkeit, Windrichtung und Schräglage des Panzers zusammenzufügen, damit eine Trefferwahrscheinlichkeit bereits beim ersten Schuss (first round hit capability) auf circa 5000 Meter Kampfentfernung erheblich erhöht werden konnte.

Weitere Nachrüstmaßnahmen waren eine britische Nebelwurfanlage M239 an der rechten und linken Turmseite, horizontale und vertikale

Kanonenstabilisatoren, gepanzerte Luftfilter, ein neuer Tarnanstrich, eine überarbeitete Fahrerluke, eine neue Kampfraumheizung und ein stärkerer Turmantrieb, der den

Die taktische Markierung am Staukorb beinhaltet die Kompanie und die Position des Fahrzeugs innerhalb des Zuges. Während des Reforger-Manövers „Certain Fury" 1984 nahm dieser M 60 A3 TTS des 7th Cavalry Rgt. der 3rd US Infantry Div. aufseiten der Übungstruppen Orange teil.

Autor: W. Böhm; Fotos: H. Stenzel (1), P. Blume (1), G. Schröder (1), W. Böhm (2), E. Merk (1), W. Langwucht (1), S. Walter (1); Zeichnung: M. Meyer

gestiegenen elektrischen Anforderungen der Stabilisierung entsprach. Ein neues, achsparallel zur Hauptwaffe montiertes M240-Maschinengewehr und eine verstärkte Panzerung im Bereich der Turmfront und des Turmdrehkranzes waren weitere Maßnahmen zur Verbesserung des Kampfwertes.

Kampfwertsteigerung zum M 60 A3 TTS Patton

Kurz nach Einführung des KPz M 60 A3 führte eine weitere Kampfwertsteigerungsmaßnahme zu einer ersten Untervariante mit der Bezeichnung M 60 A3 TTS. Ab November 1978 wurde das passive Nachtsichtsystem M35E 1 des Richtschützen durch das moderne Wärmebildgerät AN/VSa2 Tank Thermal Sight (TTS) ersetzt. Eine Wärmeschutzhülle für die 105-mm-Bordkanone soll ein Verziehen des Rohres infolge der Erwärmung beim Schießen reduzieren. Diese Modifizierung zusammen mit dem neuen TTS-Panzerwärmebildzielfernrohr wurde als M 60 A3 TTS bezeichnet. Das TTS-System benutzt die Wärmeabstrahlung der Umgebungsobjekte zum Entstehen eines Bildes für Richtschütze

Das 1st Bn 32nd Armour Rgt. „Bandits" in Deutschland erhielt als erste US-Panzereinheit den neuen KPz M 60 A3 TTS. Hier ein Panzer des gleichen Bataillons während des Reforger-Manövers „Central Guardian 85" bei Langgöns in Mittelhessen.

und Panzerkommandant. Das neue System erleichtert der Panzerbesatzung das Aufklären, Identifizieren und Beobachten von Zielen erheblich. Das Wärmebildzielfernrohr ermöglicht, feindliche Kräfte, insbesondere bei Nebel, Dunst und völliger Dunkelheit, aufzufassen und zu bekämpfen. Das TTS-Wärmebildgerät nutzt die Infrarot- oder Wärmeabgabe von Fahrzeugen und

Objekten zum Erstellen eines dreidimensionalen Bildes. Bei Grundüberholungen wurden die vorhandenen M 60 laufend auf die neuen Verbesserungen nachgerüstet, um sie auf den letzten Stand der Technik zu bringen. Die Kampfkraft des M 60 wurde dadurch erheblich gesteigert, zumal der M 60 A3 TTS der erste Kampfpanzer war, der in Großserie über das neue TTS-Sichtsystem ver-

Der Kampfpanzer M 60 A3 prägte viele Jahre die Manöver der NATO in Süddeutschland. Ein M 60 A3 ist im Schutz einer Baumreihe in Stellung gegangen.

Hubraum:	29.360 cm³
Leistung:	552 kW/750 PS
Kraftstoffvorrat:	1420 l
Verbrauch:	460 l/100 km

Bewaffnung
1 x BK M68 L7105 mm
1 x koaxiales MG 7,62 mm
1 x Fla-MG 12,7 mm
2 x 6 Nebelwurfbecher

Munition
63 Patronen 105 mm
6000 Schuss 7,62 mm
900 Schuss 12,7 mm

Feuerleit- und Sichtsysteme
Feuerleitrechner XM 21
Laserentfernungsmesser
AN/VVG-2
Wärmebildgerät AN/VSG-2 (TTS)
Horizontale- und vertikale
Hauptwaffenstabilisierung
ABC-Schutzanlage
Feuerlöschanlage

Hersteller
General Dynamics Land Systems,
Warren/Michigan, USA

Technische Daten:		**Leistungsdaten**	
		Max. Geschwindigkeit:	48 km/h
Besatzung:	4 Mann	Überschreitfähigkeit:	2,60 m
		Steigfähigkeit:	60 %
Abmessungen		Wattiefe:	1,22 m
Länge:	9,94 m	Fahrbereich:	460 km
Breite:	3,63 m		
Höhe mit Fla-MG:	3,29 m	**Motordaten**	
Bodenfreiheit:	0,46 m	Continental AVDS-1790 2C	
		12-Zylinder-Viertaktdieselmotor,	
Gewichte		Abgasturboaufladung, Direkt-	
Gefechtsgewicht:	52,6 t	einspritzung	
Leistungsgewicht:	14,24 PS/t	2 Vorwärtsgänge	
Spez. Bodendruck:	0,87 kg/cm²	1 Rückwärtsgang	

oben: Ein M 60 A3 eines Panzerbataillons der 8. US-Infanteriedivision mit Räumschaufel.

unten: Die Reparatur an der gebrochenen T142-Panzerkette während des Reforger-Manövers „Certain Fury 84" bei Nördlingen ist fast abgeschlossen. Mit Einführung des M 60 A3 ersetzte der neue Europa-Dreifarb-Tarnanstrich den alten Vierfarb-MERDC-Anstrich.

50%ige Trefferwahrscheinlichkeit auf 3000 Meter bei Tag und Nacht. Damit hat der KPz M 60 A3 TTS die Fähigkeit, die moderne Panzerung des T-72 auch auf großer Kampfentfernung zu durchschlagen. Israelische M 60 konnten sich, aufgrund der höheren Feuergeschwindigkeit und des größeren Munitionsvorrats, besonders im Libanon-Feldzug gegen syrische T-72 durchsetzen und diese problemlos vernichten.

Größter NATO-Panzer

Der KPz M 60 A3 TTS war der höchste und größte Kampfpanzer seiner Zeit und überragte die eher flach gehaltenen sowjetischen T-62 um einen Meter. Das brachte aber auch Vorteile mit sich. Die Besatzung des M 60 A3 TTS war im Innenraum nicht so eingeengt wie bei den russischen Panzern. Durch den geräumigeren Innenraum ermüdet die Besatzung des M 60 A3 nicht so schnell unter dem Stress des Einsatzes oder Gefechtes und kann damit ihren Auftrag besser durchführen. Ein weiterer Vorteil war, dass durch das hohe Profil des KPz M 60 A3 TTS die Hauptwaffe wesentlich stärker nach unten abgesenkt werden konnte. Dadurch ist es möglich, den Feuerkampf aus leicht überhöhten Stellungen zu führen, die einen besseren Schutz für den Panzer bilden. Unter den gleichen Bedingungen

fügte. Des Weiteren war der M 60 A3 TTS zur Erfassung der meteorologischen Daten mit einem Sensor auf dem Turmheck ausgerüstet. Windrichtung und Windgeschwindigkeit werden von dem Sensor erfasst und die Daten an den Feuerleitrechner weitergegeben. Durch Korrekturen beim Richten der Hauptwaffe vor

schen Kampfpanzern wurde seinerzeit ein ähnliches Verfahren angewandt.

Steigerung der Feuerkraft

Ein weiterer Schwerpunkt der Verbesserungsmaßnahmen am M 60 A3 TTS war die Verbesserung der Feuer-

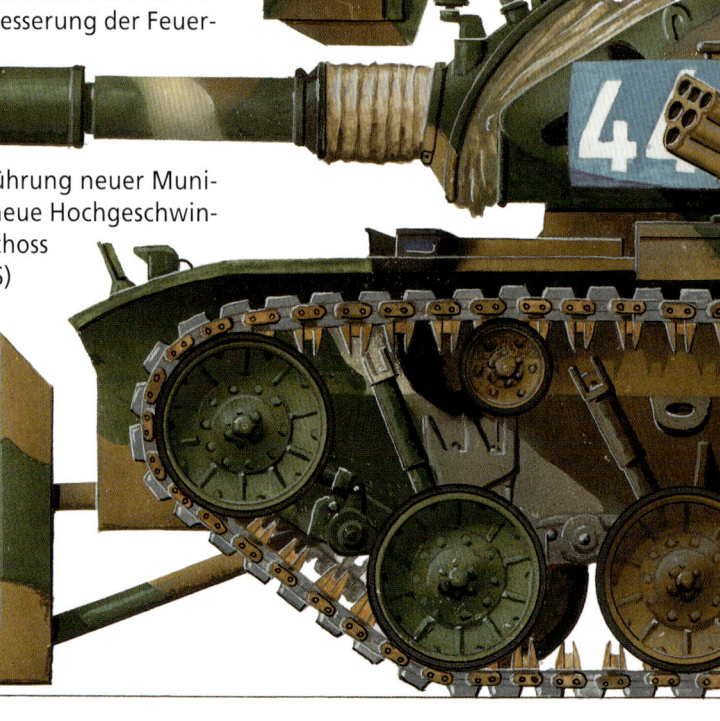

Abgabe des Schusses kann eine mögliche Beeinträchtigung der Geschossflugbahn durch auftretenden Seiten- oder Gegenwind berücksichtigt werden. Der Wettersensor unterstützt damit das Ziel, die Erstschuss-Trefferwahrscheinlichkeit (first round hit capability) weiter zu erhöhen. Ein im Motorraum installierter Nebelgenerator verbessert den passiven Schutz des KPz M 60 A3 TTS. Durch die Zerstäubung von Dieselkraftstoff auf die heiße Abgasanlage wird eine Nebelwolke hinter dem Fahrzeugheck erzeugt und damit die Überlebensfähigkeit der Fahrzeugbesatzung erhöht. Auch bei den sowjeti-

kraft durch Einführung neuer Munitionsarten. Das neue Hochgeschwindigkeitspfeilgeschoss M735A1 (APFSDS) mit einem Kern aus abgereichertem Uran verleiht der 105-mm-Bordkanone in Verbindung mit der leistungsgesteigerten Feuerleitanlage eine

Bei der türkischen IFOR-Brigade in Zenica, Bosnien, wurden 1996 13 KPz M 60 A3 eingesetzt. Die im türkischen Heer eingesetzten M 60 A3 verfügen über eine neue Nebelmittelwurfanlage.

müssen die flachen russischen Panzer die gedeckte Stellung teilweise verlassen.

Einführung und Einsatz

Anfang 1979 wurden die ersten KPz M 60 A3 bei der US Army in Deutschland eingeführt. Insgesamt wurden 1686 M 60 A3 TTS neu gefertigt. Viele Verbesserungen des Modernisierungsprogramms für den M 60 A3 wurden auch an älteren Baumustern des Basisfahrzeuges M 60 A1 durchgeführt, wobei man die Bezeichnung M 60 A1 beibehielt. Daher ist es nicht genau nachvollziehbar, wie viele M 60 A1 auf den Rüststand A3 nachgerüstet wurden. Die Modernisierung von M 60 A1 auf die verbesserte Ausführung M 60 A3 fand bis 1990 statt. Vom Rüststand M 60 A3 wurden aber nochmals über 5000 Fahrzeuge auf den verbesserten M 60 A3 TTS umgebaut.

Zuletzt wurde der M 60 A3 von General Dynamics bis zum Produktionsstop 1984 hergestellt. Mit Einführung des neuen Standardkampfpanzers M 1 Abrams wurde der M 60 A3 schrittweise ersetzt.

Bis zum Jahre 1990 verfügte von den eingesetzten amerikanischen Panzerbataillonen in Deutschland nur noch eine Brigade der 1st US Armoured Division über den KPz M 60 A3. Der Kampfpanzer M 60 A3 wurde auch von den Streitkräften in Marokko, Spanien, Österreich, Israel, Griechenland, Jordanien, Oman, Thailand, Portugal und Taiwan eingesetzt. Als Folge der Abrüstungsgespräche erhielten Ägypten und die Türkei überzählige KPz M 60 A3 aus Reforger-Depots geliefert.

Seinen vorerst letzten großen Kriegseinsatz erlebte der M 60 A3 aufseiten der Allianz während des Golfkrieges 1991 gegen den Irak und bewies nochmals seine Einsatzfähigkeit gegen die verschiedenen russischen Panzertypen.

Kampfpanzer M 60 A3-Ö
USA/Österreich
Weiterentwicklung ab 1974
Umbau ab 1981

Eingesetzt in Österreich

Die österreichische Version des M 60 A3 besitzt eine Waffenstabilisierungsanlage, einen Windsensor, einen Laser-Entfernungsmesser und einen Schießscheinwerfer.

Einsatz des M 60 A3 in Österreich

Im Jahre 1964 lösten amerikanische Kampfpanzer vom Typ M 60 A1 die vorher in den österreichischen Panzerbataillonen 10 und 33 verwendeten Kampfpanzer M 47 ab. Lediglich das Panzerbataillon 14 war weiterhin mit dem inzwischen veralteten M 47 ausgerüstet. Diese Fahrzeuge wurden im Jahre 1981 durch neue, in den USA beschaffte, M 60 A3 abgelöst. Die M 60 A3 wurden nicht mit der gesamten amerikanischen Ausrüstung beschafft, um einer Gerätevereinheitlichung entgegenzuwirken. So wurden zum Beispiel eine österreichische Nebelwurfanlage, ein Schießscheinwerfer von AEG-Austria sowie das in den Steyr-Werken gefertigte MG 74 eingebaut.
20 Jahre später entschloss sich das Österreichische Bundesheer, die bis

dahin verwendeten M 60 A1 einer Modifikation auf den Rüststand M 60 A3 zuzuführen. Als ersten Schritt baute man den zuverlässigeren Motor AVDS 1790-2 C anstelle des AVDS 1790-2 A ein.

Umbau zum M 60 A3-Ö

Der eigentliche Umbau zum M 60 A3-Ö erfolgte durch die Firmen Steyr (Turm) und Noricum (Wanne und Motor). Die Modifizierung des Turmes umfasste unter anderem eine verbesserte Ziel- und Richteinrichtung, den Einbau einer neuen Nebelwurfanlage, eines Windmessers und der Thermoschutzhülle der 105-mm-Bordkanone. Im Bereich der Wanne wurden das Laufwerk, der Fahrerraum, der Kampfraum und der Motorraum abgeändert.
So wurden zum Beispiel beim Laufwerk die Schwingarme verstärkt und

der Kettenspanner verbessert. Der Fahrerraum erhielt ein neues Armaturenbrett mit deutscher Beschrif-

Blick auf das Heck eines Kampfpanzers M 60 A3-Ö des Panzerbataillons 10. Im Heck des Fahrzeugs befindet sich der Zwölfzylinder-Dieselmotor der Firma Continental.

Autor: P. Blume; Fotos: P. Blume (3), HBF, Wien (1)

tung der Bedienungseinrichtungen und der Instrumente sowie ein neues Nachtsichtgerät und eine verbesserte ABC-Schutzanlage. Schließlich wurde der Motor AVDS 1790-2 C auf den Stand 2 CA (Clean Air) gebracht. Darüber hinaus erhielten die Fahrzeuge neue Diehl-Ketten. Die wesentlichen Neuerungen im Turmbereich betrafen den Einbau der Laser-Entfernungsmessanlage und die Rechneranlage M 21, bestehend aus Rechner, Bediengerät, zwei Munitionswähleinheiten, Verkantungssensor, Seitenwindsensor und Vorhaltesensor. Die Richtanlage konnte durch eine Stabilisierungsanlage verbessert werden. Weitere Verbesserungen betrafen die Explosionsunterdrückungsanlage, das Turmdrehkranzlager und die Turmhydraulik sowie die Zieleinrichtung in der Kommandantenkuppel. Am 24. April 1988 wurden die ersten modifizierten M 60 A3 an die Truppe ausgeliefert und die Fahrzeuge erhielten

Die drei österreichischen Panzerbataillone 10, 14 und 33 waren bis 1998 mit dem Kampfpanzer M 60 A3-Ö ausgestattet.

die Typenbezeichnung M 60 A3-Ö. Äußerlich waren die Kampfpanzer M 60 A3-Ö leicht an der Halterung für Schneegreifer auf der Bugplatte zu erkennen.

Nachdem auch die direkt in den USA beschafften M 60 A3 auf den Rüststand M 60 A3-Ö gebracht worden waren, wurden alle modifizierten Fahrzeuge einheitlich als M 60 A3 in der Truppe bezeichnet. Abgelöst wurden die M 60 A3 im Österreichischen Bundesheer ab 1998 durch den Kampfpanzer Leopard 2 A4.

Ein Kampfpanzer M 60 A3-Ö beim Scharfschießen auf dem Truppenübungsplatz Allentsteig im österreichischen Waldviertel.

Technische Daten:

Besatzung: 4 Mann

Abmessungen
Länge:	9,94 m
Breite:	3,63 m
Höhe:	3,29 m
Bodenfreiheit:	0,46 m

Gewichte
Gefechtsgewicht:	50,2 t
Leistungsgewicht:	12,74 PS/t
Spez. Bodendruck:	0,87 kg/cm²

Leistungsdaten
Max. Geschwindigkeit:	48 km/h
Steigfähigkeit:	60 %
Kletterfähigkeit:	0,92 m
Wattiefe:	1,20 m
Überschreitfähigkeit:	2,60 m
Fahrbereich:	460 km

Motordaten
Continental AVDS-1790 2CA
12-Zylinder-4-Takt-Dieselmotor
2 Vorwärtsgänge
1 Rückwärtsgang
Hubraum: 29.360 cm³

Leistung:	471 kW/640 PS
Kraftstoffvorrat:	1420 l
Verbrauch:	308 l/100 km

Bewaffnung
105-mm-Bordkanone M 68
7,62-mm-Turm-MG 74
12,7-mm-Fla-MG 85

Hersteller
General Dynamics Land Systems,
Warren, Michigan, USA
Steyr-Daimler-Puch AG,
Noricum, Österreich

Kampfpanzer M1 A1 Abrams

USA
Entwicklung ab 1975
Serienfertigung ab 1985

Eingesetzt in den USA, Ägypten

Kampfpanzer M1 A1 (HA) „Abrams" mit Minenräumgerät während einer Übung im Gefechtsübungszentrum Hohenfels.

Ein neuer US-Panzer

Anlässlich der Gefechtsübung „Carbine Fortress" der NATO-Heeresgruppe Mitte (CENTAG) im September 1982 erschien im Manövergeschehen ein neuer US-Kampfpanzer, mit dem die Panzerbataillone der 3. (US) Infanteriedivision ausgerüstet waren. Es handelte sich um den von einer Gasturbine angetriebenen Kampfpanzer M1 „Abrams".

Der M1 wurde in den siebziger Jahren als Nachfolger für den Kampfpanzer M60 von General Dynamics entwickelt.

Die größte Neuerung betraf das Triebwerk. Der M1 erhielt eine vielstofffähige Gasturbine, die dem Fahrzeug im Vergleich zum M60 eine wesentlich höhere Beweglichkeit gab.

Als Bordkanone wurde die 105-mm-Kanone des M60 übernommen. Die Panzerung ist eine in den USA weiter verbesserte Version der britischen Chobham-Mehrschichtpanzerung, die dem M1 ein schachtelartiges Aussehen verleiht. Im Verlauf des Truppendienstes wurde der M1 technisch weiter verbessert. Die so entstandene Version trug die Bezeichnung IP M1 (Improved M1).

Der Nachfolger

1985 entstand als weiterentwickelter Nachfolger des M1 bzw. IP M1 der Kampfpanzer M1 A1. Dieser erhielt als Hauptwaffensystem die in Lizenz gefertigte 120-mm-Glattrohr-Bordkanone M256 der deutschen Firma Rheinmetall, die auch im Leopard 2 Verwendung findet. Darüber

US Tankers beim Nachladen von panzerbrechenden Geschossen vom Typ M 829 Kaliber 120 Millimeter. Der Hartkernstachel der Einsatzmunition M829 A1 „Silver Bullet" des Golfkrieges ist aus angereichertem Uran gefertigt und durchschlägt jede heute bekannte Panzerung.

Autor: W. Böhm; Fotos: W. Böhm (6); Zeichnung: M. Meyer

hinaus besitzt der M1 A1 eine Ge-
samt-ABC-Schutzanlage, ein digitali-
siertes Feuerleitsystem mit neuester
stabilisierter Tag-/Nacht-Richtschüt-
zenoptik mit integriertem Laser-Entfernungsmesser und Wärmebildgerät, ein stärkeres Getriebe und
eine verbesserte Federung des Laufwerkes.

Der M1 A1 wurde nach und nach
Haupt-Kampfpanzer der US Army
und löste den bisher in verschiedenen Versionen verwendeten M60
sowie den M1 bzw. IP M1 ab.

Der M1 in Deutschland

Hauptsächlich wurden die in
Deutschland stationierten Panzerba-

M1 A1 (HA) in Marschfahrt auf einem Truppenübungsplatz.

Kampfpanzer M1 A1 „Abrams" der 1. Panzerdivision während einer Gefechtsübung im Vogelberg.

Technische Daten:		Leistungsdaten:		Bewaffnung:
		Max. Geschwindigkeit:		120 mm M256 Glattrohr-
Besatzung:	4 Mann	Straße:	66,7 km/h	Bordkanone
		Gelände:	48,3 km/h	MG koaxial 7,62 mm
Abmessungen:		Überschreitfähigkeit:	2,74 m	Fla MG Ladeschütze 7,62 mm
Länge mit BK:	9,82 m	Steigfähigkeit:	60 %	Fla MG Kommandant 12,7 mm
Länge (Wanne):	7,61 m	Fahrbereich:	465 km	2 x 6 Nebelwerfer
Breite:	3,65 m	Watfähigkeit:	1,22 m	
Höhe bis Turmdach:	2,43 m			**Munition:**
Bodenfreiheit:	0,43 m	**Motordaten:**		40 Schuss 120-mm-Geschosse
		Textron Lycoming AGT 1500		1000 Schuss 12,7 mm
Gewichte:		Vielstoff-Gasturbine		12.400 Schuss 7,62 mm
Gefechtsgewicht:	57,15 t	4 Vorwärts-, 2 Rückwärtsgänge		
Leistungsgewicht:	26,2 PS/t	Leistung:	1100 kW/1500 PS	**Hersteller**
Bodendruck:	0,96 kg/cm²	Kraftstoffvorrat:	1908 l	General Dynamics, USA

Der M1 A1 (HA) ist der derzeitige Kampfpanzer im Dienst der US Army. Hauptwaffe ist eine 120-mm-Bordkanone.

taillone sowie die Panzeraufklärungsregimenter mit dem M1 A1 ausgerüstet. Gleichzeitig wurden Teile der Depotbestände in Europa auf M1 A1 umgerüstet. So verwendete beispielsweise das zu den Reforger-Truppen gehörende Panzeraufklärungsregiment 3 bei den Herbstübungen 1988 bereits aus Depots übernommene M1 A1.
Als letzte in Deutschland stationierte US-Division rüstete 1989 die 8. Infanteriedivision auf M1 A1 um.

Der Golfkrieg

Ende 1989 beschaffte die US Army für den Einsatz in Europa die Version M1 A1 (HA) = (Heavy Armor), bei der auf die normale Chobham-Mehrschichtpanzerung noch eine zusätzliche Panzerung aus stahlverkleidetem, abgereichertem Urangitter gepackt wurde. Insgesamt beschafften die US Army bzw. das Marinekorps 4199 Stück des M1 A1 bzw. M1 A1 (HA). Während des Golfkrieges 1991 bewährte sich der M1 A1 hervorragend. Dank gut ausgebildeter Panzerbesatzungen und der überlegenen Technik konnten die aus Deutschland an den Golf verlegten Panzerbataillone mit M1 A1 zahlreiche irakische Panzer auf Kampfentfernungen bis über 3500 Meter zerstören. Das Wärmebildgerät des M1 A1 ermöglichte den Kampf unter schlechtesten Sichtverhältnissen. Die Panzerung des M1 A1 bewährte sich ebenfalls im Golf-

krieg. Die 125-mm-Bordkanone irakischer T 72 war nicht in der Lage, die Panzerung der M1 A1 zu durchschlagen. Kein einziger M1 A1 wurde im Gefecht zerstört, die meisten vorübergehenden Ausfälle erfolgten durch Minen (Laufwerkschäden).

Der Panzer heute

Die heute noch in Deutschland stationierten Panzer- und Panzeraufklärungsbataillone der
1. Panzer- und der
1. Infanteriedivision sind mit der Version M1 A1 (HA) ausgestattet. Der M1 A1 (HA) ist ein moderner und leistungsfähiger

Während des Bosnien-Einsatzes, im Rahmen der Operation „Joint Endeavour", wurden alle eingesetzten M1 A1 HA Abrams zum erstenmal mit so genannten „Identification Friend Foe" Panells (IFF) ausgerüstet. An Turmfront, -seite und -heck wurden quadratische Platten befestigt, die eine Identifizierung der Panzer mittels Wärmebildgerät ermöglichen, wobei sich die Platte als schwarzes Quadrat gegenüber dem übrigen Fahrzeug abzeichnet.

Kampfpanzer mit hoher Beweglichkeit und äußerst wirksamer Panzerung. Ein gewisser Nachteil des M1 A1 (HA) ist sein Antrieb durch eine Gasturbine, die 1500 PS stark ist. Diese Antriebsform verursacht einen verhältnismäßig hohen Kraftstoffverbrauch von durchschnittlich 4,11 Liter pro Kilometer. Ein äußerst aufwändiges und wartungsintensives Luftfiltersystem wird benötigt, um die teuren Turbinenschaufeln- und -aggregate vor Beschädigungen zu schützen. Außerdem ist das Fahrzeug aufgrund der heißen Abgase mit Infrarotsichtgeräten sehr leicht aufzuklären.

Im Vergleich zum Leopard 2 der Bundeswehr verfügt der Kommandant des M1 A1 (HA) nicht über eine vom Richtschützen unabhängige Zieloptik. Diese auf dem Gefechtsfeld unentbehrliche Einrichtung wird erst bei der Version M1 A2 eingeführt werden.

Die neueste Version des Kampfpanzers M1 ist die Version M1 A2, die seit 1996 bisher nur in geringen Stückzahlen gefertigt wurde. Ein Teil der vorhandenen M1 A1 ist beziehungsweise wird zur Version A2 kampfwertgesteigert.

Im Jahr 2001 sind nur die in den USA stationierte 1. Kavalleriedivision, die 194. Panzerbrigade sowie das 3. Panzeraufklärungsregiment mit M1 A2 ausgerüstet.

Kampfpanzer Leclerc

Frankreich
Entwicklung ab 1977
Serienfertigung ab 1991

Eingesetzt in Frankreich, den Vereinigten Arabischen Emiraten

Der von Giat-Industries gefertigte Kampfpanzer Leclerc der dritten Generation soll die AMX-30/AMX 30 B2 der französischen Panzertruppe ablösen.

Entwicklung

Nach Einführung des Kampfpanzers AMX 30 in das französische Heer seit 1966 begannen bereits im Jahr 1977 die Arbeiten an einem Nachfolgemodell. Der neue französische Panzer sollte der erste Kampfpanzer der dritten Generation sein und allen Panzern des damaligen Warschauer Paktes über viele Jahre hinaus überlegen sein. Zudem sollte er die französische technologische Überlegenheit repräsentieren.

Im Sommer 1977 wurden die Anforderungen und Leistungen an das damals als EPC (Egin Principal de Combat: Hauptkampfwagen) bezeichnete Fahrzeug bekannt gege-

ben. Es sollte mit einer Glattrohrkanone 120 Millimeter EFAP, einem 8-Zylinder-Dieselmotor mit Hyperbar-Aufladung und mit einer Sonderpanzerung für den Kampfraum ausgerüstet sein. Aus finanziellen Zwängen wurde beschlossen, den zukünftigen Kampfpanzer erst in den 90er-Jahren einzuführen. Ein weiterer Grund war, die in den 80er-Jahren eingeführte Kampfpanzergeneration Leopard 2/M1/Challenger zu überspringen um damit ein Modell der nächsten Generation zur Verfügung zu haben. Dazu kam noch, dass das Projekt eines deutsch-französischen Kampfpanzers, nach eingehender Prüfung beider Staaten, nicht zustande kam. Jetzt war

Beladung des Ladeautomaten am Turmheck des Leclerc mit 120-mm-Munition. Das computergesteuerte Munitionsfach unterscheidet bis zu sechs verschiedene Granatentypen.

Autor: W. Böhm; Fotos: W. Böhm (2), 501e/503e Regiment (6)

der Weg frei für den staatseigenen Betrieb Giat, ein nationales Konzept für den Kampfpanzer-Nachfolger AMX 30 zu entwickeln. In einer ersten EPC-Konzeptstudie wurde die Möglichkeit eines herkömmlichen Turmpanzers sowie eines neuartigen Modells mit scheitellafettierter Waffe getestet. In der Konzeptauswahl im Herbst 1985 entschied man sich für den Turmpanzer. Die Auswahl der Hauptbaugruppen erfolgte bis Ende 1986, dann war die Projektdefinition abgeschlossen. Das als EPC bezeichnete Fahrzeug erhielt den Namen Leclerc, benannt nach dem französischen General, der die Kapitulationsmeldung Deutschlands 1944 in Paris entgegennahm. Die Planung ging von insgesamt sechs Prototypen aus. Der erste Prototyp stand Ende 1989 zur Verfügung, die restlichen folgten in zeitlichem Abstand von circa drei Monaten. Danach wurde die Truppenerprobung durchgeführt. Die Öffentlichkeit bekam den neuen Kampfpanzer Leclerc 1990 zum ersten Mal zu sehen. Die Serienfertigung lief 1991

Zur Erhöhung der Reichweite können am Heck des Leclerc noch zwei 200-Liter-Dieselfässer mitgeführt werden.

an. Der erste Serienpanzer AMX Leclerc wurde von Giat-Industries im Dezember 1991 fertig gestellt und am 14. Januar 1992 an das französische Heer übergeben.

Hauptbewaffnung und Ladeautomat

Die Hauptwaffe des KPz Leclerc ist eine von Giat-Industries entwickelte 120-mm-Glattrohrkanone CN 120-26 (oder F 1 genannt) mit Kaliberlänge 52 und Mündungskollimator im Turm. Die Hauptwaffe ist stabilisiert, sodass sie in jedem Gelände, auch bei Höchstgeschwindigkeit einen treffsicheren Schuss auf eine Entfernung von 1500 Metern abgeben kann. Gepanzerte Ziele werden mit APSDS-Pfeilmunition (LKE 1) und sonstige Ziele mit einer Hohlladungs-Mehrzweckmunition bekämpft. Die französische Kanone verschießt problemlos jede 120-mm-NATO-Munition. Durch den Ladeautomaten wurde ein Mann eingespart, damit ist der Leclerc einer der ersten

Das französische Heer erhielt mit dem Kampfpanzer Leclerc ein Fahrzeug, das mit den NATO-Konkurrenten Leopard 2 und M1 A1 mithalten konnte.

8-Zylinder-Gasturbine
2 Turbolader
5 Vor- und 2 Rückwärtsgänge
Hubraum: 16.470 cm³
Leistung: 1100 kW/1500 PS
Kraftstoffvorrat: 1300 l
Verbrauch: 236 l/100 km

Bewaffnung
1 x 120-mm-Glattrohrkanone F1
1 x 12,7-mm-MG, koaxial
1 x 7,62-mm-Fla-MG
2 x 9 Nebelwurfanlage an jeder Turmseite

Munition
40 Patronen 120 mm

Elektrik
Feuerleitanlage
Yag-Neodyne-Laserentfernungsmesser
Elekt. Kanonenturmantrieb
Stabilisierte Waffenanlage
Wärmebildgerät ATHOS
Nachtsichtgerät
ABC-Schutzausrüstung
Führungs- und Informationssystem SIR

Hersteller
Giat-Industries, St-Cloud, Frankreich

Technische Daten:

Besatzung: 3 Mann

Abmessungen
Länge (Rohr 12 Uhr): 9,87 m
Länge (Wanne): 6,88 m
Breite: 3,71 m
Höhe: 2,53 m

Gewichte
Gefechtsgewicht: 54,5 t
Spez. Bodendruck: 0,9 kg/cm²
Leistungsgewicht: 27,52 PS/t

Leistungsdaten
Max. Geschwindigkeit: 73 km/h
Steigfähigkeit: 60 %
Überschreitfähigkeit: 3,00 m
Wendekreis: 4,00 m
Wattiefe ohne
Vorbereitung: 1,00 m
Tiefwaten mit
Vorbereitung: 2,30 m
Fahrbereich
Straße: 550 km

Motordaten
SACM V8X-1500

Schwerpunkt der Kampfwertsteigerung bei der Ausführung Leclerc RT5 sind zusätzliche Panzerplatten rechts und links an der Wanne, die Kühlung der Antriebszahnräder, der Staukorb am Heck und Schmutzfänger im Frontbereich der Wanne.

Kampfpanzer mit nur drei Besatzungsmitgliedern. Im Turmheck besitzt der Ladeautomat seinen Platz. Er hat eine Kapazität von 22 Patronen, 19 weitere Patronen sind als Munitionsvorrat vorne rechts in der Wanne verstaut. Der Leclerc-Ladeautomat ist einzigartig und kann die Bordkanone während der Fahrt und im schwierigen Gelände nachladen. Während des Ladevorgangs wird die Kanone automatisch gesenkt und danach ebenfalls wieder automatisch in die vorher gewählte Rohrerhöhung zurückgeführt. Durch die Ladeautomatik ist es möglich, sechs Ziele pro Minute zu bekämpfen. Sollte es einmal zum Ausfall des Ladeautomaten kommen, kann von Hand nachgeladen werden. Als Sekundärwaffen verfügt der Leclerc über ein koaxiales 12,7-mm-MG (8000 Schuss Vorrat) und ein 7,62-mm-Fliegerabwehr-MG (2000 Schuss Vorrat). Mit dem beiderseits an der Turmseite angebrachten Wurfbechersystem können Nebel-, Spreng-, Splittergranaten und Munition zur Täuschung von infrarot-gelenkten Panzerabwehrraketen verschossen werden.

Letzter Stand der Datentechnik

Innovativ und auf dem neuesten Stand ist die Ausstattung des Kampfpanzers Leclerc in Bezug auf die elektronische Datenfernübertragung. Bisher wurden in keinem Kampfpanzer so aufwendige elektronische/optronische Systeme verwendet wie im Leclerc. 50 Prozent

Kampfpanzer Leclerc des 501e/503e Rgt. während eines Manövers in der Tschechischen Republik. Im Stand liegt die Ersttrefferwahrscheinlichkeit auf ein Ziel bei 2000 Meter Entfernung bei über 80 Prozent.

der Herstellungskosten entfallen auf diesen Bereich. Das ganze Waffensystem ist mit einem digitalen Datenbus vernetzt. Dieses System verbindet die einzelnen Rechner miteinander und gibt alle von der Fahrzeugnavigationsanlage ermittelten Daten an den Feuerleitrechner und zur automatischen Datenfernübertragung an das Funkgerät weiter. Bei Ausfall eines Rechners, bei leichten Beschussschäden, übernimmt ein anderer Rechner dessen Funktion. Die Besatzungsmitglieder können auf alle Systeme über Displays und Konsolen zugreifen. Ein weiteres wichtiges Führungs- und Informationssystem des Leclerc ist SIR (Sys-teme d' Information Regimentaire). Es dient der Lagefeststellung, bietet Standortangaben, logistische Meldungen, dient zum Übermitteln von Befehlen bis hin zur Instandsetzungslage eines jeden Panzers.

Jedes gepanzerte Fahrzeug eines Leclerc-Regiments ist mit SIR ausgerüstet. Der Kommandant verfügt über ein Rundblickperiskop GL 70 mit integriertem Laserentfernungsmesser sowie über einen Restlichtverstärker der zweiten Generation. Damit kann der Kommandant Ziele bis zu einer Entfernung von 4600 Meter aufklären und bis zu 2600 Meter identifizieren.

Das Wärmebildgerät ATHOS kann Ziele von 20 Zentimeter Durchmesser auch bei schlechten Wetterbedingungen auf 2000 Meter Entfernung auffassen.

oben: KPz Leclerc Typ RT5 des 501e/503e Regiment de Chars de Combat in Mourmelon. Die Wanne hat nur sechs Laufrollen und ist damit zwei Meter kürzer als die des Kpz Challenger.
unten: Das französische Heer erhielt mit dem Kampfpanzer Leclerc ein Fahrzeug, das mit den NATO-Konkurrenten Leopard 2 und M1 A1 mithalten konnte.

Antrieb und Panzerung

Der Leclerc wird durch einen V8-Dieselmotor SACEM DU V8X 1500 T9 angetrieben, der die 1500-PS-Leistung über ein Automatikgetriebe vom Typ SESM ESM 500 auf das Fahrwerk überträgt. Das Fahrzeug erreicht damit bei einer Gefechtsmasse von 54 Tonnen eine Höchstgeschwindigkeit von 73 km/h. Gegenüber den KPz Leopard 2 und M1 A1 konnten durch die sehr kompakte Bauweise des Triebwerks bis zu 25 Prozent an Volumen eingespart werden. Dadurch war es möglich, das Fahrwerk auf nur sechs Laufrollen zu begrenzen. Der Leclerc bietet dadurch auch ein kleineres Ziel als der Leopard 2 und der M1 A1. Die Panzerung ist geheim. Es dürfte sich aber um eine Kompositpanzerung (Mehrschicht-Panzerung) handeln, bei der Keramik und Aluminium verwendet wurden. Im Front- und Turmbereich widersteht sie allen bisher bekannten Munitionsarten.

Einsatz beim französischen Heer

Die französische Armee bestellte 420 Fahrzeuge bei Giat-Industries in zwei Baulosen. Das erste Baulos umfasste 310 und das zweite 110 Fahrzeuge. Jedes Leclerc-Bataillon (Groupment) hat eine Stärke von 40 KPz Leclerc, zwei Bergepanzern, 20 Radpanzern VAB und neun gepanzerten Spähfahrzeugen VBL. In Friedenszeiten sind aus wirtschaftlichen Gründen zwei Bataillone zu einem Regiment (Regiment 80) zusammengefasst. Als erstes Regiment wurde das 501e/503e Regiment de Chars de Combat mit dem neuen KPz Leclerc ausgerüstet. Die Vereinigten Arabischen Emirate bestellten zwischen 1994 und 1999 als erster ausländischer Kunde 390 KPz Leclerc und 46 Bergepanzer Leclerc. Sie wurden wüstentauglich umgerüstet und mit einem Euro Power Pack MTU 883 V-12-Dieselmotor und einem Renk HSWL 295 TM Automatikgetriebe ausgerüstet.

Mitsubishi Heavy Industries
Type-90-Kampfpanzer

Japan
Entwicklung ab 1977
Serienfertigung ab 1991

Eingesetzt in Japan

Der derzeitige Hauptkampfpanzer der japanischen Armee, der Type 90 von Mitsubishi, während einer dynamischen Vorführung. Die Anlehnung des Designs an den deutschen Leopard 2 ist klar zu erkennen.

Neuer Panzertyp für die japanische Armee

Als Nachfolger für den Type-61- und Type-74-Kampfpanzer wurde Mitte der siebziger Jahre bei den japanischen Streitkräften ein neuer Panzertyp konzipiert, der den Anforderungen an ein derartiges Waffensystem weit in das neue Jahrtausend hinein genügen sollte. Hauptauftragnehmer waren die Mitsubishi-Gruppe (Fahrzeug) und die Japan-Stahlwerke (Bordkanone), die bereits Mitte der achtziger Jahre einen Prototypen unter der Bezeichnung TK-X vorstellen konnten. Nach einer intensiven Testphase, weiteren Verbesserungen und Neuerungen konnten die ersten Serienfahrzeuge schließlich im Jahre 1992 den japanischen Landstreitkräften übergeben werden.

Obwohl im Ausland relativ unbekannt, nimmt der Type-90-Kampfpanzer im internationalen Vergleich der im Einsatz stehenden Kampfpanzertypen wie dem Leopard 2 (Deutschland), Abrams (USA), Challenger (GB), Leclerc (Frankreich), Merkava 3 (Israel) und T-90 (GUS) eine führende Rolle im Hinblick auf Technik und Gefechtswert ein.

Neueste Technologie

Basierend auf der neuesten Technologie sowohl im Fahrzeugbau als auch bei den elektronischen Komponenten und dem Fahrwerk, ist der Type 90 den vergleichbaren ausländischen Typen nicht nur ebenbürtig, sondern in vielen Bereichen sogar überlegen. Direkte Vergleiche der Panzer, wie sie durch den internationalen Exportmarkt beispielsweise

Oben die Heckansicht mit dem Fahrwerk in Ausgangsstellung und unten in abgesenkter Stellung vorne. Weiterhin ist das Absenken hinten sowie auf ganzer Fahrwerklänge möglich.

Autor: J. Vollert; Fotos : J. Vollert (8)

Ein Minenrollsystem oder Räumschild kann am Bug des Fahrzeugs angebracht werden, um Pionieraufgaben zu übernehmen.

auf den arabischen Waffenbörsen theoretisch wie auch im praktischen Fahr-und Schussversuch durchgeführt wurden, schlossen bisher den Type 90 aus, da Japan nicht aktiv an einem Export der Fahrzeuge interessiert zu sein scheint, und daher kein Testfahrzeug zur Verfügung stellte.

Technische Beschreibung

Die technische Konzeption stellt sich wie folgt dar: Die Auslegung der

Eine Variante des Kampfpanzers Type 90 ist der mit einem schweren Bergekran versehene Bergepanzer.

Technische Daten:		Spez. Bodendruck:	0,89 g/cm³	Hubraum:	21.500 cm³
				Leistung:	1104 kW/1500 PS
Besatzung:	3 Mann	**Leistungsdaten**		Leistungsgewicht:	30 PS/t
		Max. Geschwindigkeit:	70 km/h	Kraftstoffvorrat:	1100 l
Abmessungen		Fahrbereich:	400 km	Verbrauch:	275 l/100 km
Länge:	9,76 m	Überschreitfähigkeit:	2,70 m		
Länge (Wanne):	7,50 m	Steigfähigkeit:	60 %	**Bewaffnung**	
Breite:	3,43 m	Wattiefe:	2,00 m	120-mm-Bordkanone, 1 x 7,62	
Höhe:	2,34 m			mm koaxiales MG, 1 x 12,7-mm-	
Bodenfreiheit:	0,45 m	**Motordaten**		FlaMg, 2 x 3 Nebelwurftöpfe	
		Mitsubishi 10ZG 10-Zylinder,			
Gewichte		wassergekühlter Dieselmotor		**Hersteller**	
Gefechtsgewicht:	50,0 t	4 Vor- und 2 Rückwärtsgänge		Mitsubishi Ind., Japan	

Details der Seitenpanzerung. Eine Ähnlichkeit mit dem deutschen LEOPARD 2 ist unverkennbar.

Fahrzeugwanne ist als konventionell dem westlichen Standard entsprechend zu bezeichnen. Ähnlichkeiten mit dem Design des deutschen Leopard 2 (der in seiner neuesten Variante als international bester Kampfpanzer erachtet wird) sind klar zu erkennen. Der passive Schutz besteht, wie auch bei allen anderen westlichen Kampfpanzern neuester Generation, aus einer Mehrschichtpanzerung, ist jedoch nicht modular wie etwa beim Leclerc. Die Motorleistung von 1500 PS bei einem Gesamtgewicht von 50 Tonnen entspricht modernstem Standard. Das Fahrwerk ist ein Mischtyp aus Drehstabfederung für die mittleren vier Achsen und hydropneumatischer Federung für die erste und letzte Achse. Diese im internationalen Vergleich einmalige Auslegung ermöglicht es, das Fahrzeug zur Optimierung des Schusses aus der Deckung heraus nach vorne oder hinten oder auch auf ganzer Länge abzusenken. Dieses System wurde schon für den Vorläufer des Leopard 2 und M-1 Abrams, dem MBT-70 geplant, jedoch aus Kostengründen nicht wei-

Die Seitenansicht macht die Anlehnung an eine konventionelle Wannen- und Turmkonfiguration durch die vertikalen Panzerungs-

Motorwechsel an einem Typ-90-Kpz durch einen Typ-90-ARV-Bergepanzer. Der Bergepanzer hat sein Fahrgestell zur Erleichterung der Bergeoperation ganz abgesenkt.

ter ausgeführt. Die Besatzung, bestehend aus drei Mann, setzt sich aus dem Fahrer in der Wanne sowie dem Richtschützen und dem Kommandanten im Turm zusammen. Ein Ladeschütze wird nicht benötigt, da

elemente deutlich.

ein Ladeautomat die Hauptwaffe mit Munition versorgt. Als Bordkanone wurde die deutsche 120-mm-Glattrohrkanone von Rheinmetall gewählt, die in Japan in Lizenz produziert wird und im Type 90 von einem computergesteuerten Feuerleitsystem von Mitsubishi Electric geführt wird. Sie ermöglicht den Kampf auch aus der Bewegung heraus mit einer hohen Ersttreffer-Wahrscheinlichkeit.

Die digitalisierte Feuerleitanlage ist auf dem neuesten Stand mit integriertem Wärmebild-TagNacht-Optiken für Kommandant und Richtschütze, letztere auch mit angebautem Laser-Entfernungsmesser.

Es werden HEAT-MP-Hohlladungsgeschosse und APFSDS-T, unterkalibrige kinetische Wuchtgeschosse, verschossen. Zum passiven Schutz ist ein Laserwarnempfänger im vorderen Teil des Turmdaches montiert.

Varianten

Auf dem Fahrgestell des Typ 90 wurde ein Bergepanzer, Typ 90 ARV und ein Brückenleger Typ 91 AVLB mit Scherenbrücke eingeführt. Der Bergepanzer besitzt eine komplett

neugestaltete Oberwanne mit einem Bergekran auf der rechten Fahrzeugseite, einem Räumschild an der Fahrzeugfront und einer hydraulischen Winde.

Abschließend betrachtet, wurden im Type 90 viele bereits erprobte und bewährte Komponenten westlicher Panzertechnologie genutzt, weiter verbessert und andere Neuerungen eingeführt. Fehler anderer Nationen wurden vermieden und somit wurde das vom technischen Standpunkt aus gesehen am besten ausgereifte Panzerkonzept der neunziger Jahre erreicht. Lediglich das modulare Panzerungskonzept zum Beispiel des Leclerc oder der bessere Schutz der Besatzung beispielsweise im israelischen Merkava wurden nicht übernommen. Ob der Type 90 im praktischen Einsatz bestehen kann, und vor allem von der Kostenfrage her rentabel ist, kann erst beantwortet werden, sobald die japanische Industrie den internationalen Vergleich nicht mehr scheuen wird. Auf Grund der geringen Stückzahlen, die bisher von Mitsubishi Industries gefertigt wurden (220 Stück), dürfte dieses Fahrzeug der wohl teuerste Kampfpanzer der Welt sein.

Kampfpanzer M 48 A2 G A2

USA/Deutschland
Umbau 1978/79

Eingesetzt in Deutschland

Ein aufgerüsteter Kampfpanzer M 48 A2 G A2 wird marschbereit gemacht. Der Turm des Fahrzeugs befindet sich in 6-Uhr-Stellung.

Einsatz bei der Bundeswehr

Nachdem die ersten Bataillone der neu aufgestellten Panzertruppe der Bundeswehr ab 1956 mit dem US-Kampfpanzer M 47 ausgerüstet worden waren, erfolgte bereits Ende 1957 die Auslieferung des wesentlich moderneren Kampfpanzers M 48 A1 an das damalige Panzerbataillon 5.
Im Frühjahr 1958 wurde die komplette neu gebildete 5. Panzerdivision in den Standorten Koblenz (PzBtl 5, PzBtl 25) und Wetzlar (PzBtl15) mit M 48 A1 ausgerüstet. Insgesamt beschaffte die Bundeswehr 200 Kampfpanzer M 48 A1 aus den USA. Ab 1959 erhielten die Panzerbataillone des I. Korps in Norddeutschland die verbesserten Versionen M 48 A2

und M 48 A2 C mit Einspritzmotor zur Verbesserung der Einsatzreichweite. Der M 48 A2 C unterschied sich vom M 48 A2 durch den Einbau eines Mischbild-Entfernungsmessers anstelle des vorher verwendeten Raumbild-Entfernungsmessers. Äußerliches Merkmal des M 48 A2 C war die fehlende Kettenspannrolle. Im Juni 1959 kamen die ersten Kampfpanzer M 48 A2 C zum Panzerlehrbataillon 93 nach Munster, die dann im Frühjahr 1963 durch die ersten Leopard 1 abgelöst wurden. 1965 ersetzten Kampfpanzer vom Typ Leopard 1 alle M 48 bei den Einheiten des I. und III. Korps. Zur gleichen Zeit rüsteten die 6. Panzergrenadierdivision in Schleswig-Holstein sowie die Panzereinheiten des II. Korps in Süddeutschland von M 47

Reparaturarbeiten an einem Kampfpanzer vom Typ M 48 A2 G A2. Hier wurde der komplette Triebwerkblock ausgebaut. Im Vergleich zum Leopard 1 war der Ausbau des Triebwerkblocks eine sehr schwierige und zeitaufwändige Sache, die gut ausgebildete Instandsetzungstrupps erforderte.

Autor: P. Blume; Fotos: P. Siebert (4), P. Blume (4), PzBtl 543 (1)

auf M 48 A2 C um. Als Ersatz des Aufklärungspanzers M 41 erhielten ab 1966 die Panzeraufklärungsbataillone 2, 4, 6, 10 und 12 in den schweren Panzerspähtrupps Kampfpanzer M 48 A2 C.

Im Jahre 1972 gaben die Panzerbataillone der 10. Panzerdivision ihre M 48 A2 C ab und rüsteten auf die Leopard-Versionen A2, A3 und A4 um.

Verbesserung der Kampfkraft

Um die Kampfkraft zu erhöhen und um einen wichtigen Beitrag zur Verbesserung der Standardisierung zu leisten, wurden in den Jahren 1978/79 von der Firma Wegmann in Kassel, als Generalunternehmer, 650 Kampfpanzer M 48 A2 C zur deutschen Version M 48 A2 G A2 mit 105-mm-Bordkanone L 7 A 3 und neuer Kommandantenkuppel umgebaut.

Der Einbau der Bordkanone L 7 A 3 bot folgende Vorteile:
- Verwendung eingeführter 105-mm-

Getarnter Kampfpanzer M 48 A2 G A2 eines Panzerjägerzuges während einer Herbstübung. Die Jägerbataillone der Heimatschutzbrigaden verfügten über je einen Panzerjägerzug mit sieben KPz M 48 A2 G A2.

Munition, z.B. HESH, HEAT, APDS und alle anderen Munitionsarten, die von den Kampfpanzern Leopard 1, Centurion und M 60 verschossen wurden.

- Die Materialerhaltung, wie z.B. Ersatzteile, Sonderwerkzeuge, Ausbildung und Service, wurde durch Verwendung vieler baugleicher Teile des Leopard 1 erheblich vereinfacht.

Seitenansicht eines Kampfpanzers M 48 A2 G A2. Gut zu erkennen sind die 105-mm-Bordkanone mit Rohrschutzhülle und die abgeänderte Kommandantenkuppel.

Technische Daten:

Besatzung:	4 Mann

Abmessungen

Länge:	6,87 m
Breite:	3,63 m
Höhe:	2,90 m
Bodenfreiheit:	0,39 m

Gewichte

Gefechtsgewicht:	47,8 t
Leistungsgewicht:	17,2 PS/t
Bodendruck:	0,88 kg/cm^2

Leistungsdaten

Max. Geschwindigkeit:	48 km/h
Fahrbereich:	200 km
Steigfähigkeit:	60 %
Kletterfähigkeit:	0,90 m
Überschreitfähigkeit:	2,60 m
Watfähigkeit:	1,20 m

Motordaten

12-Zylinder-Benzin-Einspritzmotor Continental AV-1790-8

2 Vor- und 2 Rückwärtsgänge	
Hubraum:	29.360 cm^3
Leistung:	607 kW/825 PS

Kraftstoffvorrat: 1230 l

Verbrauch

Straße:	600 l/100 km
Gelände:	1200 l/100 km

Bewaffnung

Bordkanone 105 mm L 7 A 3
Blenden-MG 7,62 mm
Fla-MG 7,62 mm

Hersteller

Chrysler Corporation, USA
Umbau – Wegmann, Kassel, Deutschland

Ein Teil der M 48 A2 G A2 erhielt bereits einen Dreifarb-Tarnanstrich. Auf dem Bild erkennt man gut die Blendenabdichtung des umgerüsteten Panzers.

Der Umrüstsatz schloss Folgendes mit ein:
- das mit der Waffenanlage starr verbundene 7,62-mm-Blenden-MG,
- das 7,62-mm-Fla-MG auf geänderter Kommandantenluke (um 360 Grad schwenkbar, Höhenrichtbereich –10 Grad bis +75 Grad),
- die Neuanordnung der Kommandantenluke und den Einbau von acht Winkelspiegeln zur Rundumbeobachtung. Alle umgebauten Panzer erhielten das BiV-Fahrgerät BM 8005, ein Teil wurde zusätzlich mit dem passiven Ziel- und Beobachtungsgerät PzB 200 ausgerüstet. Der Einsatz dieser Fahrzeuge erfolgte in der 4. Jägerdivision, 12. Panzerdivision

Zwei Kampfpanzer M 48 A2 G A2 des Panzerbataillons 623 rollen auf dem Truppenübungsplatz Bergen-Hohne Richtung Schießbahn.

und in der 6. Panzergrenadierdivision. Nach Einführung des Leopard 2 Anfang der 80er-Jahre wurden die M 48 A2 G A2 an die Panzerbataillone der Heimatschutzbrigaden abgegeben. Diese Bataillone verfügten über 41 Panzer in drei Kampfkompanien. Einige Jägerbataillone in den Heimatschutzbrigaden erhielten Panzerjägerzüge mit je sieben Kampfpanzern M 48 A2 G A2.

Gelungene Kampfwertsteigerung

Die kosteneffektive und technisch überzeugende Kampfwertsteigerung der in der Bundeswehr genutzten Kampfpanzer M 48 und die weitgehende logistische Gleichheit mit der Leopard-1-Familie machten dieses Waffensystem zu einer guten Übergangslösung bis zur Auslieferung des Leopard 2 und zur weiteren Nutzung in den Heimatschutzbrigaden. Bedauerlicherweise wurde in den M 48 A2 G A2 kein neuer Motor eingebaut, der die Beweglichkeit und den Fahrbereich erhöht hätte. Auch der

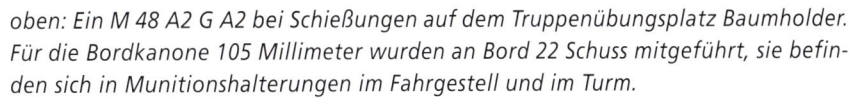

oben: Ein M 48 A2 G A2 bei Schießungen auf dem Truppenübungsplatz Baumholder. Für die Bordkanone 105 Millimeter wurden an Bord 22 Schuss mitgeführt, sie befinden sich in Munitionshalterungen im Fahrgestell und im Turm.
Mitte: Nach einem Gefechtsschießen auf dem Truppenübungsplatz M 48 A2 G A2 des PzBtl 543.
unten: Der Kampfpanzer M 48 A2 G A2 war ein sehr wuchtiges Fahrzeug.

Einbau einer Waffenstabilisierungsanlage zur weiteren Erhöhung der Kampfkraft unterblieb aus Kostengründen.

Das Ende

Anfang 1991 wurden die ersten M 48 A2 G A2 in den Panzerbataillonen der Heimatschutzbrigaden ausgemustert und im Rahmen der allgemeinen Abrüstung zwischen Ost und West verschrottet. Die Fahrzeuge waren die ersten „Opfer" der Bundeswehr anlässlich der einsetzenden Abrüstungsschritte. Eine ursprünglich geplante Weiterverwendung der Fahrgestelle als Pionier- oder Bergepanzer wurde nicht realisiert. Lediglich der später in geringen Stückzahlen eingeführte Minenräumpanzer Keiler verwendete ein M48-Fahrgestell.
Ein Teil der von der Bundeswehr verwendeten M 48 bzw. die Türme der Fahrzeuge findet man heute noch als Hartziele auf verschiedenen Truppenübungsplätzen in Deutschland.

Kampfpanzer Leopard 2 A4

Deutschland
Serienfertigung ab 1985

**Eingesetzt in Deutschland, Niederlande, Schweiz, Österreich,
Spanien, Schweden, Dänemark**

Kampfpanzer Leopard 2 A4 des österreichischen Panzerbataillons 33 mit Versuchstarnanstrich während der Verbandsübung „Kuenringer 2001" im April 2001.

Bewährter Panzer

Das Rückgrat der Panzertruppe der Deutschen Bundeswehr und vieler NATO-Staaten bildet der Kampfpanzer Leopard 2. Mobilität, Feuerkraft und Überlebensfähigkeit der Besatzung sind bei diesem Waffensystem optimal aufeinander abgestimmt und zeichnen sich durch eine hohe Zuverlässigkeit und Betriebssicherheit aus.

Bewaffnung und Besatzung

Die 120-mm-Glattrohrkanone von Rheinmetall ist die Hauptbewaffnung des Kampfpanzers Leopard 2 A4. Die Kanone kann sowohl Hohlladungs- wie Wuchtgeschosse verschießen. Eine weitere Munitionsart kann im Feuerleitrechner einpro-grammiert werden. Ein koaxiales MG 3 A1 und ein Fliegerabwehr-MG 3 bilden die Sekundärbewaffnung. Beide MGs verschießen 7,62-mm-Vollmantelgeschosse. Die Besatzung besteht aus vier Mann: dem Kommandanten, der den Panzer führt, einem Richtschützen, der die Bordkanone und das koaxiale MG bedient, einem Ladeschützen, der die Bordkanone und die MGs lädt, und dem Fahrer, der für die Technik in der Wanne verantwortlich ist.

Optik und Feuerleitanlage

Die Optik des Panzerkommandanten besteht aus einem Rundblickperiskop PERI-R17 von Zeiss mit zwei- bzw. achtfacher Vergrößerung. Der Kommandant kann den Gegner auch selbst bekämpfen. Über die Einblick-baugruppe EMES 15 kann er die Richtschützenoptik mit Wärmebildgerät nutzen. Der Richtschütze ver-

Die 120-mm-Glattrohrkanone L/44 von Rheinmetall verschießt flügelstabilisierte Hohlladungs- und Wuchtgeschosse. Bei allen Fahrzeugen wurde der ab dem achten Baulos serienmäßig eingebaute Feldjustierspiegel nachgerüstet.

Autor: W. Böhm; Fotos: W. Böhm (9), P. Blume (1)

fügt als Hauptoptik über ein binokulares EMES 15 mit integriertem Wärmebildgerät von Carl-Zeiss, sowie über eine monokulare Ersatzoptik FERO-Z 18. Das EMES 15 ist mit einem Laser-Entfernungsmesser versehen. Beim Wärmebildgerät kann wahlweise zwölf- bzw. vierfache Vergrößerung eingestellt werden. Unabhängig von der Kanone ist das EMES 15 stabilisiert, die Kanone wird im Normalbetrieb der Optik nachgeführt. Der FERO-Z 18 mit einer Achtfachvergrößerung ist für den Notbetrieb vorgesehen. Der Fahrer verfügt über drei eingebaute Winkelspiegel. Bei Nachtfahrt wird der mittlere Winkelspiegel durch das Bildverstärker-Fahrgerät (BiV) PERI D 53 ersetzt. Die Feuerleitanlage besteht aus dem Feuerleitrechner FLT 2. Der FLT 2 steuert die Stellung der Bordkanone zum EMES 15 und verarbeitet alle manuell eingestellten bzw. laserermittelten Entfernungen, die Bewegung des Panzers, Querbewegung des Zieles, Querwind, Höhenunterschied, Außen- und Pulvertemperatur sowie Justierwerte über die

oben: Leopard während der CMTC „Hohenfels Rotation" im April 1994.
unten: Leopard 2 A4 vom PzAufklBtl 7 beim Manöver „Goldgelber Reiter" in der Warburger Börde.

Die niederländischen Leopard 2 entsprachen ursprünglich der deutschen Ausführung A1 und wurden im Laufe der Zeit auf A4 nachgerüstet, mit Ausnahme der Nebelmittelwurfanlage, Philips Funkanlage, den niederländischen BiV und dem belgischen FN-MG.

Technische Daten:

Besatzung: 4 Mann

Abmessungen
Länge (Rohr 12.00 Uhr):	9,61 m
Breite (über Kettenschürzen):	3,74 m
Höhe:	2,76 m

Gewichte
Gefechtsgewicht:	55,1 t
Leistungsgewicht:	27 PS/t
Spez. Bodendruck:	0,83 kg/cm²

Turmgewicht:	16,0 t
Kette:	2,7 t

Leistungsdaten
Max. Geschwindigkeit:	68 km/h
Fahrbereich	
Straße:	550 km
Gelände:	240 km
Steigfähigkeit:	60 %
Querneigung:	30 %
Überschreitfähigkeit:	3 m

Motordaten
MTU MB 873 Ka 501 mit

2 Turboladern
12-Zylinder-Dieselmotor
4 Vor- und 2 Rückwärtsgänge
Hubraum:	47.600 cm³
Leistung:	1100 kW/1500 PS
Kraftstoffvorrat:	1200 l

Bewaffnung
120-mm-Glattrohrkanone L/44 von Rheinmetall
7,62-mm-MG 3 koaxial
7,62-mm-Fla-MG 3

Munition
42 x 120-mm-Geschosse
8500 x 7,62-mm-Munition
16 Nebelwurfkörper
4 Handgranaten

Optik
Rundblickperiskop PERI-R 17
Binokulares EMES 15 mit integriertem Wärmebildgerät
Monokulares FERO-Z 18
Laser-Entfernungsmesser
Feuerleitrechner FLT 2
Hydraulische Waffennachführanlage WNA-H22

Hersteller
Krauss-Maffei, München,
Krupp-MAK, Kiel,
Deutschland

Der Verbrauch des Leopard 2 A4 in schwerem Gelände liegt bei 500 Liter Diesel auf 100 Kilometer. Der M1 A1 Abrams „säuft" fast das Doppelte. Hier ein Leopard 2 A4 vom Gefechtsverband PzBtl 214 während der „Dezember 95 Rotation" im CMTC Hohenfels.

hydraulische Waffennachführanlage WNA-H22 an die Bordkanone.

Antrieb und Panzerschutz

Der 12-Zylinder-Mehrstoff-Diesel-Motor MB 873 ka501 von MTU hat zwei Abgasturbolader und einen Hubraum von 47.600 Kubikzentimetern. Das hydromechanische Schalt-, Lenk und Wendegetriebe hat vier Vor- und zwei Rückwärtsgänge. Der Leopard 2 verfügt über ein Stützrollenlaufwerk. Die Dämpfung des Fahrwerks erfolgt über Drehstäbe. Die Panzerung besteht aus einer Mehrschichtpanzerung (Schottpanzerung), bestehend aus Panzerstahl und anderen, geheimen Materilien. Die ABC-Schutzanlage des Leopard 2 erzeugt einen Überdruck von 2 bzw. 4 Millibar im Kampfraum.

Aufwuchsorientiertes Konzept

Die Fertigung des Waffensystems Leopard 2 A4 wurde von Krauss-Maffei in München und MAK in Kiel durchgeführt. Nach Auslieferung des ersten Serienpanzers Ende 1979 an das PzLBtl 93 in Munster wurde der Leopard 2 in acht verschiedenen Baulosen mit einer Gesamtstückzahl von 2125 Fahrzeugen für die Bundeswehr produziert. Ab dem fünften Baulos bis zum letzten, dem achten Baulos, wurden alle Fahrzeuge als Leopard 2 A4 bezeichnet. Die Fahrzeuge des fünften Bauloses hatten gegenüber denen des vierten Bauloses (gleiche Grundausrüstung) einen digitalisierten Feuerleitrechner für zwei zusätzliche Munitionsarten. Eine weitere Modifikation war eine Kompakt-Brandunterdrückungsanlage. Das fünfte Baulos wurde zwischen Dezember 1985 und März 1987 in einer Stückzahl von 370 Fahrzeugen gefertigt.

Der Schwerpunkt des sechsten Bauloses war ein verbesserter integrierter Panzerschutz für Turm und Fahrgestell. Äußerlich konnte man die Fahrzeuge des sechsten Bauloses an den neuen durchgehenden schweren Kettenschürzen erkennen. Weitere Verbesserungen waren der Einbau wartungsfreier Batterien, reparaturfreundliche Leitradabdeckungen und Umstellung der Tarnfarbe auf zinkchromfreie Lacke. Zwischen Januar 1988 und Mai 1989 wurden vom

Schwerpunkt der Kampfwertsteigerungsmaßnahmen des achten Bauloses des Leopard 2 A4 waren weiter verbesserte Kettenschürzen in der neuen 3-Schutzversion (D-Technologie). Dieser Leopard 2 A4 gehört zum Gebirgspanzerbataillon 8.

sechsten Baulos 150 Fahrzeuge gefertigt. Von Mai 1989 bis April 1990 wurde das siebte Baulos gefertigt in einer Gesamtstückzahl von 100 KPz Leopard 2 A4. Die Grundausrüstung war entsprechend dem Baulos sechs.

In München und Kiel ging im Januar 1991 das achte Baulos in Fertigung. Die Grundausrüstung entsprach dem sechsten Baulos. Verbessert wurde noch einmal der Schutz durch neue schwere Kettenschürzen und seitliche Schürzen. An der Mündung der Bordkanone wurde ein Feldjustierspiegel angebracht, der bei allen KPz Leopard 2 nachgerüstet wurde. 75 Fahrzeuge wurden insgesamt vom achten Baulos gefertigt.

Im März 1992 erhielt das Gebirgspanzerbataillon 8 den letzten ausgelieferten Leopard 2 A4 des achten Bauloses.

Euro-Leopard 2

Der Kampfpanzer Leopard 2 A4 ist nach wie vor ein heißbegehrter Exportschlager. Das niederländische Heer war das erste NATO-Mitglied, das zwischen 1982 und 1986 insgesamt 445 KPz Leopard 2 in Dienst stellte. 1998 verkauften die Niederlande 114 KPz Leopard 2 A4 an das österreichische Bundesheer, das

und durchgehende seitliche Schürzen, beide

oben: Aus der Fahrt heraus und bei einer Entfernung von über 2000 Metern kann der Leopard 2 A4 aufgrund seiner modernen Feuerleitanlage zwei Ziele bekämpfen. Das Foto zeigt einen österreichischen Leopard 2 A4 des PzBtl 10 während des Manövers „Ostarrichi 2001".
Mitte: Verbandsübung „Ostarrichi 2001" der österreichischen 4. Panzergrenadierbrigade im August 2001. Ein Leopard 2 A4 sichert einen Höhenrücken im Mostviertel.
unten: Das österreichische Bundesheer hat insgesamt 114 Kampfpanzer Leopard 2 A4 aus Beständen des niederländischen Heeres übernommen. Außer der Anbringung der taktischen und nationalen Abzeichen wurden keine Änderungen an der NL-Version des Leopard 2 A4 vorgenommen.

damit drei Panzerbataillone ausrüstete. Nach Vergleichstests mit dem M 1 Abrams und Leopard 2 entschied sich die Schweiz 1984 für die Einführung von 380 Leopard 2, die dort in Lizenz gebaut wurden. Von der schwedischen Bundeswehr wurden 160 Leopard 2 A4 (Strv 121) geleast.

Weitere 108 Leopard 2 A4 wurden von Spanien in der Zeit 1995/96 auf Leasingbasis übernommen. Des Weiteren steht Dänemark kurz vor der Einführung des Kpz Leopard 2. Somit wurde das Waffensystem Leopard 2 A4 in sechs europäischen Staaten eingeführt.

Kampfpanzer Leopard 1 A5
Deutschland
Kampfwertsteigerung ab 1986

Eingesetzt in Deutschland, Belgien, Griechenland, Italien, Norwegen

Ein Kampfpanzer Leopard 1 A5 des Panzerbataillons 383 aus Bad Frankenhausen während der Übung „Prankenhieb 02" im Frühjahr 2002 in der Oberlausitz.

Weitere Kampfwertsteigerung

Nach Einführung des Kampfpanzers Leopard 2 zeigte sich Anfang der 80er-Jahre, dass der hauptsächlich in den Panzerbataillonen der Panzergrenadierbrigaden verwendete Kampfpanzer Leopard 1 nicht mehr ganz dem damaligen Stand der Waffentechnik entsprach. Darüber hinaus war unbedingt eine Anpassung an die sich abzeichnende Bedrohung durch neu eingeführte Kampfpanzer des Warschauer Paktes erforderlich. Um dieser zukünftigen Bedrohung in der geplanten Nutzungsphase über das Jahr 2000 hinaus standhalten zu können, musste der Kampfpanzer Leopard 1 in seinem Kampfwert gesteigert werden. Es sollte sich um die vierte Kampfwertsteigerung handeln. Ab dem Jahre 1986 begann die weitere Nachrüstung der vorhandenen Fahrzeuge, insbesondere der Baulose eins bis vier. Im Rahmen dieser Nachrüstung konnte der Kampfwert des Leopard 1 wie folgt gesteigert werden:
– Erhöhung der Erstschusstrefferwahrscheinlichkeit,
– Verkürzung der Reaktionszeiten,
– Kampffähigkeit bei Tag, Nacht und schlechter Sicht,
– verbesserte Munitionswirkung im Ziel,
– Erhöhung des ballistischen sowie des passiven Schutzes,
– Erhöhung der Überlebensfähigkeit der Besatzung.
Die Kampfwertsteigerung zur Version Leopard 1 A5 umfasste als Kernstück den Einbau einer neuen Feuerleitanlage (EMES 18) der Firma KAE in Bremen.

Detailansicht des Turmes eines Leopard 1 A5. In Fahrrichtung rechts der Kommandant und vor ihm das Hauptzielfernrohr EMES 18 sowie dahinter das höher gelegte Rundblickzielfernrohr des Kommandanten.

Autor: P. Blume; Fotos: W. Böhm (7), P. Blume (2)

Die neue Feuerleitanlage besteht aus den Baugruppen Hauptzielfernrohr mit Wärmebildgerät, Feuerleitrechner, Rundblickzielfernrohr des Kommandanten, Turmzielfernrohr für den Richtschützen, Richtschützenbediengerät, Ladeschützenbediengerät, Wärmebild-Zusatzbediengerät für den Kommandanten, Laser-Elektronik, Monoblock-Elektronik, Anpass-, Prüf- und Logistikbaugruppe, internes Prüfsystem, Winkelübertragungsbaugruppe sowie Feldjustieranlage.

Der Leopard 1 A5 ist nach der Kampfwertsteigerung in der Lage, den Feuerkampf aus allen Lagen, unter schwierigsten Witterungsbedingungen, bei Tag und Nacht, eingeschränkter Sicht und gegen getarnte Ziele erfolgreich zu führen.

Verbesserungen im Bereich Fahrgestell und Turm

Vor der Umrüstung auf die Feuerleitanlage EMES 18 durchliefen die Fahrzeuge eine Depot- beziehungsweise Bedarfsinstandsetzung. In diesem Zusammenhang wurden unter anderem im Fahrgestellbereich eine Strahlwasserreinigungsanlage für die Winkelspiegel des Fahrers, wartungsfreie Batterien, verbesserte Stoß-dämpferlager, verstärkte Schwingarmlagerungen sowie eine verbesserte ABC-Schutzanlage eingebaut. Im Turmbereich wurden ein Laserschutz für alle optischen Geräte der Besatzung eingebaut sowie verschiedene weitere Änderungen vorgenommen.

Fleckentarnanstrich

Eine weitere kampfwertsteigernde Maßnahme war die Aufbringung eines aus den Farben Bronzegrün, Lederbraun und Teerschwarz bestehenden Fleckentarnanstrichs. Dieser Tarnanstrich verringerte die Entdeck-

Ein Leopard 1 A5 bei einem Beobachtungshalt während der Übung „Prankenhieb 02".

Technische Daten:		Leistungsdaten		Leistung:	610 kW/830 PS
		Max. Geschwindigkeit:	65 km/h		bei 2200 U/min
Besatzung:	4 Mann	Steigfähigkeit:	60 %	Kraftstoffvorrat:	985 l
		Kletterfähigkeit:	1,15 m	Verbrauch:	176 l/100 km
Abmessungen		Überschreitfähigkeit:	2,50 m		
Länge:	9,54 m	Watfähigkeit:	1,20 m	**Bewaffnung**	
Breite:	3,41 m	Fahrbereich:	560 km	105-mm-Bordkanone L 7 A3	
Höhe:	2,58 m			MG 7,62 mm, koaxial	
Bodenfreiheit:	0,44 m	**Motordaten**		Fla-MG 7,62 mm	
		MB 838 Ca M 500, 10-Zylinder-			
Gewichte		MTU-Mehrstoff-Dieselmotor		**Hersteller**	
Gefechtsgewicht:	42,4 t	4 Vor- und 2 Rückwärtsgänge		Krauss-Maffei AG, München	
Leistungsgewicht:	19,5 PS/t	Hubraum:	37.400 cm³	Wegmann, Kassel, Deutschland	

Ein Kampfpanzer Leopard 1 A5 beim Tiefwaten im Rahmen der Übung „Pommern-fähre" des Panzerbataillons 413. Auf der Kommandantenluke ist der Tiefwatschacht aufgesetzt.

barkeit des Leopard 1 erheblich und erhöhte den passiven Schutz. Zusätzlich erhöhte er die Überlebensfähigkeit und den Kampfwert.

Neue Funkgeräte-generation und Erhöhung der Feuerkraft

Im Zuge der Kampfwertsteigerung erhielten die Kampfpanzer Leopard 1 die neuen, modular aufgebauten Funkgeräte SEM 80/90. Aus dem vor-

herigen Fahrzeugfunkgerät SEM 80 wurde durch Hinzufügen eines 40-W-Verstärkers das neue Funkgerät SEM 90, das kleiner als sein Vorgänger ist und nur ein Drittel des Gewichts der alten Funkgerätegeneration aufweist. Das Funkgerät SEM 90 hat eine automatische Kanalwahl mit 16 beliebigen Kanälen, zusammengefasst zu einem Bündel. Auf diesem Kanalbündel können gleichzeitig mehrere Funkkreise sprechen, da die Automatik immer einen frei-

en Kanal anwählt. Durch den Einbau des neuen Funkgerätesatzes SEM 80/90 konnte eine Verbesserung der Qualität der Funkverbindungen erreicht werden. Dadurch sind die mit Leopard 1 ausgestatteten Panzerverbände im Gefecht sicherer zu führen.

Die Feuerkraft des Kampfpanzers Leopard 1 in seiner Version A5 konnte durch die Entwicklung und Einführung neuer leistungsgesteigerter Munition erheblich verbessert werden. Vor der Kampfwertsteigerung zum Leopard 1 A5 setzte der Kampfpanzer Leopard 1 die Munitionssorten APDS (KE), HEAT (Hohlladung) und HEP (Quetschkopf) ein. Als Nachfolger der vorherigen APDS-Munition wurde die Munitionsart APFSDS eingeführt. Diese speziellen Geschosse dienen der Vernichtung feindlicher Kampfpanzer und sind flügelstabilisierte KE-Geschosse mit einem Schwermetallpenetrator. Sie haben eine hohe Durchschlagsleistung und führten zu einer Erhöhung des Kampfwertes des Leopard 1 A5.

Neue Schnellnebel-wurfkörper

Der Kampfpanzer Leopard 1 verfügte von Anfang an über eine Nebel-mittelwurfanlage, mit der Nebel-

Ein Kampfpanzer Leopard 1 A5 des Panzerbataillons 54 im Verfügungsraum während einer Übung der PzGrenBrig 5 im Jahre 1991

wurfkörper verschossen werden, die vor dem Fahrzeug eine künstliche Nebelwand aufbauen. Im Schutz dieser Nebelwand kann sich der Kampfpanzer in für ihn gefährlichen Gefechtssituationen der feindlichen Sicht und der Waffenwirkung entziehen, indem er die Dauer der stehenden Nebelwand nutzt, um eine günstigere Stellung zu beziehen.

Da sich im Laufe der Zeit die Bedrohung geändert hatte und daher kürzere Reaktionszeiten erforderlich wurden, mussten neue Schnellnebelwurfkörper entwickelt werden, die die künstliche Nebelwand sehr viel schneller als vorher aufbauen konnten. Mit diesen neu entwickelten Schnellnebelwurfkörpern, die den passiven Schutz erhöhen, wurde der Leopard 1 A5 ausgestattet.

Am 16. Dezember 1986 wurde der erste kampfwertgesteigerte Leopard 1 A5 auf dem Werksgelände der Firma Wegmann in Kassel an die Panzertruppe der Bundeswehr übergeben. Bis zum Jahre 1992 wurden insgesamt 1224 Fahrzeuge kampfwertgesteigert. Der Kampfwertsteigerung zur Version A5 schlossen sich später noch einige Leopard-1-Nutzerstaaten an. Äußere Merkmale der Umrüstung sind der fehlende Raumbildentfernungsmesser, der gut sichtbare Ausblickkopf des Entfernungs-

auf dem Truppenübungsplatz Baumholder.

oben: Ein Kampfpanzer Leopard 1 A5 des Panzerbataillons 383.
Mitte: Gut zu erkennen sind bei diesem Leopard 1 A5 der Werkzeugkasten links, in der Mitte herabhängend die Rohrzurrung und rechts die runde Außennordsprechstelle.
unten: Aus einer teilgedeckten Stellung heraus beobachtet die Besatzung eines Leopard 1 A5 des Panzerbataillons 383 das Gefechtsfeld.

messgerätes, das höher gesetzte Turm-Rundblickzielfernrohr und die Winkelspiegel-Waschanlage für den Panzerfahrer. Der Kampfpanzer Leopard 1 A5 wurde in den Panzerbataillonen der Panzergrenadierbrigaden und in einigen Panzeraufklärungsbataillonen verwendet. Im Zuge der Heeresstruktur 5, die Anfang der 90er-Jahre eingenommen wurde, kam es unter anderem zu einer erheblichen Reduzierung der deutschen Panzertruppe. Die vorhandenen Leopard 1 A5 fanden daher nur noch in wenigen Panzerbataillonen Verwendung, hauptsächlich in den neuen Bundesländern. Bis Ende 2002 werden alle Kampfpanzer vom Typ Leopard 1 A5 der Bundeswehr ausgemustert sein.

Kampfpanzer Challenger 2

Großbritannien
Entwicklung ab 1988
vorgezogene Serienfertigung ab 1993
Auslieferung 1998
Eingesetzt in Großbritannien, Oman

Challenger 2 der „Scots DG-Battlegroup" während der Großübung „Ulan Eagle 99" in Polen. Der Challenger 2 benötigt eine Vier-Mann-Besatzung und weist mit 64 Tonnen die höchste Gefechtsmasse aller Panzer innerhalb der NATO auf.

Neuer Kampfpanzer

Im Juni 1998 wurden auf dem NATO-Truppenübungsplatz Bergen-Hohne die ersten Challenger-2-Kampfpanzer an die britischen Streitkräfte übergeben. Als erstes Panzerregiment erhielten die in Fallingbostel, Deutschland, stationierten „Royal Scots Dragoon Guards" 38 Fahrzeuge des neuen Kampfpanzers Challenger 2.

Das britische Royal Armoured Corps hat beim Hersteller Vickers-Defence insgesamt 386 Challenger 2 bestellt und wird damit bis 2002 einen Teil der Challenger-1-Kampfpanzer-Flotte ablösen. Im Jahr 1988 begannen bereits die Entwicklungsarbeiten für den Challenger 2, die insgesamt neun Prototypen umfassten.

Um die Schwächen des Challenger 1 auszugleichen und um die wertvollen Einsatzerfahrungen während des Golfkrieges umzusetzen, arbeiteten bei der Entwicklung am Challenger 2 die Streitkräfte mit dem Hersteller Vickers-Defence eng zusammen. Die Forderungen des britischen Royal Armoured Corps an den neuen Kampfpanzer Challenger 2 waren unter anderem eine hohe Feuerkraft, Zuverlässigkeit auf dem Gefechtsfeld, hohe Mobilität und Geländetauglichkeit, Bedienerfreundlichkeit und Einsatzfähigkeit auch unter schwierigen Bedingungen.

Wanne und Antrieb

Der Challenger 2 erhielt eine modifizierte Wanne auf Basis des Challenger 1. Durch eine verbesserte hydropneumatische Federung, vollautomatisches Getriebe und 882-kW (1200 PS) Perkinson (Rolls Royce) CV

Im Juni 1998 wurden die ersten Challenger-2-Kpz vom Hersteller Vickers-Defence an die britische Armee übergeben.
Als erstes Panzerregiment wurden die Royal Scots Dragoon Guards ausgerüstet.

Autor: W. Böhm; Fotos: W. Böhm (4)

Die Hauptwaffe des Challenger 2 ist eine 120-mm-Bordkanone mit gezogenem Lauf (L30 Charm Gun), die von einem Feuerleitrechner gesteuert wird.

12, 12-Zylinder-Dieselmotor erreicht der Challenger 2 eine hohe Beweglichkeit. Serienmäßig sind am Heck des Challenger 2 zusätzlich zwei 200 Liter Tonnen für Dieseltreibstoff angebracht, dadurch wird eine Erhöhung der Reichweite um 70 Kilometer erreicht. Auch verfügt der Challenger 2, wie auch sein Vorgänger Challenger 1, über einen integrierten Wasserkocher mit dem Verpflegung und Teewasser für die Besatzung zubereitet werden kann.

Turm und Bewaffnung

Der stark gepanzerte Turm aus der neuesten Generation DORCHESTER-armour (Advanced Armour Technology) wurde komplett neu entwickelt und ist mit einer modernen, bedienungsfreundlichen, stabilisierten 120-mm-Kanone mit gezogenem Rohr (L30 Charm Gun) ausgestattet, die von einem Feuerleitrechner gesteuert wird. Ziele lassen sich dadurch bei Tag und Nacht schnell und mit hoher Treffergenauigkeit bekämpfen. Die 120-mm-L30-Charm-Gun (Bordkanone) weist eine Einsatzschussweite von bis zu 9000 Meter auf und kann sowohl KE-Munition (Kenetische Energie) sowie MZ (Mehrzweckmunition) verschießen. Der Panzerkommandant und der Richtschütze verfügen über unab-hängige Zieloptiken. Im Turm sind Tag- und Nachtsicht- sowie Wärmebildgeräte und Laserentfernungsmesser untergebracht.

Meteo Sensor

Zusätzlich ist der Challenger 2 auch mit einem meteorologischen Sensor ausgestattet, der fortlaufend aktuelle Wetterdaten, wie zum Beispiel Windrichtung und Windgeschwindigkeit, Lufttemperatur, Feuchtigkeit und Luftdruck an den Bordcomputer liefert. Bisher waren die britischen Panzertruppen für diese Angaben auf die Artillerie angewiesen, mit diesem Sensor sind sie jetzt unabhängig. Die Serienfertigung des Challenger 2 begann im Jahre 1993. Die Höchstgeschwindigkeit unter optimalen Geländebedingungen liegt bei 64 km/h, die Einsatzreichweite bei 450 Kilometern. Der Challenger 2 ist voll klimatisiert und hat eine Besatzung von vier Mann. Mit 64 Tonnen weist er das höchste Gefechtsgewicht aller Kampfpanzer innerhalb der NATO auf.

Als erstes ausländisches Land hat der Wüstenstaat Oman 38 Challenger-2-Kampfpanzer mit einigen wesentlichen Änderungen wie 1500 PS starken MTU-883-Turbo-Dieselmotoren (wie im Leopard 2) gekauft. Weitere Länder wie Griechenland, Quatar und Südafrika zeigen Interesse.

Durch die beiden serienmässig angebrachten 200-Liter-Diesel-Tonnen am Fahrzeugheck, erhöht sich die Reichweite des Challengers 2 um 70 Kilometer.

Technische Daten:		
Besatzung:	4 Mann	
Abmessungen:		
Länge (Wanne):	9,87 m	
Breite:	3,52 m	
Höhe:	3,04 m	
Gewichte:		
Kampfgewicht:	64,0 t	
Leistungsgewicht:	187 PS/t	
Bodendruck:	0,97 kg/cm²	
Leistungsdaten:		
Max. Geschwindigkeit		
Straße:	64 km/h	
Gelände:	50 km/h	
Überschreitfähigkeit:	2,35 m	
Steigfähigkeit:	60 %	
Fahrbereich (Straße):	450 km	
Fahrbereich (Gelände):	200 km	

Wattiefe: 1,07 m

Motordaten:
Perkinson (Rolls Royce) CV 12, TCA 12-Zylinder-Dieselmotor
4 Vorwärts-, 3 Rückwärtsgänge
Hubraum: 26.100 cm³
Leistung: 882 kW/1200 PS
Kraftstoffvorrat: 1592 l
Zusatztanks: 2 x 200 l

Bewaffnung:
120-mm-Bordkanone mit gezogenem Lauf (L30)
2 x 7,62 mm MG
2 Nebelwurfanlagen mit je 5 Werferrohren

Munition:
50 Schuss 120-mm-Munition
4000 Schuss 7,62-mm-Patronen

Hersteller
Royal Ordnance Factory (Vickers Defence)

Kampfpanzer „Leopard 2 A5"
Deutschland
Entwicklung 1990

Eingesetzt in Deutschland, Niederlande, Spanien, Schweden

Eine Rückfahrkamera am Wannenheck ermöglicht dem Fahrer das Rückwärtsfahren unter gefechtsmäßigen Bedingungen. Durch Verwendung eines Tiefwatschachtes ist es möglich, Gewässertiefen bis zu vier Meter zu durchqueren. Dieser Leopard 2 A5 trägt die taktischen Zeichen des Panzerbataillons 33.

 ## Überlegenheit

Der deutsche Kampfpanzer Leopard 2 ist mittlerweile in sechs europäische Staaten eingeführt.
Die fortschreitende Entwicklung in der Munitionstechnologie machte Defizite beim Kampfpanzer Leopard 2 in den Bereichen Panzerung und Feuerkraft Mitte der 80er-Jahre deutlich.
Um auch in Zukunft die Überlegenheit auf dem Gefechtsfeld zu erhalten, einigten sich die damaligen Nutzerstaaten des Kampfpanzers Leopard 2, Deutschland, Niederlande und die Schweiz, auf die Entwicklung eines stark modifizierten Kampfwertsteigerungs-Programms, das in drei Stufen durchgeführt werden sollte.

Entwicklung

Operative und taktische Einsatzforderungen bilden das Grundkonzept in der Entwicklungsphilosophie des Kampfpanzers Leopard 2, die Grundauslegung ist aufwuchsorientiert und bietet genug Kapazität für Kampfwertsteigerungs-Maßnahmen (KWS).
Der erste Schritt in Richtung KWS war ein Komponenten-Versuchsträger (KVT), der eine Reihe von Kampfwertsteigerungs-Maßnahmen aufzeichnete und mit dem ab dem Jahre 1989 Erprobungen vom Bundeswehr-Beschaffungsamt und der Panzertruppenschule durchgeführt wurden.
Die Ergebnisse des KVT flossen in zwei Truppenversuchsmuster (TVM) ein, deren Komponenten von unter-

Die Kampfbeladung des Kampfpanzers Leopard 2 A5 fasst 42 panzerbrechende Geschosse des Kalibers 120 Millimeter.

Fotos und Zeichnung: W. Böhm (6), M. Meyer (1)

schiedlichen Herstellern waren. 1991/92 erfolgte ein taktischer/logistischer Truppenversuch der zwei TVM.

Turm und Bewaffnung

1992 trafen sich die Staaten des „Leopard Nutzerklubs" und entschieden sich für die Konfiguration der KWS Stufe II, deren Schwerpunkt im verbesserten Panzerschutz im Turmbereich sowie erhöhter Nachtkampffähigkeit und Führbarkeit während des Feuerkampfes liegt. Diese Ausführung nannte man auch „Mannheimer Konfiguration". Der Panzerschutz an der Turmfront und an den Turmseiten wurde mit austauschbaren außen liegenden Vorsatzmodulen verstärkt, die Mehrfachtreffern mit KE-Munition und Hohlladungsgeschossen widerstehen. Die 120-mm-Rheinmetall-Glattrohrkanone L/44 verschießt hüllenlose KE-Munition APFSDS-T sowie Mehrzweckmunition HEAT-MPT. Die APFSDS-T-Geschosse durchschlagen die härtesten Panzerlegierungen und schmelzen beim Durchdringen den Panzerstahl. Zur Selbstverteidigung ist der Leopard 2 mit zwei Maschinengewehren 7,5 Millimeter ausgerüstet. Mit einer neuen vollelektronischen Waffennachführanlage, anstelle der alten Hydraulikanlage behält der Leopard 2 A5 auch bei voller Fahrt in unebenem Gelände sein Ziel im Visier. Per Laserstrahl berechnet der Digitalcomputer des stabilisierten Feuerleitrechners Typ EMES-15 des Richtschützen in Sekundenbruchteilen die Geschwindigkeit des anvisierten Ziels.

In Verbindung mit der Waffennachführanlage liegt die Erstschusstreffer-Wahrscheinlichkeit im Feuerkampf bei ca. 2500 Meter Kampfentfernung bei über 80 Prozent. Ein weiterer Schwerpunkt der KWS Stufe II ist die erhöhte Schlechtwetter- und Nachtkampffähigkeit.

Der Leopard-2-A5-Kommandant beobachtet, führt und kämpft über sein Periskop PERI-R17 A2 mit integriertem Wärmebildgerät nachts und bei schlechtem Wetter unabhängig vom Wärmebildgerät des Richtschützen. Der Panzerkommandant kann rundum aufklären. Unabhängig davon bekämpft der Richtschütze sein Ziel, so ist die „Hunter-Killer-Funktion" auch des nachts sichergestellt. Weiterhin kann der Kommandant den Richtschützen überwachen und führen, indem er die Daten des Richtschützen auf seinen Monitor überträgt.

Wanne und Antrieb

Über einen Videomonitor kann der Panzerfahrer auch nach hinten sehen und fahren. Mit dem Fahrernachtsichtgerät steuert er das fast 60 Tonnen schwere Fahrzeug bei völliger Dunkelheit sicher durch jedes Gelände.

Das hydraulische Getriebe verfügt über vier Vorwärts- und zwei Rückwärtsgänge. Das 12-Zylinder-Turbodiesel-47,6-Liter-MTU-MB 873-Triebwerk leistet 1500 PS und beschleunigt den Leopard 2 auf 75 km/h. Bei 100 Kilometer Straßenmarsch verbraucht der Leopard 215 Liter Diesel. Der Aktionsradius liegt bei 550 Kilometern. Drei Meter breite Gräben und 1,10 Meter hohe Mauern sind kein Hindernis für die Geländetauglichkeit des Leopard 2.

Kampfpanzer Leopard 2 A5 des Panzerbataillons 393 der Bundeswehr im NATO-Dreifarb-Flecktarnanstrich. Die acht 76-mm-Wegmann-Nebelwurfbecher und die gerade Unterkante der Kettenblende sind typisch für die deutsche Version.

MB 873 mit 2 Abgasturboladern
4 Vor- und 2 Rückwärtsgänge

Hubraum:	47.600 cm³
Leistung:	1100 kW/1500 PS
Kraftstoffvorrat:	1200 l
Verbrauch:	218 l/100 km

Bewaffnung
120-mm-Glattrohrkanone L/44 mit 42 Schuss, Mehrzweckmunition HEAT-MP KE-Munition APFSDS-T
1 x 7,62-mm-Turm koaxial-MG
1 x 7,62-mm-Fliegerabwehr-MH 8500 Schuss, 7,62-mm-Munition
2 x 8 Stück Kaliber 76 mm Wegmann-Nebelwurfanlage
ABC-Schutzanlage

Feuerleitanlage
Feuerleitrechner FLT 2
Elektrische Waffennachführanlage (E-WNA)

Navigation
hybrides Landnavigationssystem beinhaltet: GPS, Trägheitsnavigationssystem

Hersteller
Krauss-Maffei, München

Technische Daten:

Besatzung:	4 Mann	Spez. Bodendruck:	920 g/cm²	
		Turmgewicht:	22 t	
		Kette:	2,6 t	

Abmessungen

Länge (inkl. Kanone):	9,97 m	**Leistungsdaten**		
Breite		Max. Geschwindigkeit:	72 km/h	
(über Kettenschürzen):	3,74 m	Unterwasserfahrt:	4 m	
Höhe (über Periskop):	3 m	Überschreitfähigkeit:	3 m	
Bodenfreiheit:	0,5 m	Kletterfähigkeit:	1,10 m	
		Fahrbereich:	550 km	
Gewichte		Fahrbereich (Gelände):	240 km	
Kampfgewicht:	60,5 t			
Leistungsgewicht:	25 PS/t	**Motordaten**		
		12-Zylinder-Turbodiesel MTU-		

steigerten Leopard 2. Die Schweiz beabsichtigt, dem Kampfwertsteigerungsprogramm der Deutschen und Niederländer zu einem späteren Zeitpunkt zu folgen. Genauso erwarb man in Dänemark 51 Kampfpanzer Leopard 2 A4 aus Bundeswehrbeständen. Interesse an KWS-Maßnahmen zeigt auch Österreich, wo man 114 gebrauchte Leopard 2 A4 aus niederländischen Beständen gekauft hat.

Spanien hat 108 Kpz-Leopard 2 A4 von der Bundeswehr „geleast". Für Schweden läuft eine Fertigung von 120 neuen Kampfpanzern „Stridsvagn 122" (Basis Leopard 2 A5). Aber auch Norwegen und Saudi-Arabien zeigen Interesse am Kampfpanzer Leopard 2. Das 8,5 Millionen Mark teuere Waffensystem Leopard 2 A5 wird von der Firma Krauss-Maffei, München, produziert und ist heute der modernste und leistungsfähigste Kampfpanzer der Welt.

Im KFOR-Einsatz

Am Nachmittag des 12. Juni 1999 überschritten deutsche Leopard-2-A5-Kampfpanzer, im Rahmen der friedenserhaltenden NATO-Operation „Joint Guardian" die mazedonisch-jugoslawische Grenze bei Blace und fuhren Richtung Prizren in den Kosovo. Damit begann der erste KFOR-(Kosovo-Force)-Einsatz deutscher Truppen und vor allem der erste Einsatz deutscher Kampfpanzer und Schützenpanzer auf dem Balkan nach dem Zweiten Weltkrieg.

Kampfpanzer Leopard 2 A5 des niederländischen 42 Tankbataljon zeigt einige Änderungen gegenüber der deutschen Ausführung wie bei der Funkanlage, dem Fla-MG und der Nebelwurfanlage.

Zukünftige Maßnahmen

Die ab dem Jahr 2000 folgende KWS Stufe I beinhaltet eine Erhöhung der Feuerkraft durch Verlängerung der bisherigen 120-mm-Glattrohrkanone von Kaliberlänge L/44 auf L/SS um 1,30 Meter in Verbindung mit leistungsgesteigerter Munition. Die KWS-Stufe III wurde mittlerweile zugunsten des Projekts „Neue Gepanzerte Plattform" aufgegeben. Die Bundeswehr entschied, 225 Fahrzeuge ihrer Leopard-2-Flotte auf die Ausführung A5 KWS II nachzurüsten, um damit vorrangig die Panzerba-

taillone der schweren Krisenreaktionskräfte auszurüsten. Im Dezember 1995 erhielt die 3. Kompanie des Panzerbataillons 33 als erste Einheit der Bundeswehr den neuen Kampfpanzer Leopard 2 A5. Die Streitkräfte der Niederlande bekamen 1996 ihre ersten kampfwertge-

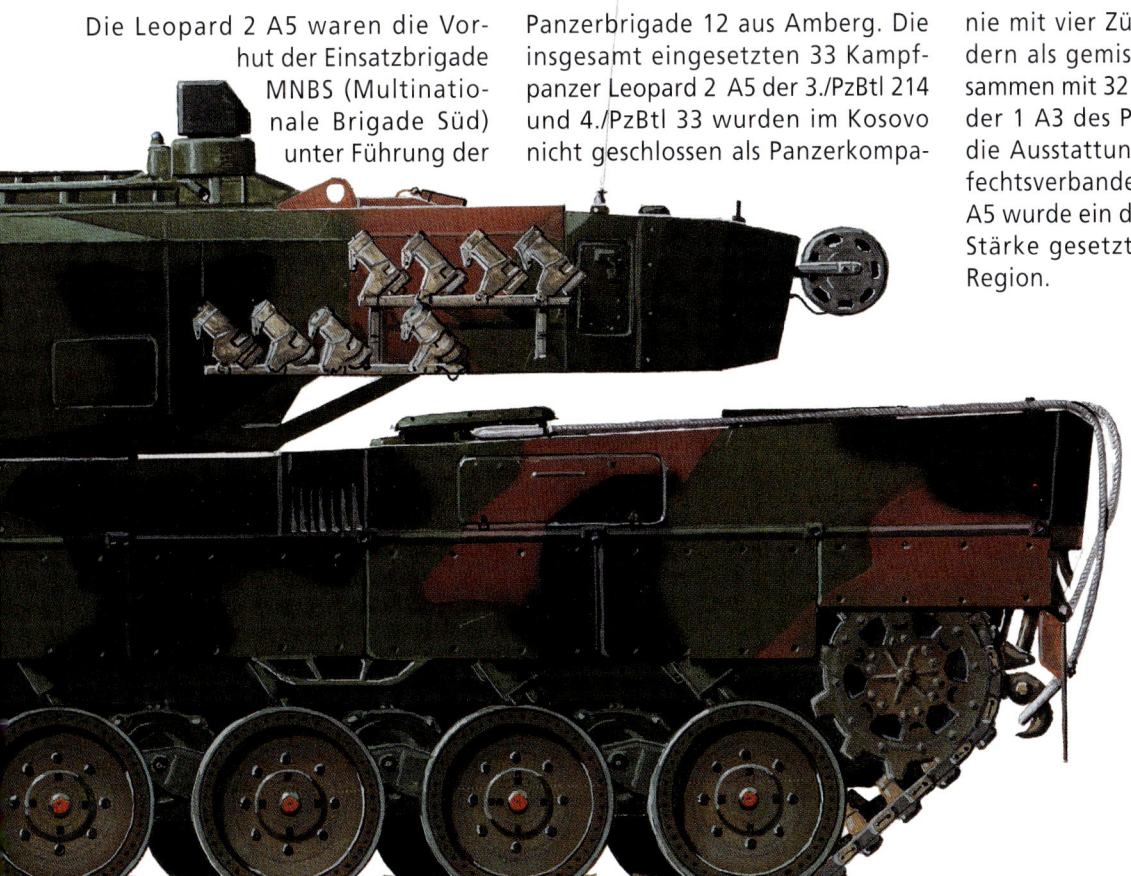

Die Kampfwertstufe II setzt den Schwerpunkt im verstärkten Panzerschutz durch austauschbare Zusatzpanzerung am Turm sowie Maßnahmen zur verbesserten Führbarkeit des Kpz Leopard 2 A5.

Die Leopard 2 A5 waren die Vorhut der Einsatzbrigade MNBS (Multinationale Brigade Süd) unter Führung der Panzerbrigade 12 aus Amberg. Die insgesamt eingesetzten 33 Kampfpanzer Leopard 2 A5 der 3./PzBtl 214 und 4./PzBtl 33 wurden im Kosovo nicht geschlossen als Panzerkompanie mit vier Zügen eingesetzt, sondern als gemischte Kompanien zusammen mit 32 Schützenpanzer Marder 1 A3 des PzGrenBtl 112. Durch die Ausstattung des deutschen Gefechtsverbandes mit Kpz Leopard 2 A5 wurde ein deutliches Zeichen der Stärke gesetzt in einer unstabilen Region.

Kampfpanzer Leopard 2 (S)
Stridsvagn 122

Deutschland/Schweden
Entwicklung ab 1994
Serienfertigung ab 1997

Eingesetzt in Schweden

Schweden beschaffte eigens für den Strv 122 eine völlig neue Munitionsart Armour-Piercing FinStabilised Discarding Sabot (APFSDS) von dem israelischen Rüstungsunternehmen Liab. Dieser Strv 122 gehört zum Norbotten Regimentet (I 19) aus Boden.

Thors Hammer aus dem Norden

Mit dem Stridsvagn (Strv) 122 verfügt das königliche schwedische Heer zurzeit über die modernste Version des Kampfpanzers Leopard 2. Schweden gehört seit Ende 1994 zu den europäischen Nutzerstaaten und erhielt aus ehemaligen Bundeswehrbeständen insgesamt 160 Leopard 2 A4 (Strv 121). Im Juni 1994 unterzeichnete das schwedische Beschaffungsamt für Wehrmaterial (FMV) einen Vertrag mit Krauss-Maffei Wegmann (KMW) über die Beschaffung von 120 Leopard 2 (S).
Daraus resultierte eine enge Zusammenarbeit für die Entwicklung der Zusatzpanzerung, des Turmes und für die Fertigung der Wanne zwischen der deutschen Firma KMW und den beiden schwedischen Rüstungsunternehmen Bofors und Hägglunds. Vorhergegangen war ein intensiver

Leistungsvergleich. Dabei konnte sich der Leopard 2 A5 S aus dem Hause Krauss-Maffei Wegmann (KMW) gegen seine Mitstreiter, den Leclerc von Giat Industries aus Frankreich und den M 1 A2 Abrams von General Dynamics Land Systems, durchsetzen. Eine vorgesehene Beteiligung eines britischen Challenger 2 an dem Wettbewerb wurde durch ein Missgeschick beim Transport nach Schweden vereitelt. Nach der Auslieferung der 160 Strv 121 und der Unterzeichnung des Vertrages für die Neubeschaffung von 120 Strv 122 verschwanden die Strv 103 S-Tank und Strv 104 Centurion Kampfpanzer aus den Panzerbataillonen des schwedischen Heeres. Eine Option über die Lieferung von weiteren 90 Stridsvagn 122 ist vorgesehen. Der erste noch aus deutscher Montage stammende Leopard 2 (S) wurde im vierten Quartal 1996 an das schwedische Beschaffungsamt

für Wehrmaterial übergeben und trug das Kfz.-Kennzeichen 122001. Alle weiteren Fahrzeuge tragen daher in chronologischer Folge 122002, 122003 und so weiter. Fahrzeuge mit höheren Nummern als 120

Aufgrund der Turmpanzerung und Verbesserung der Panzerung im Frontbereich wiegt der Stridsvagn 122 rund drei Tonnen mehr als der deutsche Leopard 2 A5.

Autor: C. Niesner; Fotos: C. Niesner (4)

als letzte drei Ziffern lassen darauf schließen, dass die Option des erweiterten Lieferungsumfangs bereits in die Realität umgesetzt wurde. Die feierliche Übergabe an die Truppe erfolgte durch das schwedische Beschaffungsamt für Wehrmaterial am 22. Mai 1997. Je ein Leopard 2 (S) wurde an die damalige Skaraborg Brigade (MeKB 9) in Skövde und an die Norbotten Brigade (MeKB 19) in Boden übergeben.

Optisch fallen zunächst die veränderte Beleuchtungsanlage und die zusätzliche Panzerung auf dem Turmdach und an der Front des Kampfpanzers auf. Durch die Anbringung der Dachpanzerung besitzt der Stridsvagn 122 einen hohen ballistischen Schutz gegen mögliche Bedrohungen von Artilleriemunition mit Panzer brechenden Gefechtsköpfen. Der Strv 122 stützt sich auf die Leistungsmerkmale des deutschen Erfolgskonzepts Leopard 2, die sich durch hohe Mobilität, Feuerkraft und Panzerung auszeichnen. Dieses vorhandene Potenzial konnte durch eine Reihe von Verbesserungen im Bereich der Panzerung und hinsichtlich der elektronischen Führbarkeit auf dem modernen Gefechtsfeld ausgebaut werden. Durch die Verwendung eines durch STN Atlas Elektronik GmbH, Celsius Tech und IBP Pietzsch entwickelten TCCS (The

Ein Panzerbataillon gliedert sich neben einer Stabs- und einer Versorgungskompanie in je zwei Panzerkompanien mit je 14 Strv 121/122 und je zwei Panzerinfanteriekompanien mit CV 9040A.

Command and Control System) kann sich der Kommandant des Kampfpanzers jederzeit ein genaues Bild der Lage machen. Auf einem Monitor lassen sich eine Karte, unter Nutzung eines Hybrid-Navigations-Systems (GPS) der eigene Standort und andere Fahrzeuge mit Unterscheidung zwischen Freund und Feind darstellen. Die Kommunikation zwischen den Fahrzeugen und eigenen Einheiten erfolgt digital und lässt sich ebenfalls auf dem Monitor verfolgen. Das TCCS basiert auf dem für die Gefechtsfahrzeuge der Bundes-

wehr vorgesehenen IFIS-(Integriertes Führungs- und Informationssystem) Konzept. Damit verfügt der Strv 122 über so genannte C3I-Kapazitäten und trägt zur erheblichen Verbesserung der Führung im Gefecht bei. Anders als sein deutscher Pate ist der Leopard 2 (S) mit einer Nebelwurfanlage der französischen Firma Galix ausgerüstet. Mit je vier Wurfbechern links und rechts des Turmes kann der Strv 122 neben den Nebelgranaten zum Beispiel auch Granaten mit Splitterwirkung zum Selbstschutz verschießen.

Die IR-Signatur des Strv 122 konnte durch die Beschaffung eines neuen Tarnnetzsystems (Barracuda Signature Management System) erheblich reduziert werden.

| Wattiefe: | 1,40 m |
| Fahrbereich: | 470 km |

Motordaten
MTU-MB 873-La 501
12-Zylinder-4-Takt-Vielstoffmotor
4 Vor- und 2 Rückwärtsgänge

Hubraum:	47.600 cm³
Leistung:	1100 kW/1500 PS bei 2600 U/min
Kraftstoffvorrat:	1200 l
Verbrauch:	218 l/100 km

Bewaffnung
120-mm-Glattrohrkanone L 44
MG 7,62 mm, koaxial
Fla-MG 7,62 mm
8 Nebelwurfbecher Galix

Hersteller
Turm: Bofors Weapons Systems, Bofors,
Wanne: Hägglunds Vehicles, Örnsköldsvik, Schweden

Technische Daten:

| Besatzung: | 4 Mann |

Abmessungen
Länge:	9,74 m
Breite:	3,74 m
Höhe:	2,99 m
Bodenfreiheit:	0,50 m

Gewichte
| Gefechtsgewicht: | 62,5 t |
| Lastenklasse: | MLC 70 |

Leistungsdaten
Max. Geschwindigkeit:	72 km/h
Steigfähigkeit:	60 %
Kletterfähigkeit:	1,10 m
Überschreitfähigkeit:	3,10 m

Beobachtungspanzer Artillerie Leopard

Deutschland
Entwicklung ab 1994
Auslieferung der Prototypen ab 1999

Eingesetzt in Deutschland für die Bundeswehr

Durch die Nutzung als Beobachtungspanzer wurde eine neue Zulassung notwendig. Um die gesetzlichen Auflagen zu erfüllen, mussten am Fahrgestell verschiedene Modifizierungen durchgeführt werden, wie zweikreisige Bremsanlage, Heizgerät mit Außenluftansaugung, halonfreie Feuerlöschanlage und eine nach der deutschen StVZO funktionierende Beleuchtungsanlage.

Unterstützungsfahrzeug

Die Aufgabe der Artillerie ist es, die Kampftruppen auf dem Gefechtsfeld wirkungsvoll zu unterstützen. Dazu arbeiten die Beobachtungspanzer der Artillerie in vorderster Linie eng mit den Kampftruppen zusammen. Um den Kampfpanzern auch im schwierigen Gelände folgen zu können, benötigten die Artilleriebeobachter ein Kettenfahrzeug mit großer Mobilität und Panzerschutz. Bis für diese Aufgabe ein geeignetes Fahrzeug zur Verfügung stand, wurden als Übergangslösung für die vorgeschobenen Beobachter der Artillerie der KanJgPz 4 - 5 (Kanonenjagdpanzer 4 - 5) Ende der 80er-Jahre zu Beob/FuePz AO 1 (217 Fahrzeuge) und BeobPz Artillerie (269 Fahrzeuge) umgebaut. Ebenso suchte man einen Ersatz für den in die Jahre

gekommenen Beobachtungspanzer Artillerie M 113 (BeobPzArt M 113 A1). Eine weitere Modernisierung, Versorgung und Instandsetzung sah man nicht mehr als sinnvoll an. Mit Einführung des Kanonenjagdpanzers als Beobachtungspanzer der Artillerie war bereits die Ablösung durch den BeobPzArt Leopard 1 A5 ab dem Jahr 2000 geplant.

Entwicklung

Im Sommer 1994 wurde die Gruppe Weiterentwicklung der Artillerieschule in Idar-Oberstein damit beauftragt, die grundsätzliche Verwendung des Kampfpanzers Leopard 1 A5 als Beobachtungspanzer zu untersuchen. Der Kampfpanzer Leopard 1 A5 wies gegenüber dem BeobPzArt M 113 A1 und BeobPz Artillerie KanJgPz erhebliche Vortei-

le auf. Neben seiner hervorragenden Geländegängigkeit und dem bestehenden Panzerschutz verfügte der

Interessante Details am Heck des Beobachtungspanzers Artillerie Leopard 1 A5. Man beachte das rote Y-Nummernschild, taktische Markierungen des Panzerartillerielehrbataillons 345 an der Wanne und am Turmheck sowie die geänderte Beleuchtungsanlage.

Autor: W. Böhm; Fotos: W. Böhm (4)

KPz Leopard 1 A5 über ein vorhandenes Wärmebildgerät, integrierte ABC-Schutzanlage, Tiefwatfähigkeit und direkte Zielübergabe.

Im Herbst 1995 beauftragte das Bundeswehrbeschaffungsamt die Firma ESG, einen Artilleriebeobachtungspanzer Leopard 1 A5 zu entwickeln. Dabei sollte modernste Beobachtungstechnik zum Einsatz kommen. ESG forderte verschiedene Firmen auf, ihre Vorschläge für einen BeobPzArt Leopard abzugeben. Das Konzept von Krauss-Maffei entsprach unter allen Anbietern den militärischen Grundforderungen. Daraufhin wurden im Juni 1996 die Entwicklung und der Bau von zwei Truppenversuchsmustern BeobPzArt Leopard ausgeschrieben.

Die Firmen Krauss-Maffei Wehrtechnik GmbH und Wegmann & Co. GmbH bildeten für das Projekt BeobPzArt Leopard 1 A5 eine Arbeitsgemeinschaft mit dem Ziel, die Ausschreibung zu gewinnen. Krauss-Maffei erhielt Ende Februar 1997 den Zuschlag zum Bau von zwei Truppenversuchsmustern. Das äußere auffällige Erkennungsmerkmal des BeobPzArt Leopard ist die Demontage der 105-mm-Bordkanone. Dafür wurde der nun frei gewordene Platz im Kampfraum mit High-Tech gefüllt wie einer Navigationsanlage, Datenein- und -ausgabegeräten und Beobachtungsausstattung. Alle technischen Bauteile wurden

Der BeobPzArt Leopard verfügt über insgesamt drei Funkgeräte. Datenfunk ist möglich über das Funkgerät SEM 80/90 wie auch über SEM 90.

größtenteils im Turm eingebaut, da er um 360 Grad drehbar ist und von der hydraulischen Richt- und Stabilisierungsanlage angetrieben wird. Das Blenden-MG bleibt weiterhin erhalten und kann unter ABC- und Panzerschutz bedient werden.

Aufgrund der fortschrittlichen Technik im BeobPzArt Leopard ist es möglich, eine stabilisierte Beobachtung und Aufklärung von Zielen mit dem Hauptgerät während der Fahrt durchzuführen. Durch zusätzliche Staukästen am Turmheck wurde Platz für die persönliche Ausstattung der vorgeschobenen Beobachter

geschaffen. Krauss-Maffei übergab Anfang 1999 die beiden Prototypen für taktische und logistische Truppenversuche an die Bundeswehr.

Die Erprobungen ergaben die Truppentauglichkeit und führten zur Einführungsgenehmigung. Mittlerweile wurde aber gefordert, den BeobPzArt Leopard auf Basis KPz Leopard 2 A4 zu bauen. Dazu kam es aber nicht mehr. Im Oktober 2001 wurde entschieden, ein Beobachtungsfahrzeug für die Artillerie auf Basis des Spähwagens Fennek einzuführen. Aber damit ist die Geschichte BeobPzArt noch nicht zu Ende.

Die Beobachtungspanzer Artillerie sind die „Augen" und „Ohren" der Artillerie und begleiten die Kampftruppen in vorderster Linie. Der BeobPzArt Leopard sollte eingeführt werden für Einsätze im Gefecht der verbundenen Waffen.

Technische Daten:

Besatzung:	3 Mann

Abmessungen

Länge:	6,94 m
Breite:	3,37 m
Höhe:	2,62 m
Bodenfreiheit:	0,45 m

Gewichte

Gefechtsgewicht:	40 t
Leergewicht:	38 t
Leistungsgewicht:	20,7 PS/t

Leistungsdaten

Max. Geschwindigkeit:	65 km/h
Steigfähigkeit:	60 %
Kletterfähigkeit:	1,15 m
Überschreitfähigkeit:	3,00 m
Wattiefe:	1,20 m
Fahrbereich:	600 km

Motordaten

MTU MB 838 Ca M 500
10-Zylinder-Mehrstoffmotor
4 Vor- und 2 Rückwärtsgänge

Hubraum:	37.400 cm³
Leistung:	610 kW/830 PS
	bei 2200 U/min
Kraftstoffvorrat:	985 l
Verbrauch:	165 l/100 km

Bewaffnung

MG 7,62 mm, koaxial

Hersteller

Krauss-Maffei AG, München,
Wegmann, Kassel, Deutschland

Jagdpanzer Kürassier A 2
Österreich
Kampfwertsteigerung ab 1998

Eingesetzt in Österreich

Während der Verbandsübung „Ostarrichi" der 4. Panzergrenadierbrigade ist die schräge Heckansicht eines Kürassier A 2 zu erkennen. Man beachte die Staukörbe am Turm und die Halterungen für die Stahlgreifer am Heck.

Kampfwertsteigerung eines bewährten Fahrzeuges

Gegen Ende des Jahres 1965 begann in Österreich in Zusammenarbeit zwischen dem Amt für Wehrtechnik des Österreichischen Bundesheeres und den damaligen Saurerwerken die Entwicklung eines Jagdpanzers. Das Fahrzeug erhielt die Typenbezeichnung Jagdpanzer K „Kürassier" und verfügte über eine 105-mm-Bordkanone als Hauptbewaffnung. Die ersten Prototypen wurden 1967 beziehungsweise 1969 abgeliefert. Anfang der 70er-Jahre wurde der Jagdpanzer K „Kürassier" im Österreichischen Bundesheer eingeführt. Eine größere Anzahl des Jagdpanzers wurde auch für den Export in südamerikanische und afrikanische Staaten gefertigt.

Um das Fahrzeug jeweils dem aktuellen Stand der Technik anzupassen, wurden im Laufe des Truppendienstes verschiedene Kampfwertsteigerungsmaßnahmen durchgeführt. Nach den ersten Kampfwertsteigerungsmaßnahmen erhielt der Kürassier die Typenbezeichnung Jagdpanzer K A 1.

Jagdpanzer Kürassier A 2

Im Jahre 1994 wurde die Entscheidung getroffen, den Kampfwert des Kürassier durch den Einbau eines elektronischen Feuerleitrechners und eines Wärmebildgerätes zu steigern. Der serienmäßige Einbau dieser Geräte des israelischen Systems ELBIT begann im Mai 1998 im Arsenal in Wien. Ende des gleichen Jahres bekam das Aufklärungsbataillon 1

die ersten umgerüsteten Fahrzeuge. Die umgerüsteten Jagdpanzer erhielten die Bezeichnung A 2. Insgesamt

Deutlich erkennbar sind links neben der 105-mm-Bordkanone die neue Hochleistungswärmebildkamera in der Halterung des früheren Infrarot-/Weißlichtscheinwerfers und die neue Richtschützenoptik rechts von der Kanone.

Autor: P. Blume; Fotos: P. Blume (4)

Der Jagdpanzer Kürassier A 2 wird im Österreichischen Bundesheer hauptsächlich in den Aufklärungsbataillonen als Aufklärungspanzer eingesetzt.

120 Fahrzeuge wurden zu dieser Version umgebaut.

Zum Einbau kamen eine Wärmebildkamera im Panzergehäuse auf der Halterung für den abgebauten Schießscheinwerfer sowie ein digitaler Feuerleitrechner mit einem Kommandanten- und einem Richtschützenbediengerät. Weiterhin wurden eingebaut eine Richtschützenzieleinrichtung mit integriertem, augensicherem Laser-Entfernungsmesser, zwei Monitore für das Wärmebildgerät und ein Winkelgeschwindigkeitssensor.

Durch diese Nachrüstungen bleibt der Jagdpanzer Kürassier weiterhin ein moderner und leistungsfähiger Jagdpanzer. Mit der neuen Version A 2 sind hauptsächlich die gepanzerten Aufklärungskompanien in den drei Aufklärungsbataillonen des „Kommandos Landstreitkräfte" sowie die Panzeraufklärungskompanien der 3. und 4. Panzergrenadierbrigade des Österreichischen Bundesheeres ausgerüstet worden.

Technische Daten:

Besatzung:	3 Mann

Abmessungen
Länge:	7,77 m
(Kanone in Marschzurrung)	
Breite:	2,50 m
Höhe:	2,50 m
Bodenfreiheit:	0,40 m

Gewichte
Gefechtsgewicht:	18 t
Leistungsgewicht:	13,05 kW/t

Leistungsdaten
Max. Geschwindigkeit:	68 km/h
Steigfähigkeit:	75 %
Kletterfähigkeit:	0,80 m
Überschreitfähigkeit:	2,40 m
Wattiefe:	1,00 m
Fahrbereich:	520 km

Motordaten
Steyr 7FA, Abgasturbolader

Am Rande eines Maisfeldes ist ein Jagdpanzer Kürassier A 2 einer Aufklärungskompanie in Stellung gegangen. Nach Einbau eines Wärmebild-Feuerleitgerätes ist der Panzer voll nachtkampftauglich.

6-Zylinder-4-Takt-Dieselmotor
6 Vorwärtsgänge
1 Rückwärtsgang
Hubraum:	10.000 cm³
Leistung:	235 kW/320 PS bei 2300 U/min
Kraftstoffvorrat:	400 l
Verbrauch:	77 l/100 km

Bewaffnung
105-mm-Bordkanone M-57
MG 74, Kaliber 7,62 mm, koaxial
Nebelwurfanlage mit 6 Töpfen

Hersteller
Steyr-Daimler-Puch AG, Wien, Österreich

Kampfpanzer Leopard 2 A6

Deutschland
Weiterentwicklung ab 2000
Auslieferung ab 2001

Eingesetzt in Deutschland

Die Langrohrkanone L55 des Leopard 2 A6 führt zu keiner Änderung der Kampfweise, sondern erfordert von der Besatzung mehr Aufmerksamkeit in einzelnen Situationen.

Vom Leopard 2 A4 zum Leopard 2 A6

Ende der 80er-Jahre war der Leopard 2 bereits zehn Jahre im Truppendienst. Die Entwicklung eines neuen Kampfpanzers war aufgrund der geänderten Bedrohungslage und fehlender finanzieller Haushaltsmittel nicht möglich. Um auch weiterhin über ein überlegenes Waffensystem auf dem Gefechtsfeld zu verfügen, verfolgten die Leopard-2-Nutzer ein zweistufiges Kampfwertsteigerungsprogramm zur Nutzungsdauererhaltung entsprechend dem technologischen Fortschritt.
Ausschlaggebend für die Weiterentwicklung des Kampfpanzers Leo-

pard 2 waren auch Forderungen, dem Einsatzprofil der schweren Krisenreaktionskräfte der deutschen Bundeswehr zu entsprechen. Der erste kampfwertgesteigerte Kampfpanzer Leopard 2 A5 wurde offiziell am 30. November 1995 an die Deutsche Bundeswehr übergeben. Das Kampfwertsteigerungsprogramm (KWS) umfasste die Modernisierung von insgesamt 350 Fahrzeugen des Rüststandes Leopard 2 A4. Das KWS-Programm beinhaltete die Stufen eins und zwei. Die Modernisierungsmaßnahmen wurden begonnen mit der KWS-Stufe zwei als Version Leopard 2 A5. Schwerpunkte dieser Maßnahmen waren im Wesentlichen die Verbesserung des Schutzes und

Ein Leopard 2 A6 im Feuerkampf! Die neue Munition LKE 2 ist gegen die doppelreaktive Panzerung entwickelt worden und durchschlägt die Hauptpanzerung nach Auslösung der reaktiven Vormodule.

Autor: W. Böhm; Fotos: W. Böhm (8)

Mit den ersten Kampfpanzern Leopard 2 A6 wurde das Panzerbataillon 403 in Schwerin ausgerüstet.

der Führbarkeit. Durch Verbundpanzerung der dritten Generation wurde der Panzerschutz durch Vorsatzmodule an der Front und an den Seiten des Turmes sowie Inlinerauskleidung im Turm wesentlich verbessert. Die Waffennachführanlage wurde von hydraulischem Antrieb auf elektrischen Antrieb umgerüstet. Vorteile der elektrischen Waffennachführanlage waren eine geringere Brandgefahr, höherer Wirkungs-

grad, geringer Wartungsaufwand und minimaler Geräuschpegel. Weitere Modifikationen der KWS-Stufe zwei waren eine verbesserte Führbarkeit des Kampfpanzers durch das Kommandantenperiskop, ein integriertes Wärmebildgerät mit Monitor und Bediengerät und einer Videoumschaltung zur wahlweisen Betrachtung des Bildes im Hauptzielgerät EMES 15 und im Kommandantenperiskop. Der Richtschütze ver-

fügt über eine Anzeige bei Notentfernungseinstellung auf 1000 Meter. Weitere Verbesserungen waren eine Navigationsanlage mit integriertem GPS sowie ein verbesserter Lukendeckel und eine Rückfahrkamera für den Fahrer. Die Nabendeckel der Laufrollen sind jetzt aus Panzerstahl gefertigt. Durch den verbesserten Panzerschutz erhöhte sich das Gewicht um 4,3 Tonnen auf insgesamt 59,7 Tonnen.

Technische Daten:

Besatzung:	4 Mann

Abmessungen

Länge mit Kanone:	11,27 m
Breite:	3,74 m
Höhe:	3,00 m
Bodenfreiheit:	0,50 m

Gewichte

Gefechtsgewicht:	60,1 t
Spez. Bodendruck:	930 g/cm^2
Leistungsgewicht:	25 PS/t

Leistungsdaten

Max. Geschwindigkeit:	72 km/h
Unterwasserfahrt:	4,00 m
Überschreitfähigkeit:	3,00 m
Kletterfähigkeit:	1,10 m

Fahrbereich

Straße:	550 km
Gelände:	240 km

Motordaten

MTU-MB 873
12-Zylinder-Dieselmotor
4 Vor- und 2 Rückwärtsgänge

Hubraum:	47.600 cm^3
Leistung:	1100 kW/1500 PS

Mit der KWS-Stufe eins wurde die Voraussetzung für eine möglichst hohe Ersttrefferwahrscheinlichkeit geschaffen. Um eine hohe Überlebensfähigkeit für den Leopard 2 A6 zu erreichen, wird die nächste Verbesserungsmaßnahme ein ausreichender Minenschutz sein.

Kraftstoffvorrat:	1200 l
Verbrauch:	218 l/100 km

Bewaffnung

Glattrohrkanone 120 mm L55
mit 42 Patronen MZ/KE
koaxialer Turm MG 3 7,62 mm
Fliegerabwehr-MG 3 7,62 mm
4750 Schuss 7,62-mm-Munition
Wegmann Nebelwurfanlage
2 x 8 Stück cal. 76 mm
ABC-Schutzanlage

Elektronik

Feuerleitrechner FLT 2/Hybritrechner
Elektrische Waffennachführanlage (E-WNA)
Hybrides Landnavigationssystem beinhaltet: GPS, Trägheitsnavigationssystem

Hersteller

Krauss-Maffei-Wegmann,
München, Deutschland

Der Leopard 2 A6 hat mit der KWS-Stufe eins 400 Kilogramm an Gewicht zugelegt, was aber keine Auswirkungen auf seine Mobilität und Zuverlässigkeit hat.

Einführung des KPz Leopard 2 A6

Im Sommer 2000 wurde das erste Baulos Leopard 2 A6 bewilligt. Damit liefen die Planungen zur Umrüstung von 225 Kampfpanzern und eine Erweiterung des Vorhabens auf ein zweites Los mit den restlichen 125 Kampfpanzern an. Die Bundeswehr plant alle 350 KPz Leopard 2 A5 auf den Rüststand A6 umzurüsten, um keine logistischen Nachteile für eine kleine Leopard-2-A5-Flotte zu erleiden. Am 7. März 2001 erfolgte die Schlüsselübergabe des ersten Kampf-

panzers Leopard 2 A6 vom Hersteller Krauss-Maffei-Wegmann in München an das Panzerbataillon 403 in Schwerin. Zunächst wurden 65 Fahrzeuge des noch nicht voll ausgelieferten zweiten Bauloses Leopard 2 A5 (125 KPz) direkt aus dem Rüststand Leopard 2 A4 in den Stand Leopard 2 A6 umgerüstet. Mitte 2002 beginnt nach Planung dann die Umrüstung der bereits ausgelieferten Leopard 2 A5 in der Truppe vor Ort. Damit wurde nach der KWS-Stufe zwei die KWS-Stufe eins als Version Leopard 2 A6 durchgeführt. Die KWS-Stufe eins dient der Steige-

rung der Feuerkraft durch Einbau einer längeren Kanone mit Kaliberlänge 55 (L55) und Einführung einer neuen leistungsgesteigerten Munition. Der KPz Leopard 2 A6 ist eine Verknüpfung von zwei Kampfwertsteigerungsprogrammen der KWS II und KWS I. KWS-Stufe I beinhaltet die neue Munition LKE 2 DM 53 (DM = deutsches Modell). Die enorme Feuerkraft des Leopard 2 wurde durch die um 1,30 Meter verlängerte 120-mm-Panzerkanone L55 in Verbindung mit der ebenfalls neuen, leistungsgesteigerten KE-Munition (Kinetic Energy) LKE 2 DM 53 noch weiter erhöht. Die maximale Einsatzschussweite des KPz Leopard 2 A6 liegt jetzt bei 4000 Metern. Die hohe Durchschlagsleistung der neuen Munition war nur im Zusammenwirken mit dem verlängerten Rohr L55 möglich. Selbst Reaktivpanzerungen von gegnerischen Panzern durchschlägt die Munition LKE 2 DM 53 mühelos. Das Penetratormaterial wurde auf Wolframbasis (WSM IV) entwickelt und entspricht dem modernsten Stand der Technik ohne Verwendung von Urankern-Penetratoren. Der Penetrator der Munition 120 Millimeter LKE 2 DM 53 ist gegen doppelreaktive Panzerungen entwickelt worden und durchschlägt die Hauptpanzerung nach Auslösung der reaktiven Vormodule. Die neue Panzerkanone L55 und die leistungsgesteigerte Munition LKE 2 DM 53 sind von der Firma Rheinmetall ent-

Der Kampfpanzer Leopard 2 A6 kann bis auf eine maximale Kampfentfernung von 4000 Metern den Feuerkampf führen.

wickelt worden. In Verbindung mit der Indienststellung des KPz Leopard 2 A6 wird die Bundeswehr auch die neue Munition LKE 2 DM 53 einführen. Die neue KE-Munition DM 53 wird die Bundeswehr ab dem Jahr 2002 in zwei Losen für den KPz Leopard 2 A6 beschaffen. Die Produktion und Auslieferung der neuen Munition für die Bundeswehr ist für die Jahre 2001 bis 2003 geplant. Für den Leopard 2 A4 ist der Einsatz der neuen DM 53 noch nicht entschieden und eine Beschaffung der alten Munition DM 33 nicht mehr geplant. Mit geringen Umrüstmaßnahmen an der Waffenanlage des Leopard 2 A4 lässt sich auch die neue DM 53 verschießen.

KWS-Stufe I/ Waffenanlage L55

Das neu entwickelte Panzerrohr L55 ist um 1,30 Meter länger als das L44 des Leopard 2 A4/A5. Die gesamte Waffenanlage des Leopard 2 A6 wiegt jetzt 4160 Kilogramm. Durch das längere Rohr verändert sich die Kampfweise des Leopard 2 A6 nicht. Jedoch verlangt das Langrohr höhere Aufmerksamkeit für die Fahrzeugbesatzung in einzelnen Situationen wie zum Beispiel bei der Eisenbahnverladung, beim Abschleppen, Bergen und Arbeiten in der Instandsetzungshalle. Auch wird der ständige Einsatz der Feldjustieranlage (FJA) erforderlich sein. Eine Verformung

oben: Die Lebensdauer des Seelenrohrs L55 des Leopard 2 A6 soll bei 1500 Schuss liegen. Das Foto zeigt das Aufmunitionieren von MZ-Übungsmunition der 3. PzBtl. 403 während des Übungsplatzaufenthalts in Bergen-Hohne im Juni 2002.
unten: Die Langrohrkanone L55 des Kpz Leopard 2 A6 ist im Vergleich mit der Waffenanlage L44 des KPz Leopard 2 A4/A5 um 1,30 Meter länger.

des Rohres kann bereits nach drei Schuss einsetzen, die aber in einer Gefechtspause nach einigen Minuten wieder zurückgeht. Bei der Entwicklung des Rohres L55 durch Rheinmetall W&M kamen drei unterschiedliche Rohre zum Einsatz. Eine neue Aluminium-Rohrschutzhülle soll den stärkeren Rohrverzug schneller ausgleichen. Als Gegengewicht für das längere, schwerere Rohr wurde eine neue Hülsenwanne mit integrierten Gewichten und einer Verstärkungsstrebe eingebaut. Um die zukünftige Munition DM 53 mit höherem Gasdruck einsetzen zu können, wurden besonders die mittleren und vorderen Rohrbereiche verbessert. Durch Änderungen an der Waffenanlage L55 kann sowohl die alte DM-33- als auch die LKE-2-Munition verschossen werden.

Weiterentwicklung

Für die Bundeswehr und drei weitere Nationen wird derzeit ein wirksa-

mer Minenschutz entwickelt und erprobt. Spanien hat sich bereits entschlossen, den in Lizenz zu produzierenden Leopard 2 E mit der L55-Kanone auszurüsten. Das spanische Heer wird also alle neu zu fertigenden Panzer in der Version Leopard 2 A6 erhalten. Das königliche niederländische Heer wird 180 KPz Leopard 2 auf die Version Leopard 2 A6 umrüsten und auch die zum System gehörende neue Munition DM 53 beschaffen. Weiterhin wird Krauss-Maffei-Wegmann den KPz Leopard 2 A6 durch laufende Verbesserungen wie Gewichtsreduzierung, Raumersparnis und durch Entwicklung des umweltschonenden Euro-3-Powerpack auf dem Stand der Zeit halten. Das neue Triebwerk, bestehend aus dem von MTU und der Firma Bosch entwickelten Motor MT 883 CRE zusammen mit dem Getriebe HSWL 295 TM der Firma Renk, hat eine höhere Leistung von 1800 PS bei weniger Treibstoffverbrauch und geringerem Platzbedarf.